地质构造与水文地质研究

曹志民　师明川　郑彦峰　主编

文化发展出版社
Cultural Development Press

图书在版编目（CIP）数据

地质构造与水文地质研究 / 曹志民，师明川，郑彦峰主编 .—北京：文化发展出版社有限公司，2019.6

ISBN 978-7-5142-2596-9

Ⅰ . ①地⋯ Ⅱ . ①曹⋯ ②师⋯ ③郑⋯ Ⅲ . ①地质构造－研究②水文地质－研究 Ⅳ . ① P54 ② P641

中国版本图书馆 CIP 数据核字（2019）第 053503 号

地质构造与水文地质研究

主　　编：曹志民　师明川　郑彦峰

责任编辑：张　琪　　　　　　责任校对：岳智勇
责任印制：邓辉明　　　　　　责任设计：侯　铮
出版发行：文化发展出版社有限公司（北京市翠微路 2 号 邮编：100036）
网　　址：www.wenhuafazhan.com　www.printhome.com　www.keyin.cn
经　　销：各地新华书店
印　　刷：阳谷毕升印务有限公司

开　　本：787mm×1092mm　1/16
字　　数：409 千字
印　　张：22
印　　次：2019 年 9 月第 1 版　2021 年 2 月第 2 次印刷
定　　价：58.00 元
ＩＳＢＮ：978-7-5142-2596-9

◆　如发现任何质量问题请与我社发行部联系。发行部电话：010-88275710

编委会

作　者	署名位置	工作单位
曹志民	第一主编	河北省水文工程地质勘查院
师明川	第二主编	河北省水文工程地质勘查院
郑彦峰	第三主编	河北省水文工程地质勘查院

前　言

　　地壳中存在很大的应力，组成地壳的岩层或岩体在地应力的长期作用下，发生变形变位形成各种构造运动的形迹，称为地质构造。如褶皱、断裂。褶皱、断裂破坏了岩层或岩体的连续性和完整性，使工程建筑的地质环境复杂化。

　　中国地处欧亚板块东南部，为印度洋板块、太平洋板块所夹峙。自早第三纪以来，各个板块相互碰撞，对中国现代地貌格局和演变发生重要影响。自始新世以来，印度洋板块向北俯冲，产生强大的南北向挤压力，致使青藏高原快速隆起，形成喜马拉雅山脉，这次构造运动称为喜马拉雅运动。喜马拉雅运动分早、晚两期，早喜马拉雅运动，印度洋板块与亚洲大陆之间沿雅鲁藏布江缝合线发生强烈碰撞。喜马拉雅地槽封闭褶皱成陆，使印度大陆与亚洲大陆合并相连。与此同时，中国东部与太平洋板块之间则发生张裂，海盆下沉，使中国大陆东部边缘开始进入边缘海—岛屿发展阶段。尤其重要的是发生于上新世—更新世的晚喜马拉雅运动。在亚欧板块、太平洋板块、印度洋板块三大板块的相互作用下，发生了强烈的差异性升降运动，全国地势出现了大规模的高低分异。差异运动的强度自东向西由弱变强。由于印度洋不断扩张，推动着刚硬的印度洋板块，沿雅鲁藏布江缝合线向亚洲大陆南缘俯冲挤压，使喜马拉雅山和青藏高原大幅度抬升。这种以小的倾角俯冲于亚欧板块之下的印度洋板块持续向北的强大挤压力，在北部遇到固结历史悠久的刚性地块（塔里木、中朝、扬子）的抵抗，产生强大的反作用力，使构造作用力高度集中，引起地壳的重叠，上地幔物质运动的加强和深层及表层构造运动的激化，导致地壳急剧加厚，促使地表大面积大幅度急剧抬升，于是形成雄伟的青藏高原，构成我国地形的第一级阶梯。

　　水文地质勘察是研究水文地质条件的重要手段，目的是查明地下水的形成和分布规律，并以此为基础对地下水资源作出水量与水质的评价，从而为国民经济建设提供水文地质依据。但在工程设计与施工的过程中，水文地质问题往往被忽略。

　　为了满足广大地质构造从事人员和水文地质研究及工作人员的实际要求，作者翻阅大量地质构造及水文地质研究的相关文献，并结合自己多年的实践经验编写了此书。

　　由于编写时间和水平有限，尽管编者尽心尽力，反复推敲核实，但难免有疏漏及不妥之处，恳请广大读者批评指正，以便做进一步的修改和完善。

《地质构造与水文地质研究》编委会

目　　录

第一章 岩层的原生构造与基本产状

第一节 岩层的原生构造

地壳是由沉积岩、岩浆岩和变质岩组成的。沉积岩和火山岩是地壳表层分布最广泛的岩石，其分布的面积占地壳表层面积的3/4左右。自地表向地下深处，占主导地位的沉积岩逐渐让位于变质岩和岩浆岩。由于沉积岩和层状的火山岩的初始不均一性（成层的构造），使其经受变形后形成了丰富多彩的构造现象，如由于岩层的弯曲而成的褶皱，由于岩层的断裂和位移而形成的节理和断层等，因而成为构造地质学的主要研究对象。岩浆岩中的侵入岩，是在地壳深处结晶而成，主要形成较均匀的块状构造，变形后主要表现为断裂构造，很难形成褶皱。但在高温下变形时也可形成塑性的流变构造（如片理或片麻理、韧性剪切带等）。层状的岩浆岩岩体也可以和沉积岩一样形成褶皱和断裂。变质岩是由沉积岩或岩浆岩经变质而成的，它继承了原岩的构造，并经受了相当复杂的变质和变形，其构造要复杂得多。因此，沉积岩的构造是构造地质研究的基础。为了更好地了解沉积岩受变形而形成的构造，首先必须了解其在沉积时形成的构造，即沉积岩的原生构造。

一、沉积岩层的原生构造

原生构造是指在变形以前与岩石形成同时产生的构造，它们反映了由于沉积作用或侵入作用所产生的沉积岩或岩浆岩的原来面貌。而反映后期变形作用或变质作用的构造，统称为次生构造（secondary structure）。研究沉积岩的原生构造具有沉积学和几何学方面双重的意义。一方面，可以了解岩石形成时的构造环境和沉积环境。例如，数千米厚的浅水沉积岩层必须是在逐渐下沉的盆地中沉积下来的，否则盆地将很快被填满，所以，一般而言，沉积物的厚度往往反映了地壳下沉的幅度；又如，沉积构造是沉积相分析的重要标志，也是了解沉积源区剥蚀情况的重要线索，这主要是沉积学和盆地分析的内容。另一方面，原生构造反映了变形的初始状态，如一般认为沉积岩层初始是水平的，新岩层在上，老岩层在下，变形使岩层发生了倾斜、弯曲或断开而移位等。因此，原生构造是了解变形几何学的重要参考物，这是构造地质学研究的主要方面。

1. 层理及其形态类型

层理是沉积岩最显著和最基本的一种原生构造。它是通过岩石的成分、颜色和结构等各种差异而显现出来的一种层状构造。层理的形成是由于沉积物在沉积盆地中沉积时的垂向分选、沉积物来源的变化或短暂的沉积中断等作用所致。前者导致沉积物在垂向上的成层性；后者造成了层间界面（层面）的形成。由于原生的沉积层面一般认为是水平的，因而，它是岩石变形的重要参考面。而如何判断地表岩层向地下深处的延伸，也是利用沉积岩的成层性，即沿着层的方向的侧向连续性。所以，构造研究的第一步，就是如何识别层理和层面。

层理可按其形态及其内部结构来加以分类。层理是沉积物从其搬运的载体（水或空气）中沉淀，经垂向和侧向加积而形成的一种构造。①细层是组成层理的最小单位，代表瞬时加积的一个纹层（laminae）。②层系是由在成分、结构和形态上相似的一组细层构成的，代表一个相似沉积条件（如水动力状况）下的沉积物。③层系组由一系列相似的层系所组成。不同特征的层系组分别构成水平层理、波状层理和交错层理，具体见表1-1。

表1-1　层理的类别

种类	内容
波状层理	细层呈平行的规则或不规则的波状，与层面近于平行，常见于浅海或湖泊的底部，是在振荡的水动力条件下形成的
交错层理 （或称斜层理）	其中的细层与层系的界面斜交，常见于砂质岩石中，它反映在流动的介质（水或大气）中沉积的特征。根据形态，交错层理还可进一步分为板状交错层理、楔状交错层理和槽状交错层理。通常把板状的单向交错层理称为斜层理。不同形态的交错层理形成于不同的沉积环境，常见的如沙漠中的风成大型板状斜层理、三角洲中的大型斜层理、河流沉积中的小型板状或鱼骨状交错层理、海滨砂岩中反映海水动荡的槽状交错层等
水平层理	顶、底面和其内的细层互相平行，反映其是在水动力条件稳定的水体中，在平坦的底床上沉积而形成的

2. 层理的识别标志

沉积岩的层理可以根据岩石的成分、颜色和结构等的垂向变化以及层面构造来加以识别。

岩石成分的变化：沉积物成分的变化是显示层理的重要标志。在不同岩石互层的岩系中最为明显，如含煤地层中常见的砂岩和页岩互层，碳酸盐岩系中的灰岩和白云岩互层。在成分较均一的巨厚岩层中，有时可能存在成分特殊的薄夹层，这是识别层理的极好标志，如页岩中的灰岩夹层或火山岩中的沉积岩夹层。这种岩石成分的变化，即使经过变质作用的改造，仍可作为识别层理的可靠标志。

岩石结构的变化：碎屑沉积岩层通常是由不同粒度或不同形状的颗粒分层堆积的，粒度变化特别常见于砂岩中，特别是在递变层理的砂岩中，粒度由下向上逐渐变细。

岩石颜色的变化：在成分均一、颗粒较细的岩层中，有时不同颜色的夹层或条带可以指示层理的存在，在杂色页岩中比较常见。但要注意与次生变化所引起的色调变化相区别。

岩层的层面构造：因沉积中断而形成的层面标志，如波痕、泥裂、冲刷面等也是重要的标志。

沉积岩的成层性和侧向连续性，使人们可以根据地面的岩层延展方向来推测其向地下的延伸。在构造变形轻微的地区，野外宏观的成层岩石常代表了真正的层理。但在构造变形比较强烈的地区，发育的次生面状构造，如平行的节理、密集的劈理和片理，常常使露头上见到的宏观的平行面状构造不一定是层理。这时，根据上述标志识别层理成为地质工作的首要任务。

3. 利用原生沉积构造确定岩层的面向

利用沉积构造特征来确定岩层的顶底面是构造研究的基础，特别是在岩层发生倒转褶皱的构造变动比较强烈的地区，倾斜产出的岩层时而正常、时而倒转，这在研究缺乏化石的浅变质岩区构造时，更具有重要的意义。面向（facing）是指成层岩层面法线指向顶面的方向，即成层岩系中岩层由老变新的方向。沉积岩层的许多原生构造，包括一些特殊的层理和层面构造，可以用来确定岩层的面向。最常用的特征是交错层理、递变层理、波痕、冲刷面、熔岩中的枕状构造等。在一些特殊的岩石中可供利用的还有：泥裂、雨痕和雹痕、晶痕、底面印模、生物遗迹和软沉积变形等。

（1）交错层理

利用组成交错层理的细层（或称纹层）的形态以及其与层系界面的截切关系可以很好地判断岩层的面向。细层通常呈凹面向上的弧形，顶部多被层系面所截切，两者成高角度相交；细层下部常逐渐变缓，向底面收敛，与底面相切。图1-1为北京周口店黄院东梁剖面，过去20余年一直认为长龙山组由三层砂岩夹页岩组成，经过对砂岩中的斜层理的研究，发现中间一层的砂岩的斜层理为倒转的，从而确定了其实是一层砂岩的同斜褶皱所造成的地层重复。

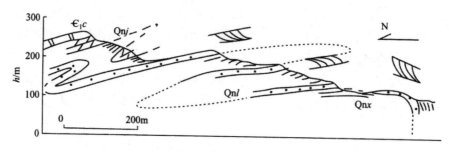

图1-1　北京周口店黄院东梁剖面

（2）递变层理

或称序粒层理、粒级层理。这是一种常见于碎屑沉积岩中的层理，由于沉积过程中流体中不同粒度的颗粒的逐渐下沉，沉积的颗粒一般由下而上由粗变细。所以，在每一个单层中，从底面到顶面，粒度由粗逐渐变细；下一层的顶面和上一层的底面通常是一个突变的界面。这种层理特别常见于携带有不同粒度的浊流沉积的复理石层系中。

（3）波痕

这是沉积物表面由于水或空气运动而形成的波状表面，主要发育于沙漠环境中形成的砂岩和滨岸的砂岩或碳酸盐岩中。有流动波痕和振荡波痕两大类。用于确定岩层面向的是浪成的振荡波痕，它呈对称的尖脊圆谷状，尖脊指向顶面，而圆弧指向底面（见图1-2）。

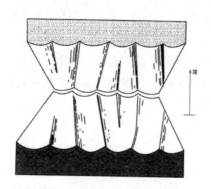

图1-2　浪成波痕及其印模

（4）泥裂

也称干裂，是未固结的沉积物露出水面后，经晒干而发生收缩和裂开所形成的、与层面大致垂直的楔状裂缝。常见于黏土岩及粉砂岩的上层面，偶尔也见于碳酸盐岩层的表面。泥裂在层面上成不规则的多边形，在剖面上一般呈"V"字形裂口，向下尖灭。这些裂缝通常被上覆的沉积物（常为砂质）充填，使上覆层的底面形成尖脊状印模（见图1-3）。楔状裂缝和尖脊状印模的尖端均指向岩层的底面。

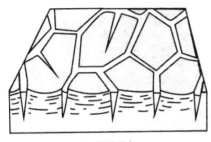
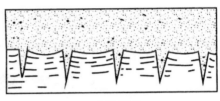

A. 层面形态　　　　　　　　　　B. 剖面形态

图1-3　泥裂的层面和剖面状态示意图

（5）冲刷面

当地壳上升或水流速度加大时，水流会对已沉积的沉积物发生冲刷，在沉积层的表面造成凹凸不平的侵蚀面称为冲刷面。这种冲刷面一般切穿下伏的层理；而在不平整的冲刷面上沉积的层与上覆岩层常近于平行或相切。上覆层的底部往往含有下伏岩层的粗碎屑，且自下而上粒度逐渐变细。冲刷面是判断岩层面向的极好标志。

（6）底面印模

常见于砂页岩互层的复理石类岩层中。当水流在松软的泥质或粉砂质沉积物上流动时，由于涡流对沉积物的侵蚀或水流中的携带物（如介壳碎片、卵石等）对沉积物表面的刻划，会在沉积物表面留下各种形状的凹坑或沟模。这些痕迹常被上覆的砂质沉积物充填。成岩后，它们多在泥质岩层之上的砂岩底面保留下米，称为底面印模（见图1-4）。在野外的露头上出露倾斜的岩层时，由于砂岩比页岩不容易风化，所以通常暴露的是砂岩的底面，以鳞茎状、舌状或脊状凸起指示底面的方向。

（7）生物标志

根据某些化石在岩层内的保存状态，可以很好地确定面向。

一般由藻类形成的叠层石，虽然有不同的类型和形态，如柱状、分枝状和锥状等，但均具有向上凸起的纹层形态。这些纹层的凸出方向即指示岩层的上层面方向。在北京周口店地区的黄山店，根据雾迷山组白云岩中凸面向下的叠层石确定了底部缓倾的岩层为褶皱的倒转翼，向上，白云岩中横向位态的叠层石指示了褶皱的转折端，从而确定了一个倒转褶皱（见图1-5）。一些生物活动造成的遗迹，如砂岩中的虫孔构造，一般垂直层面向上开口（见图1-6）。异地埋藏的介壳化石，在水流作用下，多数保持以凸面向上的稳定状态，可以很好地指示岩层的面向（见图1-7）。

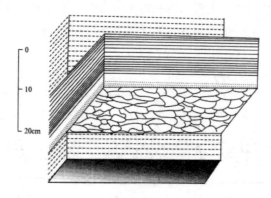

图1-4　砂岩的底面印模示意图

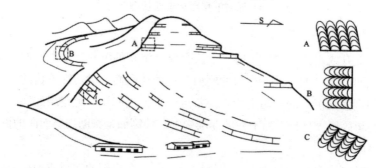

图1-5　北京周口店黄山店北沟雾迷山组白云岩中的倒转褶皱和其中叠层石的面向

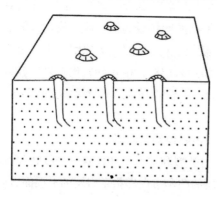

图1-6　砂岩中的虫孔构造示意图

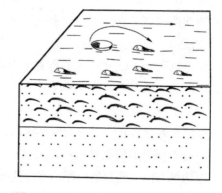

图1-7　沉积层中介壳化石的埋藏状态

二、软沉积变形

软沉积变形是指沉积物尚未完全固结成岩时发生的变形。软沉积变形涉及面相当广，包括其形态类型、形成的构造环境、动力和触发因素等。本节只介绍一些常见的软沉积变形，旨在了解软沉积变形的基本特征，以便与成岩后由构造变形形成的构造加以正确区分；另外，也可利用软沉积变形来确定岩层的面向。从局部因素来说，常见的软沉积变形的形成作用包括：重力负荷引起的变形、重力引起的滑动、孔隙流体压力引起构造等。

1. 卷曲层理和滑塌构造

这是一种常见的软沉积变形构造。沉积在水下斜坡上的松软沉积物，由于重力、水流或震动等原因，沿斜坡发生蠕动或滑塌，使尚未完全固结的沉积物发生褶皱，形成卷曲层理或称包卷层理，或部分断裂破碎，形成层内角砾岩，其上界面常被以后的沉积层所切割。通常指局限于个别层中的构造，可用来确定岩层的面向。规模巨大的滑塌，可以涉及几个沉积层，其影响范围可达数十平方千米。

2. 重压印模

当砂层沉积在呈塑性状态的泥质层之上时，差异压实作用会使沉积物发生垂向流动。泥质岩向上呈尖楔状刺入砂岩中，呈火焰状构造，以尖形指向顶面；砂岩层面常向下突出成不规则的瘤状体，称为重压印模，以圆弧形指向底面。

3. 泄水构造

富含水的沉积物，在上覆沉积物的重压及突然的震动下，水会迅速向上喷出，形成特有的泄水构造。如碟状构造，常见于泥、砂质或碳酸盐岩中，细层被上冲的泄水道所冲断并向上微弯，在剖面上形成碟状。碟的直径一般为1～10cm。碟状构造的凹面指向岩层的顶面。帐篷构造是常见于紫红色泥岩中的泄水构造，泄水通道把泥质细层顶起成帐篷状，其尖端指向岩层的顶面。此外，在干旱条件下形成的膏盐沉积层中，还常见一种层内的小褶皱，由于褶皱层曲曲弯弯似肠状，故称盘肠构造。特别发育于石膏层中，由于硬石膏水化形成石膏的同时体积膨胀，而在层内形成褶皱，所以，也称石膏构造。在初始斜坡上的薄层沉积物，在沉积层还未完全固结而受到地震等扰动时，还可形成同沉积褶皱和断层等构造，与构造变形形成的构造十分相似。

在构造研究中，要注意正确鉴别软沉积变形的构造，并把其与构造变形加以区分。软沉积构造与成岩后的变形构造的基本区别可有如下几点：

（1）软沉积变形常局限于一定层位或一定岩性层中，如果一强烈的变形层夹于整套变形轻微的沉积岩系中，则很可能是软沉积变形的结果；

（2）软沉积变形常局限于一定的沉积地段，如沉积盆地的边缘斜坡带；

（3）软沉积变形主要是地表重力作用的结果，围压很小，所以其形成的褶皱方向比较紊乱，一般缺乏由构造应力造成的构造定向性。比如，在周口店地区地质研究中，在平缓产出的上寒武系的泥质条带灰岩中，发现有强烈的顺层平卧褶皱，起初被认为是水下滑坡的软沉积变形。仔细研究后，发现它并不局限于一层，在同一地区的中、新元古界和下古生界各个层中都有类似的构造；发育有与褶皱伴生的轴面劈理和片理，以及拉伸线理等；并且在区域上具统一的运动学方向。因此，这种构造不是由水下滑坡所形成的，而是构造变形的结果。

第二节　岩层的基本产状

地壳是由沉积岩、岩浆岩和变质岩组成的。地壳表层以沉积岩和火山岩为主，向下逐渐让位于岩浆岩和变质岩。沉积岩和火山岩以层状构造为其主要特征；岩浆岩主体是块状的；变质岩有块状的也有层状的，取决于其原岩的成分及其变质的程度。层状地质体经构造变形后，可以形成各种不同的形状，如被掀斜成倾斜岩层，或被弯曲成不同形态的褶皱，或被断层所错开。所以，构造地质学中主要研究的是层状地质体的各种变形形态。为此，首先要了解不同产状岩层（水平的和倾斜的）的基本特征，然后才能研究不同产状岩层组成的各种构造形态。地质工作者的主要任务是根据地面的地质现象来探究地下的地质情况，这主要也是利用有关岩层产状的基本概念。

一、水平岩层

水平岩层是指同一层面上各点的高度相同或基本相同的岩层。大多数沉积岩层沉积于广阔的海洋或大的湖盆中，其原始的产出状态是水平或近于水平的。当它们被平稳地抬升出水面而没有受到构造变动时，就成为水平岩层。

变形极其轻微的地台沉积盖层，岩层往往呈水平或近水平产出，如美国科迪勒拉高原和俄罗斯地台的沉积盖层。

水平岩层展布的面积可达数十万平方千米。我国一些后期变形微弱的大盆地中的沉积盖层，如四川盆地中部的侏罗系和白垩系地层，也基本上近水平产出。水平岩层区经风化和侵蚀作用，常形成宝塔状山峦和深切的山谷，显示出十分壮丽的景观，成为著名的风景区，如著名的美国大峡谷，我国湖南的张家界、河北的狼牙山、云南的路南石林、桂林山水等。

水平岩层具有如下一些特征：

1. 一套初始沉积的水平岩层，遵循地层的层序律，即老的岩层在下，新的岩层在上。若地形切割轻微，则地表大面积地出露最新的地层，如四川盆地中大面积出露的白垩系地层。如果地形切割强烈、沟谷发育，则在低洼处出露老的地层；自谷底向上至山顶，出露的地层时代依次变新。

2. 一水平岩层的顶面和底面之间的垂直距离就是岩层的厚度。换句话说，任一水平岩层的厚度即其顶、底面的高差。所以，在水平岩层地区工作时可用高度计来测量岩层的厚度。

3. 在地形地质图上，不同时代地层的分布是用地层间的界面投影到水平面上来表示。各种地质界面与地面的交迹线即为地质界线。水平岩层的地质界线与地形等高线平行或重合。在山顶，地质界线与等高线一样呈封闭的曲线；在沟谷中呈尖齿状条带，其尖端指向沟谷的上游。

4. 岩层在地质图上的出露宽度是其顶面和底面出露线间的水平距离。水平岩层的出露宽度取决于岩层的厚度和地面的坡度（见图1-8）：

$$L=h/\sin\alpha \ , \ S=h/\tan\alpha$$

式中：L为沿地面的出露宽度；S为地质图上的出露宽度；h为岩层厚度；α为地面坡度角。所以，同一厚度的岩层，其出露宽度与坡度成反比。坡度小的地区，可以广泛出露同一岩层；在悬崖上，上下层面的界线可以重合。

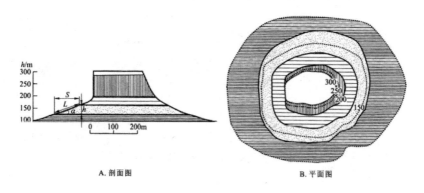

　　　　A. 剖面图　　　　　　　　　　　　B. 平面图

图1-8　水平岩层出露特征示意图

二、倾斜岩层

初始水平的岩层因构造作用而改变其水平状态，形成倾斜的岩层。单斜岩层是指其倾向和倾角基本一致的一套岩层，是变形岩层或构造中最基本的一种。倾斜岩层展布相当广，可以成区域性构造，但更经常是作为某种构造的一个组成部分，如大褶皱的一翼，或断层的一盘。因此，了解倾斜岩层在地质图上的特征是构造研究的最基本知识。

1. 岩层的产状要素

岩层面或任一平面的产状指其在空间的延伸方向和倾斜程度。产状要素是用数字来表达面和线的空间方位，用其与水平参考面和地理方位间的关系来表达，以使人们能从地表出露的地质体推测其如何向周围和地下延伸。平面的产状要素包括走向、倾向和倾角。

（1）走向线和走向

任一倾斜平面与水平面的交线叫该面的走向线（图1-9中的AOB线）。走向线也就是该面上等高两点的连线（等高线）。走向线两端延伸的方向（地理方位）即为该斜面的走向。一走向线两端的方位相差180°，通常以走向线的方位角来表示。任何一个斜面都可有无数条相互平行的、不同高度的走向线，所以，也可以用一定间隔的走向线来表示该面在空间的分布。

（2）倾斜线和倾向

倾斜平面上与走向线垂直向下的斜线叫倾斜线（图1-9中的OD线），倾斜线在水平面上投影线的方位即该平面的倾向（图1-9中的OD′线）。倾向与走向相差90°，与走向不同，倾斜只有一个向下的方向。

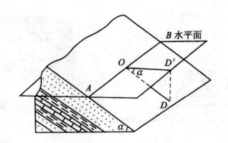

图1-9 剖面的产状要素示意图

（3）倾角

平面的倾斜线与其在水平面上投影线之间的夹角为倾角（图1-9中的a角），即为垂直该平面走向的横剖面上该面与水平面间的夹角。

当观察剖面与岩层走向斜交时，该岩层在剖面上的迹线叫视倾斜线（图1-10中的HC线和HD线），视倾斜线与其水平面上投影的夹角称为视倾角（图1-10中的β

和 β′），也叫假倾角。

真倾角与视倾角的关系如图1-10所示，可用数学式表达为：

$$\tan \beta = \tan \alpha \cdot \cos \omega$$

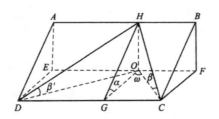

图1-10 真倾角和视频角关系示意图

式中：ω 为真倾向和视倾向之间的夹角。因 $\cos \omega \leqslant 1$，所以，视倾角总是小于真倾角，当视倾向越偏离真倾向时，视倾角越小。在平行走向的剖面上，视倾角等于0°。

2. 倾斜岩层的露头形态

倾斜岩层在地表的出露界线常以一定的规律展布，地质界线的弯曲方向和程度取决于地表的起伏、岩层的倾斜方向和倾斜角。穿越沟谷的地质界线的平面投影（地质图上的界线）一般呈"V"字形，这种规则俗称V字形法则。在地质图上，地质界线的特征为：

（1）当岩层倾向与地面坡向相反时，V字形尖端指向沟谷上游，即岩层的倾斜方向。地质界线V字形弯曲的程度较等高线开阔（见图1-11c，图1-12）。

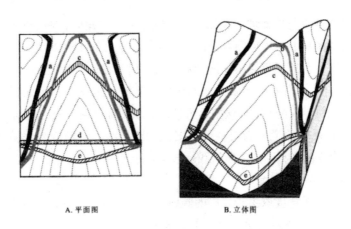

A. 平面图   B. 立体图

图1-11 倾斜岩层的露头和地形的关系

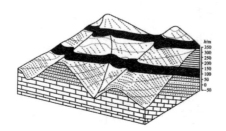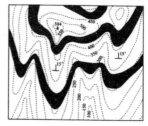

图1-12　岩层倾向与地面坡向相反时的倾斜岩层的露头型式

（2）当岩层倾斜与地面坡向一致且岩层倾角小于坡角时，V字形尖端指向沟谷上游，即指向岩层的扬起方向，但V字形弯曲程度较等高线紧闭（见图1-11a，图1-13）。从图1-11中可以看出，当岩层水平（见图1-11b）时地质界线与等高线平行。

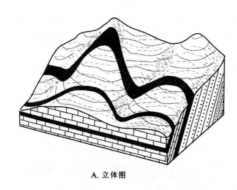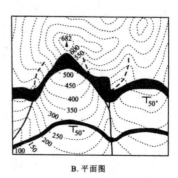

A. 立体图　　　　　　　　　　B. 平面图

图1-13　岩层倾向与地面坡向相同，岩层倾角大于地面坡角时的倾斜岩层的露头型式

（3）当岩层倾斜与地面坡向一致且岩层倾角大于坡角时，V字形尖端指向沟谷下游，即岩层的倾斜方向（见图1-11e，图1-14）。岩层的倾角越大，地质界线越开阔。当岩层直立时，地质界线虽随地形而起伏，但其投影于地质图上为一直线（见图1-11d，图1-15）。当岩层倾斜与地面坡度一致时，地面上将大面积出露同一岩层。倾斜岩层地质界线的V字形法则是野外地质填图和读图分析的基础知识。比如，以后将提及产状平缓的逆冲断层在地质图上的断层线，一般应当是随地形而曲折的；而产状近直立的平移断层的断层线一般是直线形的。

3. 倾斜岩层厚度的测定

倾斜岩层的出露宽度取决于岩层的倾斜和地形坡度的关系，在垂直岩层走向的剖面上（见图1-16），岩层顶底面之间的斜坡距（L）与其厚度（h）的关系式为：

h=Lsin（α+β）（倾向与坡向相反，见图1-16A）

或h=Lsin（α-β）（倾向与坡向相同，倾角大于坡角，见图1-16B）

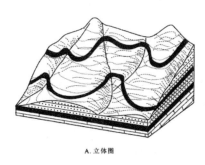
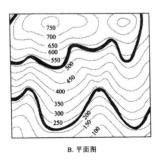

A.立体图　　　　　　　　　　B.平面图

图1-14　岩层倾向与地面坡向相同，岩层倾角小于地面坡角时的倾斜岩层的露头型式

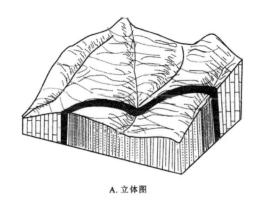
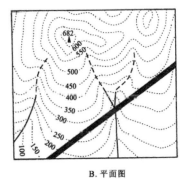

A.立体图　　　　　　　　　　B.平面图

图1-15　直立岩层的倾斜岩层的露头型式

或h=Lsin（β-α）（倾向与坡向相同，倾角小于坡角，见图1-16C）

式中：α为岩层倾角；β为地面坡度角。

岩层的铅直厚度（H）是指岩层顶、底面之间沿铅直方向上测定的距离，相当于垂直钻孔中的测量岩层顶、底面之间的距离。铅直厚度与真厚度之间的关系如图1-16所示：

$$H=H\cos\alpha$$

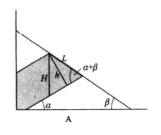
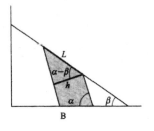

A　　　　　　　　B　　　　　　　　C

图1-16　倾斜岩层的厚度

三、地层的接触关系

地层的接触关系，是构造运动和地质发展历史的记录，是研究构造形成时代的重要依据。两套地层之间的接触关系可以分为构造接触（如断层）和沉积接触两类。这里先讲沉积接触，在研究断层的时候，再讨论构造接触及两者的区别。沉积接触可分为整合接触和不整合接触两大类型。

同一地区的上、下两套地层，若其产状一致，在沉积上和生物演化上都是连续的，则这种关系就称整合接触。它说明这个地区当时的地壳运动以相对稳定的下降为主，所以，上、下两套地层的沉积是连续的，其间没有足以引起较长时间沉积间断的构造运动。有时在露头上可以看到在同一套地层中由于水流作用而造成的局部冲刷面，但若其上、下地层间隔的时间从地质时间尺度观看是很短的，则仍属整合接触。如果上、下两套地层之间有较长时间的沉积间断，且在古生物演化顺序上也不连续，即两套地层间有明显的地层缺失，这种关系称为不整合接触。

1. 不整合的类型及其地质意义

根据不整合面上、下两套地层之间的产状关系，不整合可以分为两大基本类型：平行不整合和角度不整合。

（1）平行不整合

不整合面上、下两套地层间虽有明显的沉积间断，但其产状一致，互相平行。平行不整合的地质意义在于其反映：在下伏岩层形成后，此区地壳曾发生均匀上升，使沉积作用一度中断，遭受风化和剥蚀；经一段时间后，地壳又平稳下降，重新接受沉积。由于地壳的平稳升降没有改变下伏岩层的产状，不整合面上、下两套岩层的产状保持一致，貌似整合，故又称假整合。平行不整合反映了造陆运动，通常涉及相当大的范围，如华北地区的寒武系和其下的新元古界青白口系之间缺失时代跨度达230Ma的震旦系沉积，石炭系和下伏奥陶系之间缺失时代跨度达100Ma的上奥陶统到下石炭统的沉积。

（2）角度不整合

不整合面上、下两套地层间不仅有明显的沉积间断，而且两者的产状不同，上覆岩层的底面切过下伏岩层。角度不整合反映：在下伏地层形成后曾发生构造运动，使其发生褶皱或断层，岩层不再保持水平状态；其后又上升，暴露地表，遭受风化和剥蚀；当地壳再度下降接受沉积时，上覆岩层就与下伏岩层在产状或构造特征上都有明显差异。一般认为，角度不整合反映了发生在上、下两套地层之间的构造变动或造山运动。

（3）地理不整合及海侵不整合

当不整合面上、下两套地层以微小的角度相交，在露头上难以觉察，只有在大范围内可以发现不整合面上新地层的底部在不同地方相继与不整合面下的不同层相接触，这种现象称为地理不整合。

海侵不整合也叫超覆，或叫上超，是由于海侵使沉积区的范围不断扩大，使后期的沉积岩层超过先期沉积岩层的展布范围，而超覆在更老的地层组成的盆地基底的侵蚀面上，从而形成局部的不整合。

2. 不整合在地质图和剖面图上的表现

（1）平行不整合

由于平行不整合面上、下两套地层的产状互相平行，不整合面因长期受风化和剥蚀而被夷平为较为平坦的面，所以，在图上不整合面与其上、下两套地层的产状一致，其地质界线与整合的地质界线一样。

（2）角度不整合

角度不整合由于其上、下两套地层的产状不同，表现为上覆较新地层的底面（即不整合面）切讨下伏较老不同地层的地质界线，与不同时代的地层相接触。一般不整合面与上覆地层平行。当不整合面起伏不平时，不整合面的低洼部位被后来的沉积物充填，从而使上覆新地层和下伏老地层都与不整合面相交。这种新沉积物充填的现象称为嵌入不整合。在嵌入部位通常沉积了不整合面上长期风化的产物，如山西的奥陶系与石炭系之间沿不整合面断续分布的山西式铁矿。在评价这种类型矿床时，必须注意矿体的横向变化。

3. 不整合的观察和研究

（1）不整合的研究意义

对一个地区各个地层间接触关系的研究，特别是不整合的确定，具有重要的理论和实际意义，是地质工作的基础。

一个地区各个地层间的接触关系反映了区域地壳运动的演化史。如前所述，整合、平行不整合和角度不整合代表了不同的地壳运动情况。不整合也是划分地层单位的重要依据。因而，地层间不整合接触关系是研究地质历史、鉴定地壳运动特征和确定构造变形时期的重要依据。不整合面反映了其下岩层经受了长期的风化和剥蚀，在不整合面上的岩层中，常可形成铁、锰、磷和铝土矿等沉积矿产。不整合面也是一个构造薄弱带，常成为岩浆和含矿溶液的通道和储集场所，故常常形成各种热液型矿床；不整合面也有利于石油和天然气的储集。

（2）不整合的研究内容

首先要确定不整合的存在及其类型，其次要确定不整合所代表的地壳运动的时间。

1）确定不整合的存在及其类型

确定不整合的存在主要是依据沉积间断和构造运动两个方面所造成的标志，包括：地层古生物所反映的地质年代的标志、沉积间断的标志、构造差异的标志、岩浆活动和变质作用差异的标志。

如果上、下两套地层中的化石所代表的地质时代或其同位素测定的年代有大的间隔，说明其间有长时间的沉积间断，这是确定不整合存在的主要标志，如华北新元古界下部的青白口系和古生界底部的寒武系之间，虽然两者产状一致，貌似整合，但其间缺失延续时间长达230Ma的震旦系，王日伦将造成这一不整合的地壳运动定名为蓟县运动。

两套地层之间存在沉积间断时，常造成特有的沉积学标志，如高低不平的古侵蚀面，特别是石灰岩表面的古喀斯特地形；古风化壳及有关的富铁、铝和磷的沉积物或矿产。如华北石炭系和奥陶系之间的山西式铁矿和铝土矿，周口店石炭系底部富铝的红柱石角岩和富铁的硬绿泥石角岩等。上覆岩层底部的底砾岩也常作为海侵标志而指示沉积间断的存在。底砾岩中的砾石常可能含有下伏岩层的成分。

对于角度不整合，其上、下两套地层之间的构造有明显的差异。在露头上表现为其产状的差异。通常由于上覆岩层沉积时，下伏岩层已变形而倾斜，所以上覆岩层的倾角一般比下伏岩层的缓，上覆岩层切过下伏岩层，与不同的下伏岩层相接触。在区域上或地质图上，可以发现上、下两套岩层的褶皱强度或褶皱样式不同，特别是构造线的方向（如褶皱的延伸方向、主要断裂的方向等）不同。如北京周口店地区，三叠系及其以前的地层的褶皱呈东西向，而且在向斜转折端岩层加厚，轴部发育强烈的轴面劈理；而侏罗系地层呈北东向的等厚褶皱，说明两者之间为角度不整合。表明本区在三叠纪晚期曾发生过一次地壳运动（即印支运动）。不整合上、下两套地层发育于不同的构造阶段，因此，与其相关的岩浆岩的发育程度、性质和类型，以及变质程度等方面都可有明显的差别。

2）确定不整合的形成时代

通常两套地层之间的不整合反映在下伏地层形成以后到上覆地层沉积之前，曾经发生过一次地壳运动。所以，不整合所反映的地壳运动发生的时间，应当在其下伏地层中的最新地层形成以后和上覆地层中的最老地层沉积以前的这段时间。当上、下两套地层之间缺失的地层较少时，则所确定的不整合形成的时代比较确切，如上述北京西山的印支运动，发生于三叠纪晚期或侏罗纪之前。如果下伏地层中有岩浆岩的侵入，而它又被上覆地层所覆盖，则可通过测定该岩浆岩的同位素年龄来比较精确地确定其所反映的地壳运动的年代。若上、下两套地层的时代间隔很大，则不整合所代表的地壳运动的时代就不易准确判断。华北地区石炭系和奥陶系之间的平行不整合就属于这种情况。

要正确判断不整合所代表的地壳运动的时代，必须从较大区域进行地层和构造的系统研究，以便确定所缺失的某一地层是根本就没有沉积（即地壳运动所引起的地区上升发生在前）；还是沉积以后又被剥蚀掉了（地壳运动发生于其沉积以后）。

第二章 地质构造研究中的应力分析基础

构成地壳的各种岩石，在力的作用下，其内部各个质点就可能发生相对位移，从而引起岩石的变形，形成各种地质构造。所以，在研究各种构造的形态特征、组合规律及其成因等之前，必须了解有关岩石受力变形的一些基础知识。

第一节 应力的概念

一、面力和体力

物体的变形是力的作用使其内部各个质点发生相对位移而引起的物理变化。地壳中作用于岩石的力有多种，重要的有两种：体力和面力。面力是岩块间的相互作用力，是通过其接触面而传递的，它作用于物体的表面，所以也叫表面力。由地球引力所引起的重力和由地球旋转所引起的惯性力，是作用于地壳岩石上两种重要的体力，它们均匀地作用于物体内部每一个质点上，与围绕质点邻域所取空间包含的物质质量有关。面力和体力在地壳中是密切相关的，体力可引起面力的空间变化或梯度。如图2-1所示，露头上一块$1m^3$的石英岩，设想它在四周由于垂直节理面而与围岩分开。其上表面所受的力F_1是大气压（约为$1.0133 \times 10^5 Pa$）与其面积的乘积，为$1.0133 \times 10^5 N$。由于石英岩本身重量的影响，立方体底面作用于其下底座的力F_d为其上表面所受的力F_1与立方体的重力F_2之和，其中F_2可表示为：

$$F_2 = Mg = pgV = pgHA$$

式中：M为立方体岩石的质量；p为岩石的密度；V是立方体岩石的体积；H为立方体岩柱的高；A为岩柱的底面积；g为重力加速度。设石英岩的密度$p=2.6 \times 10^3 kg/m^3$，则

$$F_2 = 2.6 \times 10^3 \times 9.8 \times 1 = 2.55 \times 10^4 （N）$$

$$F_d = F_1 + F_2 = 1.0133 \times 10^5 + 2.55 \times 10^4 = 1.2685 \times 10^5 （N）$$

这个例子说明，岩块内的体力可使作用在水平面上的压力向下增加。上式可用

来计算在不同深度水平面上的上覆岩块对下面的作用力。图2-2表示了石英岩柱之下每平方米面积上所受压力的大小与深度的关系。

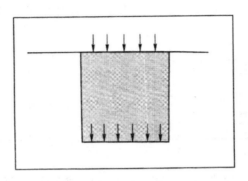

图2-1　石英岩块表面及底面作用力示意图

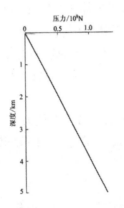

图2-2　石英岩柱在水平面上的压力随深度的变化关系示意图

二、应力、正应力、剪应力

物体受力变形，不仅取决于作用力的大小，也与受力的面积大小有关。为此，在构造分析中引用了应力的概念。应力是在面力或体力作用下引起的、作用在物体内（设想的面）或表面的单位面积上的力。它是作用于该面上的力的大小的度量。应力的方向与作用力的方向一致，其大小 σ 为：

$$\sigma = P/A$$

式中：P为作用力的大小；A为面积。如果应力在这一平面上的分布不均匀，则应力是每一微小面积上的作用力：

$$\sigma = dP/dA$$

如果我们考虑到面与力的作用方向不垂直，则作用力P可分解为垂直该断面的分力P_n和平行断面的分力P_t（见图2-3）。相应的合应力也可分解为垂直断面的应力$\sigma = P_n/A_1$，这个应力叫正应力或直应力；以及平行断面的应力$T = P_n/A_1$，叫剪应力或切应力。

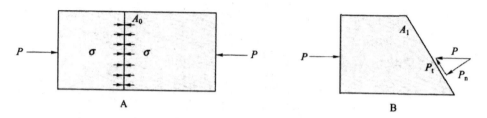

图2-3　单轴压缩下挖外力（P）、应力（σ）(A) 及斜截面A_1上的分力（P_t，P_n）(B)

正应力可以是压应力，它使物体受压缩；也可以是张应力，它使物体受拉伸。地质上一般以压应力为正，张应力为负。材料力学中常规定张应力为正，某些构造地质学专著中也有采用材料力学中规定的符号。剪应力的作用，使截面两边物质发生平行截面的剪切运动，一般以逆时针剪切为正，不同作者也可有不同的用法。

应力的单位有多种，过去地质上常用单位为巴（bar）和千巴（kb），我国现规定统一用SI制单位帕斯卡（Pascal），简称帕（Pa），即$1Pa=1N/m^2$。

三、一点的应力状态

为了了解物体内一点的应力状态，我们可设想有一个平衡力系作用于一个无限小的立方体上。只要是平衡的力系，就可以合成为作用于立方体中心的一对力。设立方体的三个边为三个直交坐标系XFZ，则作用于每个面上的应力可分解为三个分量：一个正应力和一个剪应力，剪应力本身又可被分解为分别平行于两个坐标方向的两个分量。这样，在立方体各个面上合计有九个应力分量（见图2-4）：

$$\sigma_x,\ \sigma_{xy},\ \tau_{xz}$$

$$\sigma_y,\ \sigma_{yx},\ \tau_{yz}$$

$$\sigma_z,\ \sigma_{zx},\ \tau_{zy}$$

如果它们全部已知，就能完全规定出这一点的应力状态。因为我们考虑的是平衡状态，即没有旋转，所以$-\tau_{yx}=\tau_{xy}$，$-\tau_{yz}=\tau_{zy}$，$-\tau_{xz}=\tau_{zx}$，因此，实际上只有六个应力分量规定着一点的应力状态。

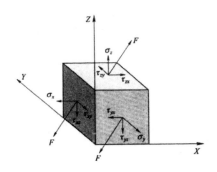

图2-4　作用力F所产生的作用在一个无限小立方体表面上的应力分量

随着单元体取向的改变，各个面上的应力分量的大小也将随之改变。弹性力学可以证明，当物体受力平衡时，总能够找到一种单元体的取向，使单元体表面上的剪应力分量都为零，即在这三个正交截面上，只有正应力的作用而没有剪应力。这种面叫主应力面，其上的正应力叫主应力。所以，一点的应力状态可以用该点的三个主应力的大小和方向来表示，分别用 σ_1、σ_2 和 σ_3 表示最大、中间和最小主应力，$\sigma_1 \geqslant \sigma_2 \geqslant \sigma_3$。主应力的方向也称主应力轴的方向。

一些常见的应力状态有：

（1）单轴应力状态：一个主应力不等于零，另外两个主应力等于零。

单轴压缩：$\sigma_1 > \sigma_2 = \sigma_3 = 0$

单轴拉伸：$\sigma_1 = \sigma_2 = 0 > \sigma_3$

（2）双轴应力状态：一个主应力为零，另外两个主应力不等于零。

双轴压缩：$\sigma_1 > \sigma_2 > \sigma_3 = 0$

双轴拉伸：$0 = \sigma_1 > \sigma_2 > \sigma_3$

平面应力状态：$\sigma_1 > \sigma_2 = 0 > \sigma_3$

（3）三轴应力状态：三个主应力都不等于零，为一般的应力状态，$\sigma_1 \geqslant \sigma_2 \geqslant \sigma_3$。当 $\sigma_1 = \sigma_2 = \sigma_3$ 称为均压，也叫静水压力或流体静压力，是其中的一种特殊状态。

均压只能引起物体的体积变化，使其缩小或膨胀，而不会改变其形状。

最大和最小应力之差（$\sigma_1 - \sigma_3$）称为应力差。应力差能引起物体形状的改变。

所谓平均应力，是指 $\sigma = (\sigma_1 + \sigma_2 + \sigma_3 / 3)$ 可以看作一个应力系统中的均压部分。每一个偏离平均应力的分量叫偏应力 $\sigma' = \sigma - \sigma$。沿三个主应力轴可有三个偏应力：

$$\sigma_1' = \sigma_1 - \sigma, \quad \sigma_2' = \sigma_2 - \sigma, \quad \sigma_3' = \sigma_3 - \sigma$$

地质学中常用静岩压力来描述深埋地下的岩石纯粹由于上覆岩石重量所引起的应力状态。这时上覆岩石的压应力等于 $\rho g h$，其中，ρ 为岩石的平均密度，在地壳上层的硅铝层内，可假设其为 $2.7 \times 10^3 kg/m^3$，g 为 $9.8m/s^2$，h 为深度（m）。如果在地壳的浅部，岩石还不能完全像流体一样地流变，则还应当有两个横向的水平应力：

$$\sigma_2 = \sigma_3 = \frac{v}{1-v}\sigma_1$$

式中：σ_1 为上覆岩石重压引起的垂向压应力；σ_2 和 σ_3 是由于岩石受此应力而企图向横向扩展因受周围岩石的限制而引起的应力；v 为岩石的泊松比，对典型的花岗岩为 0.25。所以，水平应力只为垂直主应力 σ_1 的 1/3。

第二节　应力分析简介

一、二维应力分析

人们对三维事物的分析，常难以用图件直观表达，因而总是通过不同角度的二维来进行研究，然后再在二维研究的基础上综合出三维的特征。二维应力分析中，只考虑所研究的二维平面内的应力状态，而不需要考虑与此平面相垂直的另一轴的应力情况，这样就可以用平面图来直观地表达，而且其数学表达式也比三维的要简单得多。

1. 任一斜截面上的应力分析

设在一个与 σ_3 相垂直的平面上，考虑在任一面积为 A 的斜截面（其在此平面上的交迹为 AB）上的应力。在应力分析中，由于应力是一种矢量，所以必须用某种坐标来描述应力。为分析简便，我们选择直角坐标轴 x 和 y 与主应力轴 σ_1 和 σ_2 一致。因为应力与面积有关，所以我们不能直接分解或合成应力，必须先把应力转换成作用于各边上的力。现在研究以法线与 σ_1 轴成 ϕ 角、面积为 A 的 AB 面上的应力（见图 2-5），取沿 σ_3 轴方向为 1 单位，则该面在 x 和 y 轴上的投影面积分别为 OA=Asinϕ，OB=Acosϕ。因此，在斜面 AB 上沿 x 和 y 轴方向上作用力 F_x 和 F_y 分别等于应力乘面积：

$$F_x = \sigma_1 A_{\cos\phi}$$
$$F_y = \sigma_2 A_{\sin\phi}$$

将这两个力分解，以确定垂直于 AB 面的正向力，得：

$$F_n = F_x \cos\phi + F_y \sin\phi = \sigma_1 A\cos\phi\cos\phi + \sigma_2 A\sin\phi\sin\phi$$

则作用于面上的正应力为：

$$\sigma_\phi = F_n / A = \sigma_1 \cos^2 \phi + \sigma_2 \sin^2 \phi$$

也可以将 $\cos^2 \phi = \dfrac{1 + \cos^2 \phi}{2}$ 和 $\sin^2 \phi = \dfrac{1 - \cos^2 \phi}{2}$ 代入上式，以倍角形式表示：

$$\sigma_\phi = \frac{\sigma_1 + \sigma_2}{2} + \frac{\sigma_1 - \sigma_2}{2} \cos^2 \phi$$

沿AB面平行作用的剪切力为：

$$Fs = \sigma_1 A \cos \phi \sin \phi - \sigma_2 A \sin \phi \cos \phi$$

则作用于AB面上的剪应力为：

$$\tau\phi = Fs / A = \sigma_1 \cos \phi \sin \phi - \sigma_2 \sin \phi \cos \phi$$

$$或\ \tau_\phi = \frac{\sigma_1 - \sigma_2}{2} \sin^2 \phi$$

从此方程式可知，当 $2\psi = 90^\circ$ 时，剪应力 τ 为最大，其值 $\dfrac{\sigma_1 - \sigma_2}{2}$，即最大剪应力作用面与 σ_1 轴的夹角为 45°。

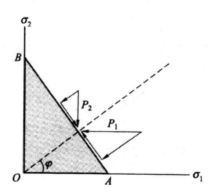

图2-5 二维截面上的应力分析示意图

2. 二维应力莫尔圆

将上面式子移项并分别平方后相加，得

$$(\sigma_\phi - \frac{\sigma_1 + \sigma_2}{2})^2 + \tau_\phi^2 = (\frac{\sigma_1 - \sigma_2}{2})^2 (\cos^2 \phi + \sin^2 \phi) = (\frac{\sigma_1 - \sigma_2}{2})^2$$

这是一个圆的方程式的形式，在坐标系中，一个圆心为（a，0），半径为r的圆的方程为：$(x - a)^2 + y^2 = r^2$

在以 σ 为横坐标和 τ 为纵坐标的系统中，上式代表圆心为（ $\dfrac{\sigma_1+\sigma_2}{2}$,0 ），半径为 $\dfrac{\sigma_1-\sigma_2}{2}$ 的一个圆，这就是代表上述二维应力状态的莫尔圆（见图2-6）。圆周上任一点P的坐标代表其法线与 σ_1 轴成 ψ 角的截面上的正应力和剪应力。

从图2-6可知：

（1）当 ψ =0° 时， $\sigma_\psi=\sigma 1$ ， $\tau_\psi=0$ ；当 ψ =90° 时， $\sigma_\psi=\sigma 2$ ， $\tau_\psi=0$ 。

在这两个面上只有正应力而无剪应力，这两个面分别是垂直q和A的面，就是主平面。

（2）当 ψ 二45° 或 ψ =135° 时，剪应力的绝对值最大，即 $|\tau_{\max}|=\dfrac{\sigma_1-\sigma_2}{2}$ 。

（3）当 $\sigma_1=\sigma_2$ 时， τ =0，即在均压下无剪应力。

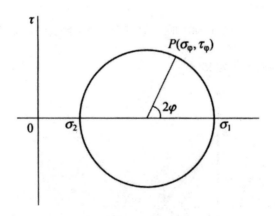

图2-6　二维应力莫尔圆示意图

二、三维应力分析

三维应力分析是在二维应力分析的基础上进行的，只不过其数学表达式更为复杂。设任一斜截面ABC，其法线OP与 σ_1 、 σ_1 及 σ_3 轴的夹角分别为 ψ_1 、 ψ_2 及 ψ_3 （见图2-7），则可推导出在此面上的正应力 σ_ψ 和剪应力 τ_ψ 分别为（推导过程读者可参考Ramsay，1967）：

$$\sigma_\phi = \sigma_1 \cos^2 \phi_1 + \sigma_2 \cos^2 \phi_2 + \sigma_3 \cos^2 \phi_3$$

$$\tau^2_{\phi} = (\sigma_1-\sigma_2)^2 \cos^2 \phi_1 \cos^2 \phi_2 + (\sigma_2-\sigma_3)^2 \cos^2 \phi_2 \cos^2 \phi_3 + (\sigma_3-\sigma_1)^2 \cos^2 \phi_3 \cos^2 \phi_1$$

此式也可用莫尔图解来表示。考虑一组平行于 σ_3 轴的面的应力，则各个面的法线都垂直于 σ_3 轴，即 $\psi_3=90°$，$\cos\psi_3=0$，因为 $\cos^2\psi_1+\cos^2\psi_2+\cos^2\psi_3=1$，所以，$\cos^2\psi_1+\cos^2\psi_2=1$，即 $\cos^2\psi_2=1-\cos^2\psi_1=\sin^2\psi_1$，将此式代入上面式子得：

$$\sigma_\phi = \sigma_1\cos^2\phi_1 + \sigma_2\sin^2\phi_1$$

$$\tau_\phi = (\sigma_1-\sigma_2)\cos\phi_1\sin\phi_1$$

这就是包含 σ_1 和 σ_2 轴的二维应力莫尔圆的方程式。

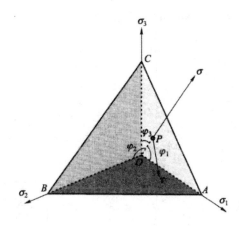

图2-7　三维斜截面上的应力

同理，另一组平行于 σ_2 轴的面上的应力，可用包含 σ_1 和 σ_3 轴的二维应力莫尔圆来表示；平行于 σ_1 轴的面上的应力，可用包含 σ_2 和 σ_3 轴的二维应力莫尔圆来表示（见图2-8）。

对于任一斜截面上的应力，则依据其 ψ_1、ψ_2 及 ψ_3 的大小，可在图2-8的阴影部分确定其位置，其相应的坐标值即为作用于其上的正应力和剪应力（参见陈子光，1986）。

图2-9表示了一些特殊类型的三维应力莫尔圆。从其中可以看出，静水压力下（$\sigma_1=\sigma_2=\sigma_3$），剪应力为零；但静岩压力下（$\sigma_1 > \sigma_2=\sigma_3$），剪应力不等于零。在一般应力状态下，最大剪应力发生在 σ_1 和 σ_3 构成的应力圆上，与 σ_1 成45°夹角的面上（包含 σ_2 轴）（图2-8的 D_1 面）。最大剪应力值 $|\tau_{max}| = \dfrac{\sigma_1-\sigma_3}{2}$（$\sigma_1-\sigma_3$）称为差应力，是引起物体变形的原因。

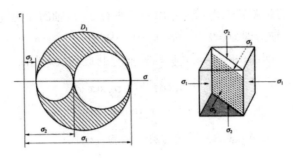

图2-8　三维应力莫尔圆

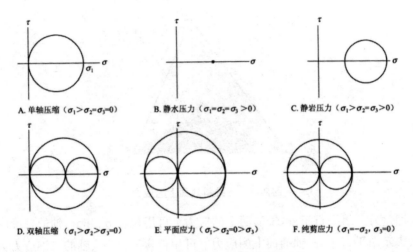

图2-9　几种特殊的三维应力莫尔圆

第三节　应力场、应力轨迹、应力集中的概念

一、应力场的基本概念

以上我们考虑的是一点的应力状态。但是，物体内相邻各点的应力状态常常是不同的，会发生系统的变化。物体内各点在某一瞬间的应力状态组成了一个应力场。地壳的一定空间内某一瞬间的应力状态称为该地的构造应力场，它表示那一瞬间各点的应力状态及其变化情况。

在地质历史时期作用的构造应力场称为古构造应力场；现今作用的应力场称为现今构造应力场。古构造应力场的研究，对于了解构造分布的格局、地壳运动的规律和指导成矿预测等，具有重要的意义；现今构造应力场的研究，对于地震分析预报和工程场地稳定性评价等，具有重要的实际意义。

古构造应力场的研究，主要是利用其造成的构造形迹，如节理、断层、褶皱或晶内变形等，结合实验资料来探究形成这些构造的古应力的方向和大小（万天丰，1988）。现今构造应力场的研究，可以进行现场的应力测量。此外，通过数学模拟和物理模拟方法，也是研究不同条件下的应力场特点的方法（曾佐勋和刘立林，1992）。

二、应力场的图示

应力场的图示通常采用主应力迹线和主应力等值线来表示。主应力迹线表示各点主应力方向在空间的变化规律。主应力等值线图表示其强度的空间变化。也可用最大剪应力轨迹线和等值线来表示剪应力的变化规律。

在地质构造分析中，常用二维的应力轨迹图定性地表示所分析平面上的应力分布情况。因为应力差（$\sigma_1-\sigma_3$）是引起物体变形的主导因素，所以一般表示的是 σ_1 和 σ_3 的应力轨迹图。图2-10是在水平挤压下的应力轨迹图，图2-11是在水平剪切作用下的应力轨迹图。

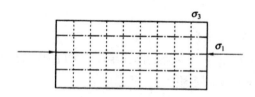

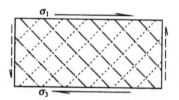

图2-10　水平挤压的应力轨迹示意图　　图2-11　水平剪切作用下的应力轨迹示意图

在一定的边界条件和一定的力系的作用下，一个区域内的应力轨迹可通过光弹性模拟实验或计算机模拟来求得。

光弹性模拟实验是利用某些透明的均质体（如明胶），在外力作用下发生变形时产生的光弹效应，变成了非均质体，从而在正交偏光镜下显现出反映应力特点的干涉图像。据此可以画出剪应力分布图、主应力轨迹图和最大剪应力轨迹图。它是一种了解一定形状的物体，在一定方式的外力作用下，其内部应力分布特征的一种形象而有效的手段。

利用计算机应用一定的程序（如有限元法），给予一定的参数通过运算，就可以得出所给条件下的应力轨迹或应力等值线图。连续改变参数的值，就可以得出一系列不同条件下的应力轨迹图。这是一种精确而高效的模拟方法，目前已几乎取代了光弹性实验模拟法。

在地质构造研究中，常常是根据一个地区内各个点的构造特点来求得其所反映的主应力轴的方位，然后编联成主应力轨迹图。再用光弹性模拟或数学模拟来推究其变形时的边界条件及应力作用情况。需要指出的是，一个地区的应力状态是指某一瞬间作用于物体上的应力状态而言的，所以，应力场也是指某一特定时间的应力分布状态。随着地质演化，一个地区往往会经受多次不同方式的地壳运动，从而造成同一地区不同时期不同型式应力场所形成的各种构造及其叠加和改造现象。往往只有在研究较近时期的地质构造时，才能比较确切地确定其构造所反映的应力场。

三、应力集中

应力在物体内的分布状况，不仅取决于外界作用力的性质、方向和大小，而且与物体本身的结构密切相关。例如，当受力的物体内部存在有空洞或微裂隙时，就会在这些部位产生局部的应力集中，引起应力轨迹的挠动和应力的显著加大。这种现象在构造分析中是十分重要的。图2-12表示受单轴压缩作用下弹性岩石板内一圆孔附近的主应力轨迹线。在圆孔表面的径向应力：

$$\sigma_r = 0$$

而切向正应力为：

$$\sigma_\theta = p_1 (1 - 2\cos 2\theta)$$

式中：p_1 为无穷远处的主应力（或平均主应力）；θ 为该点的圆孔半径与主应力 p_1 的夹角。这类似于岩石中自然的地下空洞或人工隧道周围的应力状态。

在圆孔周围有两个特殊的点的应力状况值得注意。在图2-12B中的A点和B点，$\theta = \pi/2$ 及 $3\pi/2$，$\sigma_\theta = 3p_1$。这说明在圆孔周围的A点和B点处造成了3倍于平均主应力的应力集中。

固体力学中还证明，在其长轴平行于的椭圆孔周围，应力还要高得多：

$$\sigma_\theta = p_1 (1 + 2a/b)$$

式中：a和b分别为椭圆的长轴和短轴。

而在图2-12B的C点和D点，$\theta = 0$ 及 π，$\sigma_\theta = -p_1$。说明在主体为挤压应力的作用下，在孔的顶点C点和D点处可以有拉伸应力的存在。

岩石中常有许多裂隙的存在。微小的裂隙可以近似地看成椭圆形的空洞，因而，应力集中是地壳中常见的现象。如果岩体内存在有早期的断裂，当再次受到构造应力作用时，在断裂的末端或转折点附近，最易发生应力集中，从而造成古断裂的复活。我国著名构造地质学家张文佑先生在其总结性论著《断块构造导论》一书中，特别指出"不均一性和应力集中——构造形变分析的关键"。

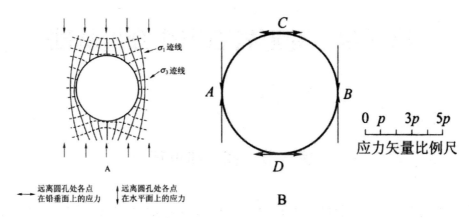

图2-12　受单轴压缩的固体中圆孔附近的主应力轨迹（A）和在孔的圆周上各点应力大小的变化（B）

第三章　变形岩石应变分析基础

第一节　变形和位移

　　当地壳中岩石体受到应力作用后，其内部的各个质点会经受一系列的位移，从而使岩石体的初始形状、方位和位置发生了改变，这种变化通称为变形。构造地质学的主要任务之一就是要研究这些变形的性质和程度。研究物体的变形基本上是一个几何学的问题，需要比较物体内各质点的位置在变形前后的相对变化。为此，首先要确定参考坐标系。物体的位移是通过其内部各个质点的初始位置和终止位置的变化来表达的。连接质点的初始位置和终止位置的直线叫位移矢量（如图 3-1A 中的直线 P_0P_1）。这条直线并不代表质点的真正位移路径（如图 3-1A 中的曲线 P_0P_1），它只表示位移的最终结果，即质点在变形后的位置与初始位置的方向和距离。

　　位移可以通过物体内一个网格的变化来形象地表示出来。位移的基本方式可分解为四种：平移、旋转、形变和体变（见图 3-1）。实际的变形通常是几种方式的不同形式的联合，只是为了分析简便，而把变形分解为基本方式来进行。

　　平移和旋转：是指刚体的平移和旋转，是物体相对于外部坐标系做整体的平移和旋转。这种位移并不引起物体内部各个质点间的相对位置的变化，因此，不会改变物体的形状。

　　形变和体变：分别指物体的形状变化和体积变化（见图 3-1C，D）。体变和形变使物体内部各个质点间的相对位置发生了改变，从而改变了物体的大小和形状，称为发生了物体的应变。因此，应变是指物体在应力作用下发生的大小、形状和内部构造的变化，但有时也可包含有旋转的含意。

　　这些位移通常可以是同时发生的，但不一定同等发育，在一个地区或一个构造单元内，常有主次之分。例如，欧洲阿尔卑斯山脉北部的前阿尔卑斯推覆体，是一个由中生界和古近—新近系组成的巨大岩席，从其原始沉积地向北推移了很远距离才到达现在的位置，成为位于其他时代沉积岩顶部的外来岩系。虽然其水平位移距离达50km以上，但其中许多沉积岩层的内部变形却相当轻微，有些看起来好像是原始的水平岩层。因而，这里平移比应变起着更为重要的作用。而在造山带内部的受到强烈挤压的板岩带中，岩石的内部应变可能比整体的平移具有更重要的意义。

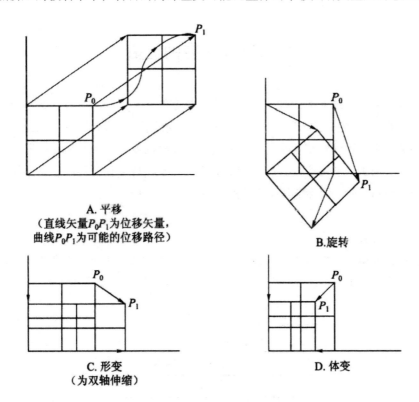

A. 平移
（直线矢量P_0P_1为位移矢量，
曲线P_0P_1为可能的位移路径）

B. 旋转

C. 形变
（为双轴伸缩）

D. 体变

图3-1 位移的基本方式示意图

岩石的应变情况可以根据岩层和岩体内的变形标志体（如鲕粒、砾石、化石、气孔等）在变形前后变化的几何学研究来精确地测定；而岩体的平移和旋转的大小则需要依据其与外部坐标的关系来估算。例如，对于推覆体的平移距离，则需要依据其与推覆体源区（根带）的关系加以推断，甚至要根据对区域的岩相古地理分析，恢复其原始沉积状态，从而推断可能的位移。一般来说，精确的平移量常常是很难测定的。对于岩层或岩体旋转分量的估算，则必须先确定岩体的初始方位。例如，一套变形了的倾斜沉积岩层，一般假设其沉积时的初始产状是水平的，因而根据岩层变形后的倾斜程度，可以推断其发生的旋转量。为了恢复其原始产状，一般以岩层的走向为旋转轴，把岩层旋转到水平状态。其实，倾斜岩层真正的旋转过程可能要复杂得多。在大规模的全球的板块运动中，各个板块的相对位移量和旋转量都相当大。要估算其位移量和旋转量，再造不同地史时期的板块构造格局，需要利用多种地质资料以及古地磁学资料，这将涉及地质学的许多分支学科。本章只讨论在构造地质学范畴中分析岩石应变的问题。

第二节　应变的度量

应变是表示物体变形的程度，它与应力状态的含义不同。应力状态是指某一瞬间作用于物体上的应力情况；而应变是指物体变形后的状态与其初始状态的对比。变形的结果引起物体内部各个质点之间的线段长度的变化或两条相交线段之间的角度的变化。前者为长度应变，后者为剪应变。测量这种变化就可以计算出物体所受应变的大小和方向，即确定其应变状态。

一、长度应变

在应变分析中，根据不同的情况采用不同的参数来表达线的长度变化，即长度应变（longitudinal strain）（见图3-2）。常用的有以下几种参数：

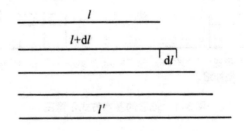

图3-2　线的长度变化示意图

（1）线应变 e（或伸长度，extension），指变形前后单位长度的改变量：

$$e = (l' - l) / l$$

式中：l 和 l' 分别为同一条线段变形前的和后的长度。与地质上采用的应力 σ 的符号不同，一般伸长时，e 取正值。因为 e 是一个比值，所以是一个无量纲的数值。

（2）平方长度比 λ，是应变测量中常用的参数，指同一线段在变形后的长度与变形前的长度之比的平方：

$$\lambda = (l' - l)^2 = (1+e)^2$$

（3）对数应变 ε 或自然应变，在实际变形过程中，一个大的变形可以看成一系列小的应变增量的积累。所以，如果 dl 为无限小的应变增量，则总的应变或称有限应变（finite strain）为各个无限小应变的叠加：

$$\varepsilon = \int_{l}^{l'} \frac{1}{l} dl = \ln(l' / l) = \ln(1 + e)$$

二、剪应变

变形前相互垂直的两条直线，变形后其夹角偏离直角的量称为角剪应变 ψ（angular shear strain）。其正切称为剪应变 γ：

$$\gamma = \tan\Psi$$

与剪应力一样，需要用符号来表示左行或右行剪切，与剪应力的表示法一致，本书中以左行剪切为正，即与剪切面垂直的物质线向左偏斜为正。

取一沓卡片，在其侧边画上一个半径为 $l_0 = 1cm$ 的单位圆及一个腕足类化石，未变形前化石的铰合线与其中线垂直（见图3-3A）。将卡片加以均匀剪切成图3-3B，原始的圆变成了椭圆。椭圆的长轴为 l_1，短轴为 l_2，则其线应变分别为：

$$e_1 = (l_1 - l_0) / l_0 = (1.62 - 1) / 1 = 0.62（伸长62\%）$$

$$\lambda_1 = (l_1 / l_0)^2 = 2.62$$

$$e_2 = (l_2 - l_0) / l_0 = (0.62 - 1) / 1 = -0.38（缩短38\%）$$

$$\lambda_2 = (l_2 / l_0)^2 = 0.38$$

化石的铰合线与中线不再成直角，其偏差 Ψ 为沿铰合线的角剪应变，因为是向右剪切，所以为负值，相应的剪应变 γ 为：

$$\gamma = \tan\psi = \tan(-45°) = -1$$

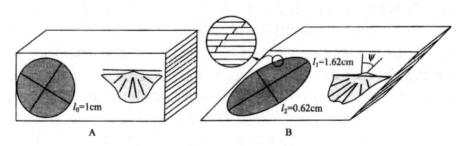

图3-3　剪切应变的卡片模拟示意图

三、体变

体变指变形前后单位体积的体积改变量：

$$\triangle = (\, V/V'\,) - V$$

式中：V 和 V′ 分别为变形前的和变形后的体积。

第三节　均匀变形和非均匀变形

物体的变形有各种不同的方式，根据物体内各点的应变状态的变化与否，可把变形分为均匀变形和非均匀变形。在非均匀变形中，根据应变变化是否连续，又可细分为连续变形和不连续变形。

一、均匀变形

物体内各点应变特征都相同的变形称为均匀变形。其特征是：变形前的直线变形后仍为直线；变形前的平行线变形后仍然平行。因此，其中任一小单元体的应变性质（大小和方向）就可代表整个物体的变形特征。如图 3-3 总体来看，具备了均匀变形的特征。其中的单位圆变形后成为了椭圆，其称为应变椭圆。

二、非均匀变形

物体内各点的应变特征发生变化的变形称为非均匀变形。与均匀变形不同，直线经非均匀变形后不再是直线，而变成曲线或折线；平行线经变形后不再保持平行。这时，圆经变形后亦不再是椭圆（见图 3-4，图 3-5）。在物体内从一点到另一点的应变状态是逐渐改变的变形，称为连续变形；如果是突然改变的，即应变是不连续的，则称为不连续变形，例如物体两部分之间发生了断裂（见图 3-4C）。在分析连续的非均匀变形时，可以把受变形的物体分割成许多无限小的单元体，这时，每一个单元体的变形可以当作均匀变形来处理。地质上大多数变形是非均匀的，常见的褶皱就是一种典型的非均匀连续变形。原始平行和平直的层间界面，被弯曲成褶皱后就变成曲面；初始垂直层面的平行直线，褶皱后也不再平行，而成扇形（见图 3-5）。这时就不可能用一个单元体的应变特征来表示整个岩层的应变，但可用许多个微小单元体的应变特征及其系统变化来表示总体构造的应变特征。在被断裂分开的非均匀变形中，断裂两边的应变特征就必须分别表示。

有些小尺度看似非均匀的变形，从宏观的尺度上可以近似地看成均匀变形，从而可以以一个平均的应变来表示其总体的变形特征。反之，有些在露头上或肉眼看来是均匀的变形，在更小的尺度上，却可表现为不连续变形。如图3-3B中，在放大镜下为不变形的卡片（只做刚体平移）和卡片间的微小滑动（剪切变形）组成的非均匀变形，宏观看起来是均匀的剪切变形。

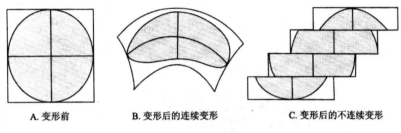

A. 变形前　　　　B. 变形后的连续变形　　　　C. 变形后的不连续变形

图3-4　非均匀变形示意图

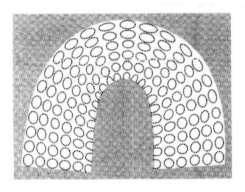

图3-5　弯曲变形中的应变特征

第四节　应变椭球体

为了形象地描述岩石的应变状态，通常设想在变形前岩石中有一个半径为1的单位圆球，经与岩石一起均匀变形后，变成了一个椭球。以这个椭球的形态和方位来表示岩石的应变状态，这个椭球便称为应变椭球体。在二维研究中，一个单位圆经均匀变形后就变成一个椭圆，称为应变椭圆（见图3-3）。从数学中可以证明，一个表示单位圆球的方程式经过均匀变形后，变换成为一个椭球的方程式（推导的详细过程可参见Ramsay，1967）。从数学上还可以推导出，从单位圆球变成的应变椭球体有三个互相垂直的主轴，沿主轴的方向只有长度应变而无剪应变。一般分别以

λ_1、λ_2、λ_3（或X、F、Z，或A、B、C）表示最大、中间和最小应变主轴。三个主轴的半轴长分别为$\sqrt{\lambda_1}$、$\sqrt{\lambda_2}$、$\sqrt{\lambda_3}$（因为初始圆球的半径为1）。包含应变椭球的任意两个主轴的平面称为主平面。

应变椭球的三个主轴方向形象地表示了变形造成的地质构造的空间方位。垂直λ_3轴的平面（XY面或AB面）是受到压扁的面，代表了褶皱轴面或片理面等压扁面的方位。垂直λ_1轴的平面（YZ面或BC面）为张性面，代表了张性构造（如张节理）的方位。平行λ_1轴（X轴或A轴）的方向为最大拉伸方向，常可反映在矿物的定向排列上（如拉伸线理）（见图3-6）。

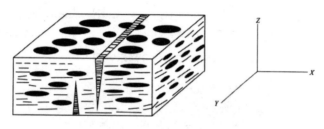

图3-6 应变椭球体的主轴与构造的关系

横过应变椭球中心的切面一般为椭圆形，其中有两个切面为圆切面，它们的交线为中间应变轴λ_2（见图3-7）。中间应变轴不变形的应变（即$\lambda_2=1$或$e_2=0$）称为平面应变。这时，圆切面的半径$\sqrt{\lambda_2}=1$，这个圆切面称为无伸缩面。它和最大主应变轴$\sqrt{\lambda_1}$的夹角θ取决于$\sqrt{\lambda_1}$和$\sqrt{\lambda_3}$之相对大小（推导过程可参见Ramsay，1967）：

$$\cos^2\theta = (\lambda_1 - \lambda_1\lambda_3)/(\lambda_1 - \lambda_3)$$

无伸缩面区分了应变椭球中的伸长区与缩短区。任何过球心的直线，如果位于无伸缩面与伸长轴（λ_1）之间的区域，在变形后都发生了伸长；如果位于无伸缩面与缩短轴之间的区域，则都发生了缩短，相应地就会造成各种不同的构造。如以后会涉及的褶皱构造反映了线的长度缩短；而香肠构造反映了线的拉伸。

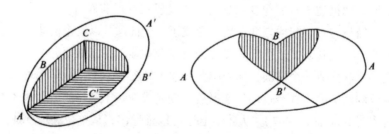

图3-7 应变椭球体及包含B轴的两个圆切面

第五节　应变椭圆特征的几何表示法

对于应变椭圆的特征，可以用其最大和最小主应变（λ_1 和 λ_2）分别为横坐标和纵坐标的图解来表示（见图3-8）。由于规定所 $\lambda_1 \geqslant \lambda_2 > 0$，以只有在 λ_1 轴和通过原点（0，0）的45°线之间的正象限部分才能表达应变椭圆。点（1，1）代表初始的单位圆。通过原点的45°线上的点代表没有形变而只有面积变化的圆。在点（0，0）和（1，1）之间的点代表面积缩小的圆；在点（1，1）以上的点代表面积增大的圆。以 $\lambda_1 = 1$ 和 $\lambda_2 = 1$ 的线为界，可把图分为三个区。1区包含 $\lambda_1 > \lambda_2 > 1$ 的椭圆，即应变椭圆完全位于单位圆的外侧，反映其在形变的同时具有面积的增大。2区的椭圆以 $\lambda_1 > 1 > \lambda_2$ 为特征，因此，它与单位圆相交于与主应变轴成对称的两条线上，这两条线代表无长度应变线的方向。从图3-8中可以看出，两个主应变的相对大小决定了其夹角 2θ 的变化。2区中的椭圆也可有面积的变化，在右上角的点代表面积增大，$\triangle A > 0$；而在左下角的点代表面积缩小，$\triangle A < 0$。3区的椭圆以 $1 > \lambda_1 > \lambda_2$ 为特征，因而它们完全位于单位圆之内，反映了面积缩小的变形。

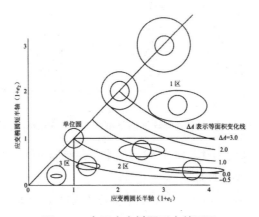

图3-8　表示应变椭圆形态的图示

第六节　应变椭球体的形态类型及其几何表示法

各种反映不同应变特征的应变椭球也可以用图解来表示。有不同的表示法，常用的是弗林（Flinn）图解（见图3-9）。这是一种用两个主应变面（XY面及YZ面）上的应变椭圆的椭圆度或主应变比（R_{xy}和R_{yz}）来说明应变椭球形态的一种图解，它不考虑应变的绝对值和体积变化。分别以a和b（R_{xy}和R_{yz}）为纵和横坐标作图：

$$a=R_{xy}=(1+e_1/1+e_2),\ b=R_{yz}=(1+e_2/1+e_3)$$

图3-9中的坐标原点为（1，1）。任意一种形态的椭球都可在图上表示为一点，如图中的P点，该点的位置就反映了应变椭球的形态和应变强度。应变椭球的形态用数值k来表示：

$$k=\tan\alpha=(a-1/b-1)$$

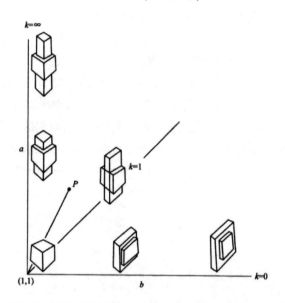

图3-9　表示应变椭球形态类型的弗林（Flirm）图解

k值相当于P点与原点（1，1）连线的斜率。在变形时体积不变的条件下，依据k值可分为五种形态类型的椭球：

k=0（$1+e_1$）=（$1+e_2$）>1>（$1+e_3$）单轴旋转扁球体（轴对称压扁型）

1>k>0（$1+e_1$）>（$1+e_2$）>1>（$1+e_3$）扁形椭球体（压扁型）

k=1（$1+e_1$）=（$1+e_3$）=（$1+e_2$）^{2}=1　平面应变椭球体

∞>k>1（$1+e_1$）>1>（$1+e_2$）>（$1+e_3$）长形椭球体（收缩型）

k=∞（$1+e_1$）>1>（$1+e_2$）=（$1+e_3$）单轴旋转长球体（轴对称伸长型）

在变形期间，也有可能同时发生体积变化。单位椭球的体积为$V_0=(4/3)\pi r^3$（r=1），其变形后的应变椭球的体积为$V=3/4\pi XYZ$。所以△V体变为：

$$\triangle V= (V-V_0) /V_0=XYZ-1$$

或

$$1+ \triangle V=XYZ= (1+e_1) (1+e_2) (1+e_3)$$

在上述体积不变的变形中，$\triangle V-0$，当k=1时：

$$(1+e_1) (1+e_2) (1+e_3) =1$$

则

$$(1+e_1) / (1+e_2) = (1+e_2) / (1+e_3)$$

所以，若中间应变轴不变，即$1+e_2=1$时：

$$1+e_1=1/1+e_3$$

这时变形只发生在M面上，这种变形称为平面应变。

当体积变化时，即$\triangle V \neq 0$若为平面应变，即$1+e_2=1$，则

$$1+\Delta V = (1+e_1)(1+e_3) = \frac{\dfrac{1+e_1}{1+e_2}}{\dfrac{1+e_2}{1+e_3}} = \frac{a}{b}$$

或写成

$$a= (1+\triangle V) b$$

这是一条斜率为（$1+\triangle V$）的直线，它代表体积变化时的平面应变椭球，并为压扁应变区（$e_2 > 0$）和收缩应变区（$e_2 \leq 0$）的分界线（见图3-10）。

$$d = \sqrt{(a-1)^2 + (b-1)^2} = \sqrt{(R_{xy}-1)^2 + (R_{xy}-1)^2}$$

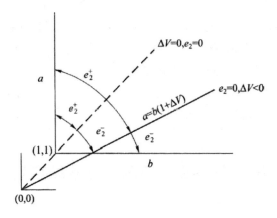

图3-10　有体积变化时的弗林（Flirm）图解

可以用不同的参数来表示应变的强度，通常用P点和原点（1,1）的距离d来代

表应变椭球所反映的应变强度，也称应变强度因子。

另一种表示法是Ramsay（1967）提出的用对数坐标来表示的改进的弗林图解，分别以lna和lnb为纵、横坐标（见图3-11）。它的优点是使应变量小的椭球投影点不会集中在原点（1，1）附近，而能表示得比较清楚。另一特点是表示体积变化的平面应变时，为一条与横坐标相交于ln（l+△V）斜率为45°的直线：

$$lna=ln\left[(1+△V)b\right]=ln(1+△V)+lnb$$

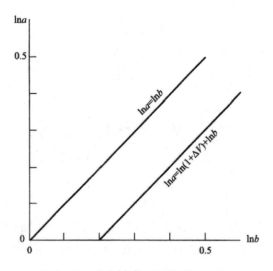

图3-11　应变椭球形态的对数图解

各类椭球体反映了岩石的不同应变特征，体现在不同的构造特征上。比如，k=0的单轴旋转扁球体，呈烙饼状，反映了一个方向的缩短而另外两个方向的均匀伸长，在岩石中表现为只发育代表压扁的面理而不发育代表向一个方向伸展的线理，这种岩石称为S构造岩。而k=∞的单轴旋转长球体，呈棍状，反映了一个方向的伸长和另外两个方向的均匀收缩，在岩石中表现为只发育代表一个方向伸展的拉伸线理，而不发育面理，这种岩石称为L构造岩。

第七节　旋转变形和非旋转变形

根据代表应变主轴方向的物质线，在变形前后方向是否改变，可把变形分为两大类型：旋转变形和非旋转变形。

一、非旋转变形

非旋转变形中，代表应变主轴方向的物质线在变形前后不发生方位的改变，如单轴压缩、单轴拉伸或双轴伸缩等变形。其中一种特殊情况是，在变形过程中不发生体积变化且中间应变轴的应变为零的变形称为纯剪变形（pure shear）。这是一种体变为零的平面应变，即

$$\triangle V=0, \quad 1+e_2=1, \quad 1+e_1=1/1+e_3。$$

二、旋转变形

旋转变形中，代表主应变轴方向的物质线在变形前后发生了方位的改变，即旋转了一个角度。最典型的是简单剪切变形，可用一叠卡片的剪切来模拟（见图3-3）。简单剪切也是一种体变为零的平面应变。变形只发生在卡片侧面的AC面上，垂直图面的s轴不发生变形。如图3-3中的矩形受到角剪应变$\Psi=-45°$的简单剪切，其上画的一个单位圆变为应变椭圆，画上应变椭圆的长轴，它与卡片的长边的剪切方向成31° 43′的交角；把受剪切的卡片复原，可见这条线与卡片边的交角为58° 17′，它代表了$\Psi=-45°$时应变椭圆长轴的物质线的未变形时的方位，说明它在变形中发生了26° 34′的右行旋转。

在自然界，垂直造山带的缩短构造主要是非旋转变形；而平行造山带的走滑构造是旋转变形。

第八节　递进变形

前面所讨论的物体变形的最终状态与初始状态对比发生的变化，称为有限应变或总应变。实际上，在变形过程中，物体从初始状态变化到最终状态的过程是一个由许许多多次微量应变的逐次叠加的过程，这种变形的发展过程称为递进变形。其中，变形期间某一瞬间正在发生的小应变叫增量应变。如果所取的瞬间非常微小，其间发生的微量应变可称为无限小应变。可以认为，递进变形就是许多次无限小应变逐渐积累的过程。在变形的任一阶段，都可把应变状态分解为两部分：一部分是已经发生了的有限应变；另一部分是正在发生的无限小应变或增量应变。图3-12表示了初始圆经受了一系列简单剪切的变形的过程。第1行表示应变过程，用各个阶段的有限应变椭圆来表示。在中间的某个阶段，如第3阶段时，第1行的椭圆代表了当时的有限应变状态，如果这时再在物体中设想一个单位圆形的标志体，从第3阶

段到第4阶段时，这一标志圆又变为椭圆，叫增量应变椭圆。第4阶段的有限应变椭圆就是第3阶段的有限应变椭圆叠加这个增量应变的结果。我们在研究自然界的变形岩石时，只能见到变形作用的最终产物，而看不到其递进变形的过程。但我们有可能看到代表从轻微变形到强烈变形的各个中间阶段的产物。通过连续的比较和综合，有可能推断出变形发展的总进程。

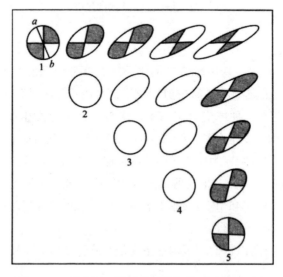

图3-12　用计算机模拟简单剪切的递进变形过程

在递进变形过程中，如果各个增量应变椭球的主轴始终与有限应变的主轴一致，这种变形叫共轴递进变形；否则就叫非共轴变形。

一、共轴递进变形

递进纯剪变形是共轴递进变形的典型。图3-13表示了一个平面纯剪变形的过程，其中间应变轴 λ_2 垂直于图面，且 $\lambda_2=1$。可以看到，在递进变形过程中，应变主轴的方向始终保持不变。值得注意的是，不同方向的物质线随着递进变形的发展，其长度变化史是各不相同的。图3-13中表示了三条不同方位线的长度变化史。线1初始与 λ_1 轴近于垂直，在变形过程中始终是缩短的。线2初始与轴近于平行，在变形过程中始终是伸长的。线3初始与 λ_1 轴成大角度相交（50°），在变形初期受到缩短，同时向 λ_1 轴旋转。随着变形的继续进行，它与 λ_1 轴的夹角逐渐变小，直到45°时它不再缩短。当其夹角小于45°时，它反而受到了增量的伸长变形，虽然这时总的有限应变可能仍是缩短的。进一步的增量应变，可使它的伸长量超过初期的缩短总量而表现为总体的伸长。在自然界，当夹于弱岩层中的强硬岩层受到这种变形时，在被缩短时会形成褶皱；在被拉长时会被拉断而形成香肠构造。因此，当强硬岩层的方向与变形时应变椭球体主轴的方向相当于线2的方位时，岩层就形成香肠构造；相当于线1时，就形成褶皱；相当于线3的方位时，就可形成早期褶皱和晚期香肠构造并存的现象。例如，在顺层挤压形成的褶皱构造中，强硬层在褶皱的转折端附近受到连续的压缩作用而形成许多小褶皱，如图3-14中的第三区段。在褶皱的两翼因受到强烈的拉伸作用而形成香肠构造，如图3-14中的第一区段。处于两者之间的第二区段，仍可看出早期受压缩形成的褶皱构造，后期被拉伸而断开。

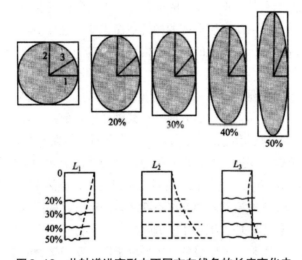

图3-13 共轴递进变形中不同方向线条的长度变化史

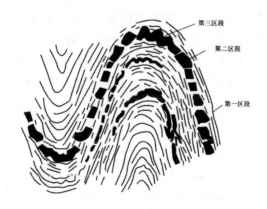

图3-14 褶皱中强硬的夹层在变形中形成的香肠构造和小褶皱示意图

二、非共轴递进变形

递进的简单剪切是非共轴递进变形的典型。用一叠卡片可以很好地模拟这个过程。图3-12表示了一系列连续变形的几个阶段的二维图像（A2轴垂直图面）。其有限应变椭球的主轴方位随着剪应变量的增加而改变，可用方程式表达（参见Ramsay，1967）：

$$\tan 2\theta' = 2/\gamma$$

式中：θ'为应变椭圆长轴与剪切方向的交角；γ为剪应变量。

可以看出，当γ很小时，θ'近于45°，即对于每一瞬间的无限小增量应变，其增量应变主轴总是与剪切方向成45°的交角。由于有限应变椭圆主轴随着递进变形的发展而变化，因此，早期变形形成的构造在递进变形过程中就会逐渐改变其方向及性质，从而造成一幅比较复杂的应变图像，其构造的方位与所受应力的关系也比纯剪变形更为复杂。

对于每一微小的增量应变，其增量应变椭球体的三个主轴X_i、Y_i、Z_i的方向分别相应于主应力轴σ_3、σ_2、σ_1的方向。在共轴递进变形中，有限应变椭球体的三个主轴X_f、F_f、Z_f也分别相应于σ_3、σ_2、σ_1的方向。但在非共轴递进变形中，如在上述的平面简单剪切变形中，只有有限应变椭球体的中间轴K的方向在变形过程中始终与应力系的σ_2方向一致。在其递进变形过程中，虽然主应力轴的方向保持不变，但有限应变标球体的X_f和Z_f轴方位不断旋转。这时，就不能简单地从有限应变椭球体的方向直接来判断主应力作用的方向了。

如在黏土的剪切实验中，把湿黏土块平放于两块互相接触的平板上，使木板相对剪切移动。如果黏土饱含水而表现为脆性时，沿着运动方向，在两木块接触线之上将产生一组雁列式张裂隙。其中单个裂隙面与运动方向初始以近45°斜交，即垂直于增量应变椭球体的X轴，或垂直于派生的主拉伸轴λ_1（见图3-15A），这种现象在地质上是常见的。随着变形的继续，早期形成的张裂隙将发生旋转，使其与剪切带的交角增大，而裂隙末端继续扩展的新生张裂隙仍按45°的方向（垂直于当时的增量应变椭球体的主轴Z的方向）产生，结果形成了S形或反S形的张裂隙。后期，在雁列带中部也可能产生新的张裂隙，仍与剪切方向成45°相交，并切过早期已旋转了的S形张裂隙（见图3-15B）。

所以，在变形分析中，不能只根据构造的空间方位简单地来推断和解释其所反映的应力作用方式，必须从构造发生和发展的过程来分析。不应把构造现象看作是一成不变的，它只是漫长的构造演化过程中某一个阶段的产物。只有系统地研究一个地区内不同应变强度和应变状态的构造特征，才有可能比较全面地了解构造发展的全过程。

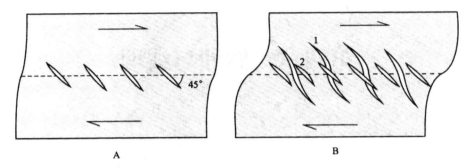

图3-15　非共轴递进变形的简单剪节带中发育的雁列（A）及S形张裂隙（B）

第四章 劈理与线理

第一节 劈理

从几何学的角度看，任何地质构造都可以概括成面状构造和线状构造。断层面、节理面、劈理面以及褶皱的轴面等都属于面状构造。褶皱的枢纽、断层擦痕、柱状矿物的定向排列以及各种构造面的交线等都属于线状构造。这些构造又有原生构造和次生构造之分。

劈理（cleavage）是面理的一种重要类型。面理一词译自 foliation，亦译作剥理、叶理，原义为岩石在变形变质作用中形成的在小尺度上具有透入性的面状构造，包括劈理、片理、片麻理等，即主要是指上述的次生的和透入性的面状构造，原生的层理以及次生的节理和断层（非透入性）不包括于面理范畴，但也有人把层理作为原生的面理。面理是地壳中广泛发育的重要构造现象，也是构造研究中最基础的研究对象和构造标志。对一个强烈变形地区的地质研究，首先是从识别野外露头上所能看到的面状构造是层理，还是劈理或片理开始的。

所谓构造的"透入性"（penetrative），是指它们在空间上均匀而连续地分布，它反映了地质体的整体均匀地参加了变形。反之，那些仅仅产出于地质体局部的构造，如断层之类，其间的地质体并不一样地变形，则称为非透入性构造或分划性构造。

透入性与非透入性的概念是相对的，主要决定于观察尺度。如图4-1所示，在手标本（小型尺度）观察均匀分布的条带状构造S_2是透入性的，而在显微镜下S_2是富石英和富云母的两种不同岩性条带的分划性界面。而一些地区大量发育的区域性节理，在小尺度上是分划性构造，但从远距离拍摄的航空照片上看，表现为平行排列的透入性构造。

面理可由矿物组分的分层、颗粒粒度变化显示出来，也可由近平行的不连续面、不等轴矿物或片状矿物的定向排列，或某些显微构造组合所确定（见图4-2）。

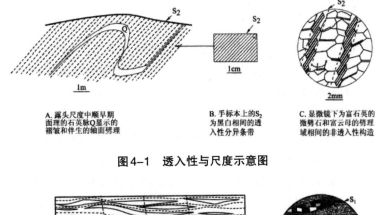

A. 露头尺度中顺早期
面理的石英脉Q显示的
褶皱和伴生的轴面劈理

B. 手标本上的S₂
为黑白相间的透
入性分异条带

C. 显微镜下为富石英的
微劈石和富云母的劈理
域间的非透入性构造

图4-1　透入性与尺度示意图

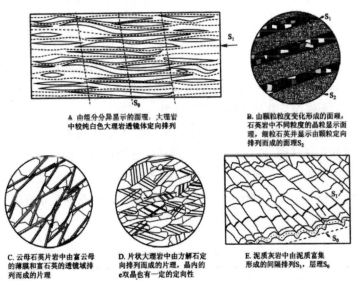

A. 由组分分异显示的面理，大理岩
中较纯白色大理岩透镜体定向排列

B. 由颗粒度变化形成的面理，
石英岩中不同粒度的晶粒显示面
理，细粒石英并显示由颗粒定向
排列而成的面理S₂

C. 云母石英片岩中由富云母
的薄膜和富石英的透镜域排
列而成的片理

D. 片状大理岩中由方解石定
向排列而成的片理，晶内的
e双晶也有一定的定向性

E. 泥质灰岩中由泥质富集
形成的间隔排列S₁，层理S₀

图4-2　面理的类型示意图

一、劈理的类型

1. 劈理的基本特征

劈理是变形岩石中能使岩石沿一定方向劈开成无数薄片的面状构造。其基本构造特征表现为岩石内部发育有由劈理域和微劈石域相间排列而成的域构造。

劈理域通常是由云母类矿物或不溶解残余物（如炭质）富集而成的平行或交织状的薄条带或薄膜，即肉眼所见能使岩石沿此劈开的劈理面，其中矿物的外形和内部晶格具有明显的优选定向。微劈石是夹在劈理域之间的薄板状或透镜状岩片，其中常保持原岩的面貌，并可有长石、石英或方解石等矿物的相对富集。劈理域和微劈石之间的边界可以是截然的或渐变的，可以是平直的，但更多的是交织状的。劈理域和微劈石紧密相间，使岩石显示出纹理。正是由于劈理域内矿物的定向排列，使岩石具有潜在的可劈性。即从地下取出的新鲜标本是完整的，在外力的打击下，岩石可劈开成薄片状；在风化作用下的露头上，呈现出薄片状或薄板状的外貌。劈理的间隔一般为毫米级，通常小于10mm。

2. 劈理的类型

劈理的分类和命名，在构造地质学中有不同的用法。过去曾用雷思（Leith，1905）或尼尔（Knill，1960）的分类，把劈理按其结构和成因分为流劈理、破劈理和滑劈理三种基本类型。当时认为：①流劈理是由于岩石中矿物组分的平行排列而形成的劈理；②破劈理是岩石中的一组平行排列的密集的剪裂面，与矿物组分的排列无关；③滑劈理或应变滑劈理是切过先存流劈理的差异性平行滑动面。近年来的研究发现，用上述三种劈理的成因认识难以解释劈理的几何特征，即这三种劈理的形成方式及其应变意义与上述名词的含义并不相符。因此，趋向于抛弃劈理分类中的成因涵义，而强调从几何结构来进行分类。

丹尼斯（Dermis，1972）和鲍威尔（Powell，1979）提出的劈理分类法，受到了构造地质界的广泛认同。这主要是根据劈理的域构造特征进行的几何分类。按照劈理域构造能识别的尺度，可以将劈理分为连续劈理和不连续劈理两大类。进而根据矿物颗粒的粒径大小、劈理域的形态以及劈理域和微劈石的关系再进一步细分。劈理的类型见表4-1。

表4-1　劈理的类型

劈理	连续劈理	板劈理
		千枚理
		片理、片麻理
	不连续劈理	间隔劈理
		褶劈理

（1）连续劈理

连续劈理有两种含义：一种是指岩石中劈理域间隔细小，肉眼不能分辨其域构造的劈理，但在更小的尺度上（显微镜下）可能见到域构造；另一种是指均匀分布于岩石中，没有域构造的劈理，是由面状组构要素（如矿物颗粒）平行排列而成的劈理。多数采用第一种含义。板岩中的板劈理和千枚岩中的千枚理是典型的连续劈理，片岩中的片理和片麻岩中的片麻理也可以看成是在变质程度较高岩石中的劈理的对应物。

1）板劈理

板劈理，简称板理，是发育在细粒低级变质岩中的次生透入性面状构造，以板岩中的板劈理最为典型。板岩一般由泥质岩、粉砂岩或凝灰岩等经轻微变质作用而成，矿物的颗粒很细，一般＜0.2mm，肉眼难以鉴别。板劈理使岩石具有良好的可劈性，可将岩石劈成十分平整的薄板，在山区作为房瓦或石桌板，或切割成装饰板材。

在显微尺度上，劈理域是由细小的云母或绿泥石等层状硅酸盐矿物富集成薄膜或薄层（也称M域），层状硅酸盐矿物成平行或交织状，具有统计的定向排列；微劈石常由富石英和长石等浅色矿物组成（故也称FQ域），呈板状或透镜状，宽度通常在1mm以下，其中的矿物常缺乏定向性，保留了原岩的面貌。此外，在缺少层状硅酸盐的浅变质岩中，扁平状矿物的定向排列也可形成无域构造的连续劈理。

2）千枚理

发育于富泥质的浅变质的千枚岩中。岩石变质程度比板岩的稍高，原岩成分基本已全部重结晶。土要由细小的绢云母、绿泥石、石英和钠长石等新生矿物组成，平均粒径小于0.2mm，具有明显的定向排列，并常具有小的皱纹构造，因而，劈开性不如板理，以在劈理面上以呈明显的丝绢光泽为特征。

3）片理

片理是发育于中、高级变质岩中的透入性面状构造。它与板劈理的区别是结晶程度的差异，肉眼可以分辨出矿物，即矿物晶体的平均粒径大于0.2mm。因此，片理使岩石可劈开的程度不如板岩的好，但仍显著，常劈成粗糙的板状。

在复矿物组成的片岩中，如常见的云母石英片岩，在光学显微镜下，片理的域构造十分明显。层状硅酸盐矿物（如云母、绿泥石等）组成劈理域，以（001）面大致平行或轻微交织状排列而显示劈开性；透镜状或平板状的浅色矿物（如石英、长石、方解石等）组成微劈石域，其中的矿物不显优选定向或可有轻微的平行劈理的拉长。在主要是粒状单矿物岩（石英岩、大理岩等）中，层状硅酸盐矿物很少，只能稀疏地定向分布，片理主要以压扁或拉长的粒状矿物的连续定向排列而显示出来，成为显微镜下的连续劈理。

（2）不连续劈理

不连续劈理指肉眼能识别出其域构造的劈理。根据其内部构造特征，可细分为间隔劈理和褶劈理两种。

1）间隔劈理

间隔劈理是岩石中呈间隔排列的劈理，一般发育于基本不变质的沉积岩层内。其劈理域在手标本上一般表现为深色的细缝；在显微镜下主要由黏土质矿物或不溶解残余物富集而成的薄膜；微劈石中多保留原岩的矿物和组构。间隔劈理的劈理域可以是平直的、不规则波状的甚至细锯齿状（缝合线状）的。一般认为其间隔的距离小于10cm。当劈理域与岩石中的层理或条带斜交时，劈理使两侧发生视错开。这种错开使它好似剪切面，因而曾被作为剪切面而称为破劈理。其实，它不是滑动面，其上没有擦痕和磨光面。如有化石或鲕粒等标志物被劈理切过，劈理域的两侧也找不到标志物的对应部分；在劈理的另一侧一般只残留标志物的极小部分（见图4-3），或完全被溶蚀而消失。这就说明，它不是剪切成因的破裂面，从而与密集的小型的剪节理相区别。

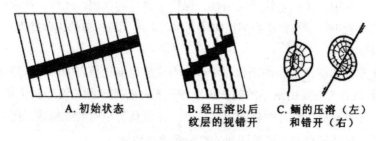

A.初始状态　　　B.经压溶以后　　C.鲕的压溶（左）
　　　　　　　　　纹层的视错开　　　和错开（右）

图4-3　间隔劈理两侧的纹层和鲕的视错开

2）褶劈理

褶劈理是由先存的连续劈理经变形而形成紧密平行排列的微褶皱发展起来的，微褶皱翼部因压扁作用而紧闭成为劈理域，沿劈理域岩石可以被劈开（见图4-4）。褶劈理面大致平行于微褶皱的轴面，其间隔与微褶皱的大小有关，一般为0.1～10mm。间隔大于10cm的类似构造，通常不再称为劈理，而称为膝折带。在显微镜下，劈理域中长英质矿物减少而云母类矿物相对富集并平行排列；微劈石由微褶皱的转折端发育而来，其中长英质矿物相对富集，云母类矿物的分布则仍能显示先存连续劈理的褶皱特征。

褶劈理可进一步细分为带状褶劈理和分隔褶劈理。在微褶皱发育成褶劈理的初期，褶皱翼部层状硅酸盐矿物相对富集成劈理域，向转折端层状硅酸盐矿物逐渐减少，长英质矿物相对富集，称为微劈石。若劈理域与微劈石域是逐渐过渡的，则称为带状褶劈理。当褶皱翼部变形加强，长英质矿物减少，基本上以层状硅酸盐矿物为主，劈理域变得很窄，从而使相邻的微劈石截然分开，则称为分隔褶劈理。从带状褶劈理到分隔褶劈理，反映了变形强度的增加，最终形成浅色矿物和深色矿物分别集中的黑白相间的条带状构造。

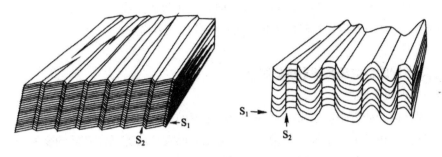

图4-4　褶劈理的手标本素描

3）分异层理

这是一种在手标本上可以看到的、由不同岩性层相间成层而构成的面理，通常是由深色矿物和浅色矿物分别富集成层的黑白相间的微层状构造。与沉积成因的层理不同，可以看到它与沉积层理相交（见图4-5）。变质程度较高的岩石中，成为条带状片岩或条带状片麻岩。

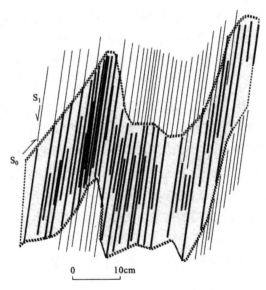

图4-5　大别山诸佛庵组板岩中黄、绿色相间的分异条带

20世纪70年代以前，曾以劈理的成因和结构将其分为流劈理、破劈理和滑劈理。①流劈理指由矿物组分经变形而平行排列形成的劈理，相当于连续劈理；②破

劈理指岩石中的一组密集的平行剪裂面，与矿物组分的排列无关，相当于间隔劈理；③滑劈理指切过先存面理的一组平行而密集的滑动面，相当于褶劈理。近年来的研究表明，破劈理和滑劈理的成因并非剪切，而与板劈理一样，都是垂直主压应力的压性结构面。所以，目前已不再采用这种分类和名称。

二、劈理的应变意义和形成机制

1. 劈理的应变意义

劈理在构造分析中的意义一直是一个有争论的课题。劈理在发育过程中是平行于主压扁面，还是平行于最大剪切面？作为压扁面发育的劈理在其后的变形中，是否会沿其发生剪切滑动？劈理经常是大型构造的伴生构造要素，劈理的分布与大型构造的关系如何？在褶皱中轴面劈理的形成时，是否必须有一个最小的压扁量？这些问题一直都有不同认识，下面我们介绍目前大多数人认为比较合理的一种观点。

有限应变测量表明，劈理一般垂直于最大压缩方向，平行于压扁面，即平行于应变椭球体的XY主应变面。如变形的砂岩或鲕状灰岩中，砂粒或鲕粒的压扁面一般平行于劈理面。Sorby（1853，1856）利用退色斑作为应变标志，估算出板劈理的出现，可能标志着垂直劈理面的缩短达75%。Tullis & Wood（1975）对英国威尔士寒武系板岩中退色斑的应变测量也表明，垂直板劈理的缩短量达60%。宋鸿林等（1998）对北京房山河北村寒武系板岩的退色斑的应变测量，也显示其垂直板劈理的缩短应变达72%。一般认为劈理的密度反映了岩石所受的应变强度。

在变形岩石中，多数劈理与褶皱伴生，劈理通常大致平行于褶皱的轴面，故也有人统称其为轴面劈理。由于组成褶皱的岩层的能干性差异，劈理排列的方式略有不同。在强弱相间的岩层（如砂岩和板岩互层）组成的褶皱中，强岩层中变形相对较弱，发育的劈理较稀疏，与层理成较大的夹角，常呈向背斜核部收敛的正扇形排列，称为正扇形劈理；在弱岩层中变形较强，发育的劈理较密，与层理成较小的夹角，则呈向背斜顶部收敛的反扇形劈理（见图4-6）。在强弱岩层的界面处，形成劈理折射现象。在岩性均一的岩层的褶皱中，或变形强烈的紧闭褶皱中，劈理（通常为板劈理或片理）与褶皱轴面几乎平行，称为轴面劈理。以下在褶皱的应变型式中，将进一步说明，劈理的这种排列方式，与褶皱中的应变型式的XY面的分布一致。

2. 劈理的形成机制

劈理的形成机制是一个有待进一步讨论的问题。组成劈理的层状硅酸盐矿物的优选定向排列是如何形成的，是先存的层状硅酸盐的旋转还是沿优选方位的定向生长的结果？劈理的域构造是如何形成的，为什么分为强烈变形的劈理域和弱变形的微劈石域？平行面理的组分分层是如何形成的？为什么暗色矿物和浅色矿物能分别成层？

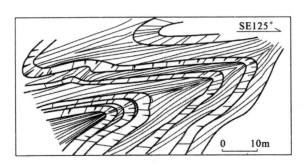

图4-6　北京孤山口钙质千枚岩中的反扇形劈理

对劈理成因的解释必须能说明上述各类劈理的基本特征（特别是域构造），以及其在褶皱中有规律的排列方式。对板劈理研究，集中于解释其中片状矿物的定向排列，认为片状矿物的定向排列是构成劈理能劈开的主要因素。早期的研究者常用压扁作用下矿物的机械旋转和重结晶作用来解释。

（1）机械旋转

很早以前，Sorby（1853）在研究板岩应变时就指出，矿物的优选定向是由原有颗粒的旋转发展而成的。许多研究者探讨过关于旋转作用的模式。一种称为马奇（March）分析，是关于在均质体中标志体的旋转；另一种是关于在黏性液体中刚性物体的旋转作用。Tullis（1971）曾指出，在含有退色斑的板岩中，若云母原来是杂乱而无定向的组构，则板岩中云母的优选方位的程度与退色斑的应变是一致的。实际上，在含云母的沉积岩中，云母常有平行于层理的初始优选方位的组构，在垂直层理的压扁过程中，则云母发生旋转后将会形成与有限应变压扁面（λ_1，λ_2）相对称的双峰式分布（见图4-7，图4-8），这种分布与板劈理中的云母分布颇为相似。然而，机械旋转难以解释劈理域中的云母为何如此富集，也不能解释微劈石中石英的形态特征。

（2）重结晶作用

板劈理通常发育于浅变质岩中，定向结晶作用在板劈理形成过程中显然具有重要的作用。新生的云母或层状硅酸盐类矿物，将以其（001）面垂直于最大缩短方向而生长，显示出晶格的优选方位。重结晶作用以及晶体塑性变形造成的形态组构，更发育于在较高温度条件下变形时形成的各类片岩中。云母石英片岩中，由于云母的定向排列，限制了石英等浅色矿物的侧向生长，使它们呈扁平状的晶粒，从而显示出形态优选方位。片状大理岩中方解石定向排列形成的片理。这是一种无域构造的片理。所以，与机械旋转作用一样，它也难以解释劈理的域构造特点。

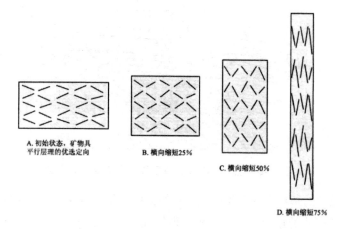

图4-7 均匀变形中片状矿物被动旋转造成优选方位的模式图

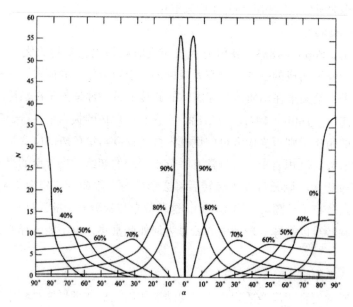

图4-8 平行层理的均匀缩短对片状矿物优选方位效应的图解

（3）压溶作用

过去曾用剪切作用来解释间隔劈理和褶劈理造成的视错开，但它不能解释劈理域和微劈石域中的矿物组分的变化。近年来，对压溶作用和剪切引起的溶解作用在劈理形成中的作用受到了研究者的重视，它可以较好地解释劈理的域构造和矿物分别集中的现象。

　　压溶作用是不变质或浅变质岩中的主要变形机制，而间隔劈理和板劈理正是主要发育于不变质和浅变质的岩石中。压溶作用认为，矿物中的原子或离子在应力作用下，在垂直最大压缩方向的颗粒边界处由于应变能的增加而扩散到溶液中，从而发生溶解。溶解出的物质向低应力区迁移和堆积。以砂质板岩中的石英粒为例，在压缩方向上被溶解，而内部并未发生晶格的变形；溶解出的SiO_2在粒间溶液中迁移到平行于拉伸方向的边界上沉淀，形成须状增生的纤维状石英。石英粒或石英集合体逐渐变成透镜状，形成微劈石，使晶粒具形态定向，而内部无应变特征，也不具晶格优选方位。在石英边界上的云母和黏土类矿物，由于石英和方解石等浅色矿物被溶解走而相对富集。云母等片状矿物在压扁过程中还会以被动的旋转而定向，形成劈理域（见图4-7）。Bell（1985）还进一步认为，压溶作用实质上是一种剪溶作用。在高应力作用区，矿物在剪应力作用下，要发生晶内位错。长石、石英和方解石等矿物，在低温下缺乏容易滑动的晶格滑动系，而使位错密度随应变的增加而增加，使质点的应变能增大，从而增大了质点的扩散速率，使其有可能扩散到粒间的溶液中而被溶解。云母、黏土类矿物和炭质，由于很容易沿其（001）面滑动，因而其内的位错密度不易增加，所以在剪应力作用下相对比浅色矿物要稳定得多，而成为不溶残余（见图4-9）。剪溶作用比较合理地解释了不同矿物在应力作用下的溶解能力的差异和深浅矿物的分异现象。

图4-9　剪溶作用示意图

　　同样，剪溶作用也能较好地解释褶劈（片）理的形成（见图4-10）。当具先存连续劈理（板劈理或片理）的岩石，在平行或小角度斜交劈理方向的缩短作用下，将会发生劈理的褶皱。由于先存劈理的密集，这种褶皱犹如一叠薄片的褶皱，通常会形成许多褶轴大致平行的一系列微褶皱或皱纹。在进一步的缩短作用下，微褶皱的翼部发生旋转，与压应力方向成较大角度斜交，使沿微褶皱翼部的剪切作用加强。因而，其中易受到剪溶的石英或方解石等浅色矿物逐渐溶失，使翼部变窄；云母等层状硅酸盐矿物和炭质等暗色不溶残余相对富集，形成颜色较深的劈理域；微褶皱的转折端相对富集了粒状的石英和方解石等浅色矿物，部分从翼部溶出的物质增生于转折端的浅色矿物之上，从而形成了颜色较浅的微劈石域。在变形的初始阶段，褶皱翼部和转折端开始分野，但两者仍呈过渡关系，是带状褶劈理；变形增强后，微褶皱的翼部变得很窄，暗色的窄的劈理域与浅色的较宽的微劈石可明显分开，形成分隔褶劈理。最终整个岩石形成深浅相间的条带状构造（也叫分异条带），是连续劈理的一种。

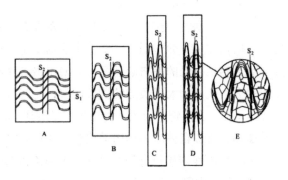

图4-10　递进缩短过程中褶劈理的发育模式

然而，劈理的形成机制，仍是有待探讨的问题。上述几种机制在不同的情况下，可能对不同类型劈理的形成各有作用。目前认为，压溶作用可能是浅变质岩区劈理形成的主要机制，正如前面所说，它能比较合理地解释劈理的主要特征。

劈理是浅变质岩区最常见的面状构造。变质岩区的原生层理常被劈理所隐蔽，甚至被劈理或片理所置换，致使野外地质调查时把劈理误作层理进行测量，从而导致对区域地质构造的错误认识。

因此，正确区别层理和劈理是变质岩区进行地质工作时要解决的首要问题。其次，要区分劈理的类型和测量其空间方位。还要研究不同类型、不同方位劈理的相互交切或置换关系，确定不同类型和方位的劈理的形成次序，并把其与区域构造相联系，帮助建立区域构造的发展史。在板岩带或复杂构造区工作时，不仅要系统和大量测量不同类型劈理的产状，并均匀地标在地质图或构造图上；还要在好的露头点上，对劈理作深入研究和重点解剖，以通过区域和重点研究的结合，有效地解决区域构造问题。

第二节 线理

线理是岩石中的小尺度透入性的一种线状构造。根据其成因，线理可分为原生线理和次生线理两种。前者指成岩过程中形成的线理，如岩浆岩中，由于一边流动一边凝固而形成的流线；后者指构造变形时形成的线理。变形岩石中，除小型线理外，还发育几种大型线理，在露头尺度上虽不是透入性的；但在区域尺度上可以看作透入性的，如香肠构造和窗棂构造等。一般构造地质学中对线理的研究，主要涉及其几何形态、应变意义及形成机制。

一、运动轴和应变轴

线理是构造运动学的重要标志，线理能够指示构造变形过程中岩石物质的运动方向。因此，首先要明确作为运动方向的坐标系的意义及其形成的应变轴的关系。桑德尔（Sander，1930）在岩组分析中，认为许多由构造作用造成的岩石各组分的排列方式，即岩石的组构，常具有一种单斜对称。例如，一个简单的褶皱岩层，常具有一垂直于褶皱轴的对称面，他建议把这种构造的对称用组构对称轴a、b、c来表示，规定为：ac为对称面；b为对称面的法线；a是在主组构面（如劈理面）上垂直b的方向；c为面的法线（见图4-11）。由于平行于褶皱轴的组构b的重要性，使得某些作者把它称为主组构轴，并以B来表示。桑德尔还采用正交的运动学坐标系a、b、c。轴来表示简单剪切的运动学对称轴。后来有人常把它们混用作为一般的运动学对称轴。他规定心面是简单剪切的运动面；a轴位于运动面上，与运动方向一致；b轴位于运动面上，与运动方向垂直；c轴垂直于运动面（见图4-11A）。对断层来说，断层面相当于运动面（ab面），其上的擦痕是断层断层两盘相对错动的痕迹，表示变形时的物质运动方向，相当于a轴方向；断层面的法线方向即为c轴方向。

在挤压或拉伸等共轴变形的情况下，运动学坐标系a、b、c轴的方向与应变椭球的主应变轴X、Y、Z轴（或A、B、C轴）的方向一一对应（见图4-11A）。但在简单剪切变形的情况下，两套坐标系并不完全一致。因为在单剪变形中，剪切面是运动面ab（见图4-11B），其上的剪切方向为a轴，与剪切方向相垂直的为b轴；而单剪变形是一种非共轴变形，其最大主应变轴X（或A）和最小主应变轴Z（或C）随着变形的进行而发生旋转，与运动轴a和轴c的方向完全不同。只有中间主应变轴Y

（或B）的方向不变，并与b轴的方向一致（见图4-11B）。

线理是变形岩石中的一种组构，其类型虽多，但就其与变形过程中物质的运动方向及其与应变主轴的关系，可归纳为两大类：一类是与物质运动方向平行的线理，称为a型线理，若其与最大主应变轴一致，可称为A型线理；另一类是与物质运动方向垂直且平行于应变椭球的中间应变轴的线理，称为b型线理或B型线理。

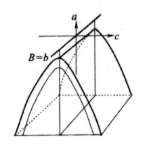 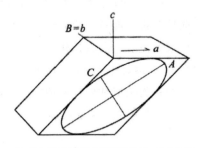

A. 褶皱中的运动学坐标系   B. 单剪作用下的运动学坐标系和应变主轴

图4-11　运动学坐标系和应变主轴的关系

二、小型线理

在强烈变形的岩石中，常常发育了各种微型或小型线理。常见的有以下几种。

1. 拉伸线理

拉伸线理是强烈变形的岩石中常见的一种线理，由被拉长的岩石碎屑、砾石、鲕粒、矿物颗粒或集合体等平行排列而显示出来（见图4-12A）。它们是岩石组分变形时发生塑性拉长而形成的，其拉长的方向与有限应变椭球体的最大主应变轴Z方向一致，故为A型线理。

  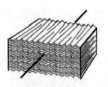 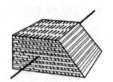

A. 被拉长的砾石定向排列所显示的拉伸线理   B. 同构造矿物平行排列而成的矿物生长线理   C. 早期面理细褶纹的枢纽显示的褶纹线理   D. 两组面理相交而形成的交面线理

图4-12　小型线理的类型示意图

2. 矿物生长线理和压力影构造

矿物生长线理是由针状、柱状或板状矿物等长形矿物或集合体顺其长轴定向排列而成的（见图4-12B）。矿物生长线理是岩石在变形变质过程中，同构造生长的矿物在伸展方向上定向结晶生长的结果。因而，矿物以其长轴平行于伸展方向，指示变形中的拉伸方向，属于A型线理。它与拉伸线理经常共存，一同指示变形过程中物质的运动方向。

压力影构造（pressure shadow）是一种常见的矿物生长线理。其中，以黄铁矿的压力影最为常见，一般产于低级变质的板岩或灰岩中。在片岩中也可见类似的压力影构造，如石英或长石两端的压力影。压力影构造由岩石中不易发生塑性变形的强硬组分及其两侧（或四周）发育的同构造纤维状结晶矿物组成的构造（见图4-13）。强硬组分称为压力影的核心矿物，最常见的是黄铁矿，还有磁铁矿、石英、岩屑和砾石等。它们在变形中作为能干性强的组分，一般内部变形不强，只出现微破裂，以及石英的波状消光或方解石的机械双晶等轻微的晶内塑性变形现象。核心矿物两侧常呈纤维状结晶的矿物，其成分与所处的岩石成分有关，如在板岩和变质砂岩中一般为石英，而在灰岩中一般为方解石，在硅质灰岩中可有方解石和石英组成复合的纤维。

压力影的成因，一般认为与强硬矿物和基质在变形中引起的不均匀应变有关。在应力作用下，基质在垂直挤压方向缩短而在平行伸展方向伸长；而核心矿物基本不发生塑性变形。因而在核心矿物平行伸展方向的两端，基质将被从核心矿物的表面拉开，形成低压的引张区，为新生矿物提供了生长的场所。在压溶作用下，基质中的易溶组分，在强烈挤压处发生溶解，并通过粒间溶液从受压处向引张区迁移，在引张区沿着最大拉伸方向（X轴）生长，形成纤维状的矿物。纤维生长的方向可以随着变形过程中最大拉伸方向的变化而变化。因此，在劈理或片理面（XY面）上，所看到的压力影方向代表了最大伸展方向，是鉴定与其平行的线理是否为拉伸线理的极好标志（见图4-13）。

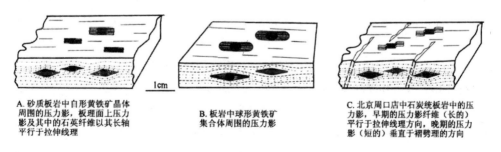

A. 砂质板岩中自形黄铁矿晶体周围的压力影，板理面上压力影及其中的石英纤维以其长轴平行于拉伸线理

B. 板岩中球形黄铁矿集合体周围的压力影

C. 北京周口店中石炭统板岩中的压力影，早期的压力影纤维（长的）平行于拉伸线理方向，晚期的压力影（短的）垂直于褶劈理的方向

图4-13 黄铁矿的压力影构造

3. 皱纹线理

皱纹线理是由先存面理被进一步变形而形成的微褶皱枢纽平行排列所成（见图4-12C）。微褶皱的波长和波幅常在数厘米以下。皱纹线理方向与其所属的同期大褶皱的枢纽方向一致，因而为B型线理，指示了变形时的中间应变轴方向。

4. 交面线理

面理与层理相交，或面理与后期的褶劈理相交，在层理或面理面上形成一系列平行的交迹，亦可作为线理，称为交面线理（见图4-12D）。一般节理与劈理的交迹，也可以看作线状构造，但由于节理在小尺度上不具透入性，因而不作为交面线理。由于褶皱岩层中，轴面劈理或其他与褶皱有关的劈理与层理的交线一般平行于褶皱的枢纽方向，所以这通常是一种B型线理。当然不同成因面理的交线具有不同的构造意义。

三、大型线理

变形岩石中还发育了一些粗大的线理，一般在露头的尺度上不具透入性，但在区域的规模上，展布成具有一定方向的平行排列的构造，也可看作透入性的，代表了一定的构造意义，可以称为大型线理。常见的有香肠构造和窗棂构造。

1. 香肠构造

香肠构造，又译为布丁构造，是不同力学性质互层的岩系，受到垂直或近于垂直岩层挤压（或平行层的拉伸）时，软弱层呈塑性变形而顺层伸展，夹在其中的强硬层不易塑性变形而被拉断，形成断面上形态各异、平面上呈平行排列的长条状块段，貌似一排彼此并列的香肠而命名。这种被软弱层所包围的强硬层的块段，称为石香肠或香肠体。在被拉断的强硬层的间隔中，或由软弱层楔入其中形成褶皱，或由变形过程中分泌出的物质所充填。常见的组合如灰岩中的白云岩、页岩中的砂岩、片岩中的石英岩等的香肠构造。石香肠的断面有矩形的、菱形的、透镜状的和藕节形的，分别反映了强硬层和软弱层之间的韧性差异由大到小的变化。

为了描述香肠构造在三维空间的特征，用其长度（b）、宽度（a）和厚度（c），以及横间隔（T）和纵间隔（L）来表示（见图4-14）。

由于长条状的石香肠以其长轴平行排列，所以，可以把其看成一种粗大的线理。从香肠构造的形成过程可知，其长轴指示了中间应变轴（B）的方向，所以这是一种B型线理。在垂直长轴的剖面上，石香肠被拉开的方向指示了拉伸方向，代表了平行层理的伸展；垂直层理方向指示了缩短的方向。

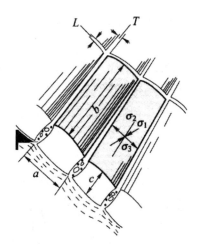

图4-14 香肠构造的要素及其反映的应变方位示意图

石香肠构造的三维形态一般不易观察，所以常对其横断面进行描述。马杏垣（1965）曾将石香肠横断面的形态分为矩形、菱形、藕结形、梯形和不规则形等几种类型（见图4-15）。石香肠的横断面形态在一定程度上反映了其形成时的条件，主要取决于两个因素：①岩层之间的韧性差；②变形时的围压。

矩形石香肠的断面呈矩形，是强硬层沿垂直于层理方向的张裂面断开的结果，反映了组成石香肠的岩石和基质之间的韧性差异很大，且形成时的围压较小，因而强硬层在被拉断以前基本无塑性变形，表现为脆性的张裂（见图4-15A）。伴随石香肠体的被拉开，其结合部构成的负压空间，常常由周围被压溶分泌出的同构造结晶矿物所充填。如在石灰岩和白云岩组合的层中，白云岩形成矩形石香肠，其间为方解石所充填；在页岩和砂岩的组合中，砂岩石香肠的间隙中，常出现石英。在石香肠间隙中，塑性变形的基质也可乘机楔入其中，而形成轴面与石香肠层成大角度相交的楔入褶皱。楔入褶皱的存在，反映了不仅有平行层理的拉伸，而且垂直层理的挤压也是很显著的。在石香肠被拉开较远的情况下，石香肠的上下两侧围岩可能互相直接接触，中间缺失了一层。这种情况在较大的尺度上也可如此，如山西中条山区的中条群底部的石英岩层的巨型香肠化，形成了局部的地层缺失（见图4-16）。当韧性介质向石香肠间隙流动时，它对石香肠的边界有一个向石香肠间隙（颈部）拉伸的作用，使矩形的棱角向间隙旋转；最后，当上下两个棱角互相汇合，把早期形成的同构造结晶物质包在里面，形成鱼嘴形石香肠。这一系列构造形象地说明了石香肠化的整个过程不同阶段的构造现象。

在岩石间韧性差异较小或围压较高的情况，强硬层被沿剪裂切开的结果，形成菱形石香肠（见图4-15B）。当相对强硬的岩层也发生一定程度的塑性变形时，在被拉断前常常先发生明显的变薄或细颈化，进而被张裂或剪裂所拉开，形成透镜体状石香肠。如果岩层间韧性差异很小，则相对能干的岩层可能只发生细颈化，形成细颈相连的藕结形石香肠，也称肿缩构造（见图4-15C）。进一步变形，可使其被拉长成首尾相连的透镜体。甚至在顺层流动中进一步被褶皱，形成不规则的粘滞型石香肠（见图4-15E）。

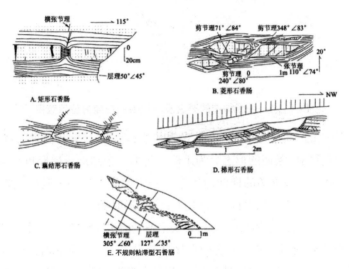

图4-15　北京西山的各种石香肠的形态示意图

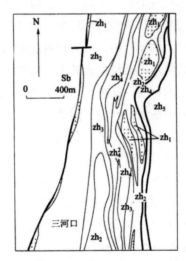

图4-16　山西中条山界碑梁组石英（zh₁）的巨型石香肠化

　　石香肠构造的三维空间的变化，可反映不同的应变状态。当应变处于单向拉伸的平面应变时，即 $\lambda_1 > \lambda_2 = 1 > \lambda_3$，则强硬层只发育一组平行的石香肠（见图4-17A），其石香肠的长度平行于中间应变轴B。当应变处于双向拉伸时，即 $\lambda_1 \geqslant \lambda_3 > 1 > \lambda_3$，强硬层将受到两个方向的拉伸，形成巧克力方盘式石香肠构造（见图4-17B，C）。

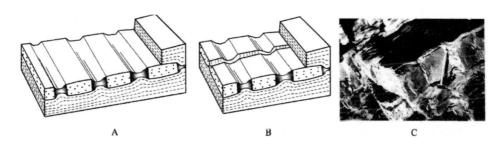

图4-17　石香肠构造的三维表现示意图

　　2. 窗棂构造

　　窗棂构造也是发育在不同力学性质岩层互层的岩系中，表现为强岩层表面形成一排半圆柱状的大型线状构造。由于其貌似平放的欧洲哥特式教堂中支撑拱顶的或是将带直棂的窗户透光口分隔开的集束圆柱的样子，故而称为窗棂构造，有时也译为窗棂构造。和香肠构造不同，窗棂构造是不同力学性质互层的岩系受到近于平行岩层挤压而形成的构造，窗棂构造的实质和一系列平行排列的褶皱构造相类似。一般当露头上的软弱层（如砂页岩层系中的页岩或白云岩和灰岩层系中的灰岩）由于其易于风化而被剥蚀掉，露出了强硬层的表面，表现为一系列宽而圆的背形被尖而窄向形所分开，形成尖圆式褶皱的表面。仔细分析窗棂构造横剖面的形态，可以分为褶皱式、节理式和肿缩式窗棂构造。

　　（1）褶皱式窗棂构造

　　它是由一系列具有近于平行定向的小褶皱转折端组成，由强硬层形成的圆柱形褶皱组成窗棂柱，当其外侧的非能干层被风化而脱落时，在露头上表现为一系列大小不等的圆柱或半圆柱形曲面（见图4-18A）。

　　（2）节理式窗棂构造

　　它通常是在能干层褶皱式窗棂构造的基础上，由于褶皱外侧的顺层拉伸，形成一系列平行褶皱轴的、向核部收敛向外张口的纵张节理，以后由于继续受侧压而变形，外侧的非能干层楔入张节理的开口中，并使其间的层面被改造成圆弧形，而形成较小的窗棂构造（见图4-18B）。所以它常常成为褶皱式窗棂构造的次一级构造。

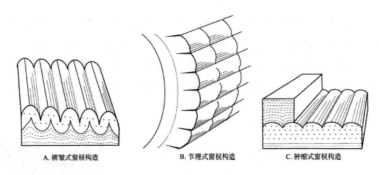

A. 褶皱式窗棂构造　　　B. 节理式窗棂构造　　　C. 肿缩式窗棂构造

图4-18　窗棂构造的类型

（3）肿缩式窗棂构造

在强硬层比较厚的情况下，当软硬相间的互层岩系受到近顺层挤压时，软硬岩层一起被压扁，其间的界面形成波状的表面。进一步变形时，这一界面形成一系列宽而圆的背形被尖而窄的向形所分开的尖圆式褶皱表面。软弱层以尖的向形嵌入强硬层中，强硬层面成一系列圆拱形的窗棂构造。

总之，就构造意义而言，香肠构造反映了平行层理的伸展；窗棂构造反映了平行层理的缩短。但窗棂柱的方向则与石香肠体的长轴一样，都代表了变形的中间应变轴B的方向，其方向一般与区域性褶皱枢纽（B轴）相平行。有些窗棂构造的形态，不仅反映了平行层理的缩短，而且显示了一定程度的扭转运动。与香肠构造一样，有些窗棂构造中存在的横张节理，反映了平行窗棂柱的方向有一定程度的伸展。

3. 铅笔构造

铅笔构造是能使岩石劈成铅笔状长条的一种线状构造，常见于泥质或粉砂质岩石中。根据其成因的可分为两类：一类是成岩压实作用与顺层构造挤压作用叠加的结果；另一类是变形的面理与层理交切的结果。两者具有不同的构造意义。

Ramsay（1983）对第一种铅笔构造的形成过程做了如下的分析：

初始沉积的泥质沉积物，在垂直层理的压实作用下，随着沉积物的被压实和孔隙水的排出，引起沉积物的体积损失，形成了单轴旋转扁球体型的应变，即 $\lambda_1 = \lambda_3 > \lambda_3$。沉积时形成的大致与层理平行的板、片状矿物，受进一步的旋转而与层理平行，形成初始的面状组构，表现为页岩的页理（见图4-19A）。

在其后的构造变形中，由于受平行层理的压缩和沿垂直层理方向的伸展，使岩石中的应变椭球体类型成为单轴旋转长球体，即 $\lambda_1 > \lambda_3 = \lambda_3$。同时，矿物发生旋转，板、片状矿物和针状矿物顺应变椭球的长轴方向排列，致使岩石顺此方向易于劈开。形成大小不一的碎条，小者貌似铅笔，故称为铅笔构造，也叫铅笔劈理（见图4-19C）。这种铅笔构造的最主要特征是没有面状构造要素，其横截面常呈不规则的多边形或弧形。由于它是两种应变的叠加，所以其长轴虽然平行于岩石中有限应变椭球体的A轴方向，但也平行于区域构造变形的S轴方向，因而仍是一种B型线理。

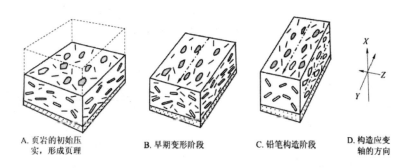

A.页岩的初始压实，形成页理　　　　B.早期变形阶段　　　　C.铅笔构造阶段　　　　D.构造应变轴的方向

图4-19　铅笔构造的可能形成过程及构造应变轴方向示意图

另一种铅笔构造是交面的铅笔构造，它常是透入性的板劈理与页岩的薄层理相交而成的。这种铅笔构造一般具有较规则的断面形状。由于劈理一般与区域性褶皱有关，劈理与层理的交线常平行于同期褶皱的轴，因此，它也是一种B型线理。

四、线理的野外研究

线理的野外研究在于认识线理，区分各种线理的类型，测定其空间的方位（即产状要素）并表示于地质图或构造图上，研究线理与大型构造的关系，研究不同线理之间的叠加关系，以帮助确定大型构造的一些几何学和运动学特征。

1. 线状构造的产状要素

直线的产状是直线在空间的方位和倾斜程度。直线的产状要素包括倾伏向（或指向）和倾伏角；也可用其所在平面上的侧伏向和侧伏角来表示。

直线在空间方位的表示，类似于前述面状构造产状要素中的倾斜线的方位表示法。直线的倾伏向指该直线在水平面上的投影线所指示的向下倾斜的方位。直线的倾伏角指该直线的倾斜角度，即该直线与其水平投影线之间的夹角（见图4-20之 γ）。

在线状构造与面状构造密切相关时，通常可用直线在平面上的侧伏角来表示。例如，一般线理要在面理面上测量，这时可用线理在面理面上的侧伏角和面理的产状一起来表示线理的产状。一条直线在其所在倾斜面上的侧伏角，是指该直线与该斜面的走向线间所夹的锐角；侧伏向指构成上述锐角的走向线的那一端的方位。如一条直线的侧伏为24° NE，表示其与所在面走向线的NE端的侧伏角为24°（见图4-20之 θ）。

值得注意的是，在野外研究线理时，不要把任意露头面上见到的相互平行的迹线当作线理。不论A型线理还是B型线理，只有在同期构造的面理面（AB面）上，才是其真正的表象。如图4-21中，在不同方向的切面上都可以见到一些线状的交迹，但只有在劈理面（S_1）上所看到的拉长的矿物集合体的定向排列，才是真正的拉伸线理。因此，线理的测量一定要在与其伴生的理面上进行。

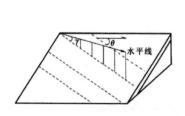

图4-20　直线的产状要素

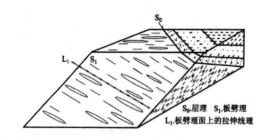

图4-21　不同截面上的线状构造的表象

2. 线理的构造意义及其与定向构造的关系

线理和面理一起是指示变形岩石中应变特征的重要构造要素。不同线理具有不同的构造意义，因此在研究线理时，首先要辨别线理的类型。利用各种线理及其同大型构造的几何关系，可以了解变形时岩石各个部位应变主轴的方位，以此来帮助确定大型构造的形态特征及运动方式。如B型线理一般与区域变形的中间应变轴相平行，即常与大型褶皱的轴向一致，或在断层带中与断层的运动方向垂直。在野外研究中，特别要注意对拉伸线理的研究和测量，它反映了一期构造运动的方向，对于帮助确定与其相关的大型构造的运动性质十分有用。例如，云南的哀牢山构造带，过去以为是代表强烈挤压的逆冲构造带，但后来发现该带中糜棱岩的拉伸线理都是近水平的，并指示其为左行剪切，从而判定哀牢山带是一个位移距离达数百千米的左行平移剪切带。在研究大别山—秦岭造山带时，人们发现该造山带中普遍发育了一期平行山链的拉伸线理，因而，提出了平行山链伸展运动的存在。

研究不同类型线理的交切关系是发现构造叠加的重要标志。有两组线理，一组是代表拉伸方向的矿物拉伸线理；另一种是以褶皱式窗棂构造为代表的B型线理。后者使前者变形，从而可以说明是两期不同方向构造的叠加。每一期较强烈的变形，通常伴生有相关的线理，对于不同期的线理以 L_1、L_2 等来表示。

第五章　褶皱的几何与成因分析

第一节　褶皱的几何分析

原始沉积的水平岩层受到变形而弯曲，就形成褶皱。褶皱是地壳构造中最基本和最普遍的构造型式之一。它也是在山区最引人注目的构造现象，形象地显示了地壳岩石发生了塑性变形。

褶皱的形态丰富多样。褶皱的规模也变化多端。小至手标本或显微镜下的微型褶皱；大至卫星像片上显示的区域性褶皱。褶皱的研究对于揭示一个地区的地质构造及其形成和演化具有重要的意义。由于许多矿产的形成及其分布与褶皱密切相关，如石油和天然气一般聚集于背斜的最高处，许多层状沉积矿床本身受褶皱控制而弯曲等，所以，研究褶皱具有重要的理论和实际意义。

一、褶皱的描述

正确地描述褶皱的几何形态是褶皱研究的基础。为此，首先要分析褶皱的基本组成部分，即褶皱的要素，然后描述各个要素的三维特征。一般是在平面和剖面的二维研究基础上来获得褶皱的三维的特征。

1. 褶皱的基本类型

褶皱一词最初是用于沉积岩层受变形弯曲所造成的构造，但广义上，也可用于任何面状构造（如断层面、席状岩体和岩脉等）由于变形而弯曲的现象。从单一褶皱面的弯曲看，其基本形态有两种：背形和向形。背形是指褶皱面上凸的弯曲；向形是指褶皱面下凹是弯曲；如果褶皱面向侧向弯曲则称为中性褶皱（见图 5-1）。

对于已知新老关系的地层所组成的褶皱，其基本形态是背斜和向斜。背斜是指由老岩层为核的褶皱；向斜是指由新岩层为核的褶皱（见图 5-2）。一般情况下，背斜的两翼岩层相背倾斜，而向斜两翼岩层相向倾斜，故分别名为背斜和向斜。在构造比较复杂的地区，如果岩层先发生褶皱而倒转，以后再褶皱，就会形成向形背斜或背形向斜的构造。前者虽为向形，但中间为较老岩层；后者为背形，而中间为较新岩层（见图5-3），它们也可以称为顶面向下的褶皱。

A. 背形　　　　　B. 向形　　　　　C. 中性褶皱

图5-1　褶皱的基本形态示意图

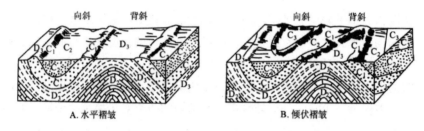

A. 水平褶皱　　　　　　　　　　B. 倾伏褶皱

图5-2　由地层时代关系显示的背斜和向斜立体示意图

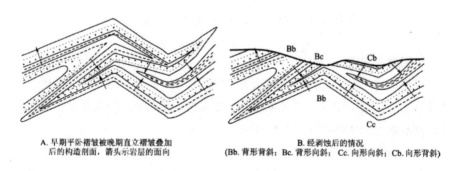

A. 早期平卧褶皱被晚期直立褶皱叠加　　　　　　B. 经剥蚀后的情况
后的构造剖面，箭头示岩层的面向　　　(Bb. 背形背斜；Bc. 背形向斜；Cc. 向形向斜；Cb. 向形背斜)

图5-3　复杂褶皱中的背形及向形、背斜及向斜

2. 褶皱的要素

褶皱的要素是指褶皱的基本组成部分，用来描述褶皱的几何形态特征。褶皱的要素主要有：枢纽、翼、拐点、轴、轴面、转折端、脊和槽等。

（1）枢纽（点）、翼和拐点

让我们先考虑一套褶皱岩系中的一个简单的褶皱曲面的几何特征（见图5-4）。

先从二维分析开始，在垂直于褶皱面旋转轴的正交剖面上来分析。在这个剖面上，一个褶皱弯曲的面可以分为翼和枢纽（见图5-5）。枢纽（点）是褶皱面上曲率最大的点，翼是枢纽两边褶皱面较平直的部分。图5-5A表示的是一个尖棱褶皱，它有平直的翼和一个明显分开两翼的枢纽。一般的褶皱具有比较平直的两翼和一个曲率较大的弯曲的连接部位，称为转折端（见图5-5D）。如果转折端的曲率一致，则以其中点为枢纽点。褶皱面从背形的上凸转向向形的下凹的分界点称为拐点，即拐点是背形和向形的分界点，其曲率为零。在具平直翼部的褶皱中，取平直翼的中点作为拐点。

A. 一套岩层组成的褶皱　　　　　　B. 从其中选择一个褶皱面进行几何学研究

图5-4　单个褶皱面的形状示意图

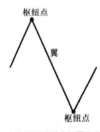

A. 尖棱褶皱具平直的翼和尖的转折端　　　　B. 圆滑褶皱的枢纽点和拐点

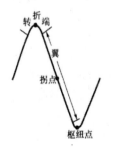
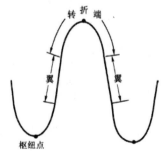

C. 尖圆褶皱具平直的翼和窄的转折端　　　　D. 一般褶皱的转折端、枢纽点和翼

图5-5　单个皱面的剖面及其几何要素

（2）枢纽（线）、轴面和轴迹

在三维中，各个剖面上枢纽点的连线，或一个褶皱面上最大曲率点的连线，称为枢纽线，简称枢纽（见图5-6）。轴面有两个涵义：对于单一褶皱面而言，轴面是指通过枢纽平分两翼的面；对于多个面的褶皱，轴面指各个相邻褶皱面的枢纽连成的面（见图5-7），严格来讲，应该称为枢纽面，但由于早期人们把枢纽和褶轴不分，所以习惯上仍称为轴面。轴迹泛指轴面和任何面的交迹。构造地质上，一般把轴迹用于指轴面和地面的交迹在地质图上的投影，也就是在地质图上一个褶皱中各层枢纽点的连线，用以表示褶皱的位置。枢纽（线）和轴面的空间产状决定了褶皱的空间位态。

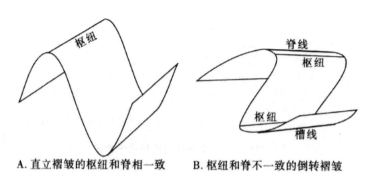

A. 直立褶皱的枢纽和脊相一致　　B. 枢纽和脊不一致的倒转褶皱

图5-6　褶皱的枢纽和脊示意图

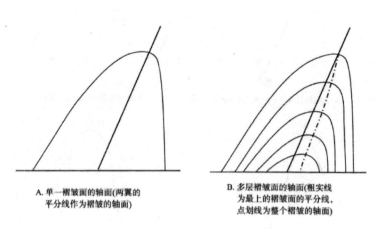

A. 单一褶皱面的轴面(两翼的
平分线作为褶皱的轴面)　　B. 多层褶皱面的轴面(粗实线
为最上的褶皱面的平分线,
点划线为整个褶皱的轴面)

图5-7　褶皱的轴面示意图

（3）褶轴和枢纽、圆柱状和非圆柱状褶皱

图5-8表示的是一种特定类型的褶皱。这种褶皱可以用一条直线平行其自身移动

而勾画出其褶皱面来。这条直线在几何学上称为这一曲面的母线，在构造上称为该褶皱面的褶轴。具有这种特征的褶皱称为圆柱状褶皱。褶轴与枢纽不同，它是一个几何学上的概念，只表示母线的空间方位，并不是褶皱面上某一特定的直线。在圆柱状褶皱中，褶皱枢纽是平行褶轴的一条特定的物质线，它的产状代表了褶轴的产状。

圆柱状褶皱的褶皱面可以是单一的圆柱面的一部分（见图5-8），但更多的情况是由许多不同直径共轴排列的圆柱面所构成的切面。圆柱状褶皱的几何性质是其褶皱面的每一部分都包含着一条与枢纽线方位相同的线，这条线的方位即褶轴的方位。

不具有以上特征的褶皱统称为非圆柱状褶皱。非圆柱状褶皱没有统一的褶轴。但非圆柱状褶皱可细分成许多个均匀的区段，使每一小区段可以近似地看成圆柱状褶皱。通过逐区段解析其几何特征，再进行综合而得出整个褶皱的几何形态及其变化。

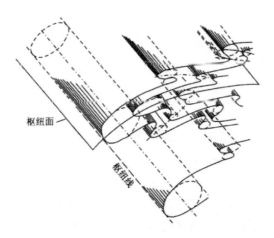

图5-8　圆柱状褶皱及其母线示意图

（4）脊和槽、脊线和槽线

横剖面上背形的最高点称为脊，向形的最低点称为槽。同一褶皱面上沿背形最高点的连线为脊线，沿向形最低点的连线为槽线（见图5-6）。脊线或槽线可以是曲线，脊线的最高点表示褶皱的隆起部位，称为轴隆或高点，这在寻找油气时非常重要。脊线上的最低部位称为轴陷。在轴面直立的褶皱中，脊线和枢纽线一致，在轴面倾斜的褶皱中两者不一定一致。

（5）褶皱的正交剖面

正交剖面是垂直褶皱轴或枢纽切制的剖面。在这种剖面上，可正确反映褶皱的二维形态，如褶皱两翼的产状和夹角、褶皱层的厚度变化等。在研究褶皱二维的形态时，通常利用平面图和剖面图来表示。在一般地质制图中，常用垂直褶皱延长方向的垂直剖面来表示褶皱岩层向深处的延伸情况（见图5-9）。

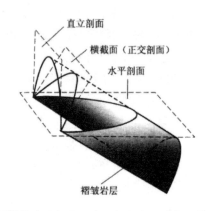

图5-9　褶皱的水平切面、直立剖面和正交剖面的空间关系

3. 剖面上褶皱形态的描述

正确地描述褶皱形态，一般选择与褶皱轴相垂直的正交剖面来表示。在剖面上可从不同的角度，以褶皱要素的特征来描述。

（1）轴面和两翼的产状

根据褶皱的轴面和两翼的产状，可将褶皱描述为以下几种（见图5-10）。

挠曲：由一平缓地层分布区经单斜状地层过渡到另一产状平缓地层区的地层弯曲变形（见图5-10A）。

直立褶皱：轴面近直立，两翼倾向相反，且倾角近相等（见图5-10B）。

斜歪褶皱：轴面倾斜，两翼倾向相反，但倾角不等（见图5-10C）。

倒转褶皱：轴面倾斜，两翼向同一方向倾斜，其中有一翼的地层面向倒转，称为倒转翼（见图5-10D）在有的褶皱形态分类中，把斜歪和倒转褶皱通称为轴面倾斜的褶皱。

平卧褶皱：轴面近水平，一翼地层正常，另一翼地层倒转（见图5-10E）。

等斜褶皱：轴面直立，两翼产状一致的褶皱（见图5-10F）。

（2）褶皱的紧闭度

褶皱两翼夹角（翼间角）的大小，代表了褶皱的紧闭程度（见图5-11），它反映了褶皱变形的强度。在出露良好的近于正交剖面的露头或照片上的小褶皱，其翼间角可直接测量。但对于一般规模较大的褶皱，常测量褶皱两翼的代表性产状，利用赤平投影法求出其两面角。按翼间角的大小可将褶皱描述为以下几种。

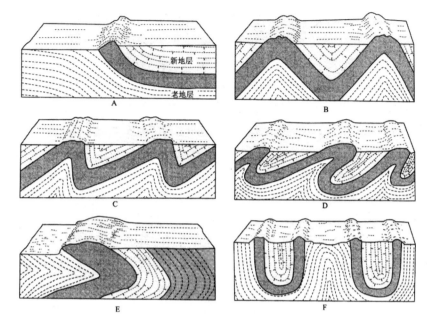

图5-10 根据褶皱轴面和两翼产状的褶皱剖面形态分类

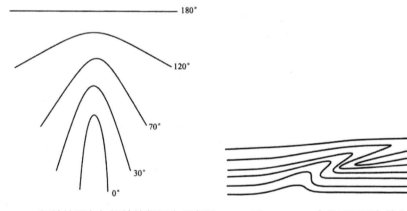

图5-10 褶皱的翼角与褶皱的紧闭度示意图 图5-11 一个具不同翼角的小型褶皱

平缓褶皱：翼间角大于120°。

开阔褶皱：翼间角介于120°～70°之间。

中常褶皱：翼间角介于70°～30°之间。

紧闭褶皱：翼间角小于30°。

等斜褶皱：两翼近于平行。

有些类型的褶皱，其不同的层可有不同的翼间角，因此用翼间角来描述褶皱常指其主体而言（见图5-11）。

（3）转折端的形态

转折端的形态在一定程度上反映了被褶皱岩层在变形时的力学行为。厚层的岩层一般形成转折端比较圆滑的褶皱，而薄层的岩层常形成相当尖棱的褶皱。

圆弧状褶皱：其转折端从两翼逐渐成圆弧形弯曲（见图5-12A），通常以圆弧的中点作为褶皱的枢纽点。当两翼也呈圆弧状弯曲时，一系列连续的褶皱可成正弦曲线状。

尖棱褶皱：其转折端很窄，甚至为尖顶状，常由平直的两翼相交而成（见图5-12B）。一般多发育于薄层的岩层中。在薄层或片状岩石中发育的两翼不等长的尖棱褶皱，也叫膝折（kink）。当一系列膝折平行排列，短翼构成的窄带，称为膝折带（见图5-12C），显微构造中称为扭折带。一系列对称的尖棱褶皱，也称为手风琴式褶皱（见图5-12D）。

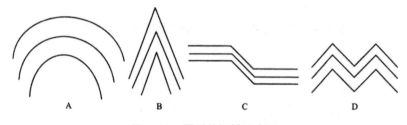

图5-12　圆弧状褶皱示意图

箱状褶皱：其转折端宽阔平直，两翼产状较陡，形如箱状。由于箱状褶皱向核部的空间变小，所以一般的箱状褶皱核部构造复杂化，可有次级小褶皱或断层，底部可有滑脱面（见图5-13A）。通常小型箱状褶皱可以由两个不同方向的膝折带交切而成，这种褶皱称为共轭膝折带或共轭褶皱（见图5-13B）。

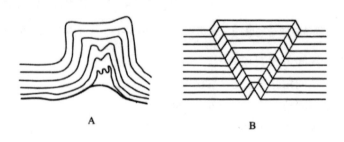

图5-13　箱状褶皱示意图

挠曲：在平缓岩层中，局部岩层突然变陡，表现出一个台阶式的弯曲，称为挠曲，它通常是下部的断层末端在上部的表现。

（4）褶皱的对称性

在强烈变形区，褶皱通常不是孤立地出现的。一系列连续的背斜和向斜，形成周期性的或不规则的波形（见图5-14）。这种波摆动于两个假想的界面之间，这两个界面称为褶皱的包络面。依次连接各个褶皱拐线的面称为中面（见图5-14中的 m）。包络面和中面可以是平面或曲面。在多级褶皱组合的地区，中面的方位可代表褶皱层的平均方位或岩层的总倾斜（见图5-15）。与单个小褶皱翼部的具体产状相比，中面的方位更近似于大型构造中岩层的总体产状，应仅可能在野外直接测定。

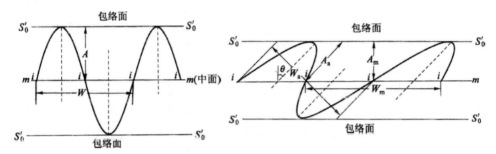

A. 周期性对称褶皱的波长（W）和波幅（A）　　B. 周期性不对称褶皱的波长（W_m, W_a）和波幅（A_m, A_a）

图5-14　褶皱面的波幅、波长和褶皱的对称性

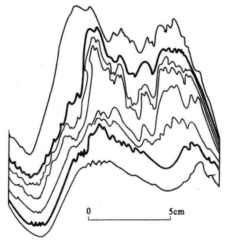

图5-15　复协调褶皱中的不同级的褶皱组合

根据褶皱的对称性，可把其分为以下两种类型。

对称褶皱：褶皱的中面为平面状，褶皱的轴面与中面垂直，褶皱的两翼等长的褶皱，称为对称褶皱（见图 5-14A）。这种褶皱中，褶皱轴面是两翼的对称面。

不对称褶皱：褶皱的轴面与中面不垂直，褶皱的两翼不等长的褶皱，称为不对称褶皱（见图 5-14B）。不对称褶皱的轴面倒向，称为褶皱的降向，它反映形成褶皱时物质的运动方向。小型褶皱型式，可在沿枢纽向下看的剖面上，从其长翼经短翼又到另一长翼的组合型式，类似于英文字母 S 和 Z 来表示（见图 5-15）。对称褶皱也称 M 或 W 型。根据小褶皱型式的分布，可以了解其所在的大褶皱部位。小褶皱型式从 Z 到 M 到 S，则经历了一个背斜；从 S 到 M 到 Z，则经历了一个向斜。又如，在大褶皱的正常翼，小褶皱的轴面与小褶皱的包络面（或岩层的总体产状）的倾向相同，而小褶皱的轴面比其包络面总是要陡；而在大褶皱的倒转翼，小褶皱的轴面比其包络面的倾角要缓。或者说，小褶皱轴面和其包络面所夹的锐角指向大褶皱的转折端。

（5）褶皱的大小

褶皱的大小可用波长和波幅来描述。如果褶皱表现出周期性的重复，且其中面位于两个包络面的正中（见图 5-14A，B），则波长（W）指一个周期的长度，即相邻拐点的距离（不对称褶皱为 Wm）。波幅（A）指中面和包络面的距离，或两包络面间垂直距离的一半（不对称褶皱为 Am）。

4. 褶皱的三维形态

小型褶皱可以在露头上直接见到其三维的形态。较大一些的褶皱，需要通过地质制图来了解。把褶皱的剖面形态和平面形态相结合，就可以了解褶皱的三维形态。这时褶皱枢纽的产状及褶皱层的平面图像，是认识褶皱三维形态的重要因素。

（1）枢纽的产状

如前所述，在圆柱状褶皱中，枢纽是平行褶轴的一条直线。它的产状用指向（倾伏向）和倾伏角来表示。在一般的非圆柱状褶皱中，枢纽的产状可以在空间发生变化，使枢纽成为一条曲线。根据枢纽的产状可以把褶皱描述为：水平褶皱、倾伏褶皱和倾竖褶皱。

水平褶皱：是指其枢纽的倾伏角近于水平的褶皱。其两翼的走向平行，在水平面上，褶皱两翼与水平面的交线互相平行。在地质图上，当地形平坦时，褶皱两翼的地质界线互相平行（见图 5-2A，图 5-16A）。如地形起伏不平，水平褶皱的两翼与地面交线在水平面上的投影（地质图上的地质界线）也可能相交，但两翼的走向仍然互相平行（见图 5-16B）。

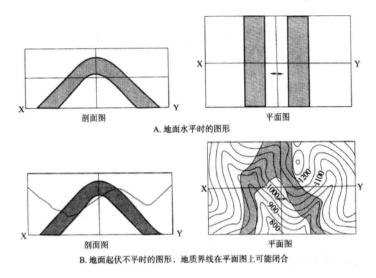

A. 地面水平时的图形

B. 地面起伏不平时的图形，地质界线在平面图上可能闭合

图5-16　水平褶皱在剖面和平面图上的表现示意图

　　倾伏褶皱和倾竖褶皱：是指褶皱的枢纽倾斜的褶皱。其中，枢纽直立或近于直立的褶皱称为倾竖褶皱，这种褶皱的平面正好是其横剖面。倾伏褶皱两翼的走向不平行，同一褶皱面的两翼，在平面上转折端处汇合（见图5-2B）。背斜的汇合部称为背斜的倾伏端，褶皱面均向外倾斜，称为外倾转折（见图5-17A）。向斜的汇合部为向斜的扬起端，褶皱面均向内倾斜，称为内倾转折（见图5-17B）。倾伏端处的平面图形反映了褶皱转折端的形态，可以有比较尖棱的或圆弧的转折。倾伏端的岩层层序一般是正常的，即顺着枢纽的倾伏方向地层变新。所以，在构造复杂的地区，褶皱转折端处通常是了解地层顺序的理想场所。

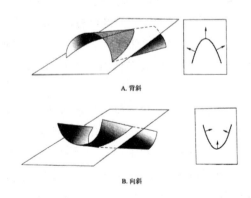

A. 背斜

B. 向斜

图5-17　倾伏背斜和向斜的外倾转折端和内倾转折端

（2）褶皱的平面轮廓

根据褶皱中同一褶皱面在平面上出露的长度和宽度之比，可将褶皱描述为：等轴褶皱短轴褶皱和线状褶皱。

等轴褶皱：长宽比近于1。等轴背斜称为穹隆。组成穹隆的岩层从中心向四周倾斜。

短轴褶皱：长宽比近于3。短轴的背斜称为短背斜，其枢纽从中间向两端倾伏；短向斜的枢纽向两端扬起。在地质图上常可见组成短背斜或短向斜的岩层圈闭成椭圆形。

线状褶皱：也称为长条状褶皱，其长度远大于宽度，两翼近于平行，枢纽近于水平，在不大的范围内通常见不到其倾伏端。通常发育于强烈变形的造山带中。

二、褶皱的方位分析

褶皱的空间方位用褶轴（或枢纽）和轴面的产状来表达。

1. 褶轴方位的确定

褶轴是一种线状构造，其产状用指向和倾伏角，或用在轴面上的侧伏角来表示。露头上可见的小褶皱，可用罗盘直接测量。规模比较大的褶皱，通过测量大量的两翼产状，利用赤平投影方法来求得。有两种图解法：π 图解和 β 图解。

π 图解：是利用面的法线投影在图上的极点作方位图解来求褶轴的产状。在圆柱状褶皱中，任一面上都包含一条与褶轴平行的直线，因此，其法线将垂直于褶轴。将各个面的法线投影在图上的极点，组成一个大圆（称为 π 圆）。此大圆的极点就是褶轴的方位（见图5-18A）。非圆柱状褶皱面不具一个共同的褶轴，当把其各个部分的极点投影到赤平投影网上时，投影点将相当分散，不能落在一个共同的大圆上。所以，极点沿大圆的分散程度，代表了褶皱的圆柱状程度（见图5-18B）。在实际工作中，通过大量测量在一个褶皱的不同部位岩层的产状，把其投影到赤平投影图上，常组成一个略为分散的带，通过求得其最佳拟合的大圆，这一大圆的极点就代表了褶轴的方位。

β 图解：是利用面的投影大圆来求褶轴方位的方法。理想的圆柱状褶皱的各个褶皱面具有一条共有的线，即为褶轴。所以，组成褶皱的任意两个面的交线的方向，就是褶轴的方向。把同一褶皱的任意两个褶皱面投影于图上成两个大圆，其交点即为褶轴的方位（β）。理想的圆柱状褶皱面只有一个褶轴，所以组成褶皱的各个面都应该交于一点。当褶皱偏离圆柱状时，每两个面的交点将不再重合，多个面将有许多交点，交点分散的程度反映了褶皱偏离圆柱状的程度。

A.圆柱状褶皱   B.非圆柱状褶皱

图5-18 利用赤平投影求褶轴的 π 图解

2. 轴面方位的测定

（1）在一般的两翼岩层厚度一致的褶皱中，轴面和两翼的平分面相一致（见图5-19A）。这时，通过测量两翼岩层的代表性产状，或大量测量两翼的产状，通过统计方法获得其代表性产状，利用赤平投影就可求出其平分面（轴面）的产状。

（2）在两翼岩层厚度不一致的情况下，比如在沉积盆地边缘沉积层原始厚度的系统变化，或在强烈变形区的 翼厚度的显著减薄，褶皱轴面和各个层的两翼平分面就会不一致（见图5-19B）。此时，轴面产状的测定就需要在出露比较好的露头或人工的开采面上，直接测量。或在地质图中，测出同一褶皱在不同平面上的两个轴迹的方位，用赤平投影法中利用两条直线求其共面的方法求出轴面产状。

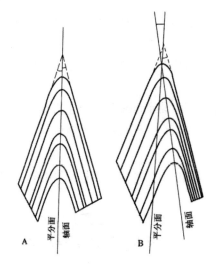

图5-19 轴面和翼间角平分面的关系示意图

3. 褶皱的位态分类

褶皱在空间的位态，取决于其轴面和枢纽（或轴）的产状。以横坐标表示轴面的倾角，纵坐标表示枢纽的倾伏角，可将褶皱的位态分为以下七种类型（见图5-20）。

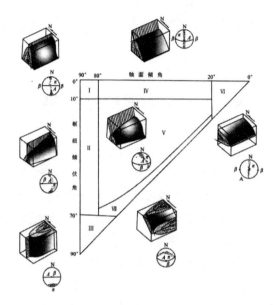

图5-20　褶皱位态类型示意图

直立水平褶皱（见图5-20Ⅰ）：轴面近于直立（倾角＞80°），枢纽近于水平（倾伏角＜10°）。

直立倾伏褶皱（见图5-20Ⅱ）：轴面近于直立（倾角＞80°），枢纽倾斜（倾伏角10°～70°）。

倾竖褶皱（见图5-20Ⅲ）：轴面和枢纽都近于直立（倾角＞70。）。

斜歪水平褶皱（见图5-20Ⅳ）：轴面倾斜（倾角80°～20°），枢纽近于水平（倾伏角＜10°）。

斜歪倾伏褶皱（见图5-20Ⅴ）：轴面倾斜（倾角80°～20°），枢纽倾伏（倾角68°～10°）。

平卧褶皱（见图5-20Ⅵ）：轴面倾角＜20°的褶皱。

斜卧褶皱（见图5-20Ⅶ）：轴面和枢纽的倾向和倾角基本一致，轴面倾角80°～20°，枢纽在轴面上的侧伏角＞70°。

前两类褶皱的轴面近于直立，意味着褶皱的两翼倾向相反，倾角近于相等。第Ⅳ和Ⅴ类斜歪褶皱中，还可根据轴面或枢纽倾斜的程度，进一步描述为：缓（倾角

＜30°）、中（倾角30°～60°）和陡（倾角＞60°）的斜歪或倾伏的褶皱。当褶皱轴面倾斜，则其两翼倾角不等。在轴面缓倾斜歪褶皱中，如果其中一翼倒转，使两翼向同一方向倾斜，也称为倒转褶皱。

三、褶皱的形态分类

褶皱的形态是指组成褶皱的各个褶皱面的形态及其相互关系和褶皱层的厚度变化。它是我们了解褶皱层向深处变化的重要信息。褶皱的形态取决于岩石的变形行为，在一定程度上反映了岩石变形时的温度和围压等环境以及所受应力情况。对褶皱形态的分类，主要基于褶皱各层在褶皱中的厚度变化和褶皱层的几何关系。早期研究者依据厚度变化把褶皱分为两种基本类型：平行褶皱和相似褶皱。兰姆赛（Ramsay，1967）对褶皱形态进行了精确的划分，是目前被构造地质界广泛采用的分类法。褶皱形态分类通常是在褶皱的正交剖面上进行的，以下的形态描述都是指褶皱的正交剖面上的形态。

1. 根据组成褶皱的各褶皱层的厚度变化的经典分类

（1）平行褶皱

理想的平行褶皱的几何特点是，各个褶皱面作平行的弯曲。这种褶皱中，岩层虽然被弯曲，但其厚度在褶皱的各个部位不变，所以也称等厚褶皱。平行褶皱的各层，呈同心状弯曲，具有同一曲率中心，所以又称同心褶皱。这种褶皱的几何特点决定了其向上和向下的变化。以一个圆弧形直立背斜为例，顺其轴面向上，褶皱面的曲率半径逐渐增大，曲率变小，褶皱越来越宽缓；反之，沿轴面向内，褶皱面的曲率半径逐渐减小，其弯曲越来越紧闭，最后在其曲率中心，成为一个尖顶，褶皱面不能再保持其平行状态，与下伏的底部岩层之间形成一个滑脱面。因此，背斜核部形成一个受到强烈挤压的三角区。在三角区内通常发育复杂的小褶皱和逆冲断层。

（2）相似褶皱

理想的相似褶皱的几何特点是，各个褶皱面作相似的弯曲。各个褶皱面的曲率相同，但没有共同的曲率中心。所以，褶皱的形态向上和向下保持一致，褶皱可以向下延深而仍保持其形态。著名的澳大利亚维多利亚的Bandigo金矿的褶皱深达1000多米。相似褶皱中，各褶皱层的厚度发生有规律的变化，两翼变薄而转折端加厚；平行轴面测量的厚度在褶皱各个部位保持一致。

2. 根据组成褶皱的各个褶皱面之间的几何关系分类

根据各个褶皱面之间的几何关系，可以把褶皱分为两大类：协调褶皱和不协调褶皱。

（1）协调褶皱

褶皱中各个褶皱面的弯曲形态一致或作有规律的变化，其间没有明显的褶皱形态的突然变化的褶皱，称为协调褶皱。它们反映各褶皱层在变形时的行为的一致性。进一步根据其形态的变化规律，分为平行褶皱和相似褶皱。

（2）不协调褶皱

褶皱中不同层位的褶皱面弯曲的形态之间可以发生突然变化，使不同层之间的形态没有几何的一致性，这种褶皱统称为不协调褶皱。褶皱中的不协调现象，在不同岩性相间的岩系中是比较常见的现象。组成褶皱的各层的岩性、层厚之差异，或不同部分受力不匀等原因，可使不同层在褶皱中的变形行为发生差异，从而造成其形态的不一致。河南嵩山元古宇五指岭组岩层的褶皱，厚层石英岩形成简单而较开阔的褶皱，而上部夹在千枚岩中的薄层石英岩则形成复杂的小褶皱，两者的背向斜互不相干，总体形成不协调关系，其间软弱的千枚岩起着调节不协调关系的作用，也就是滑脱层的作用。如前所述，同心褶皱由于几何关系而在一定深度存在滑脱面，则滑脱面上下的褶皱形态也不一致，而形成不协调褶皱。

底辟构造是最特征的一种不协调褶皱。底辟构造一般由变形复杂的高塑性层（如岩盐、石膏或泥质岩石等）为核心，呈穹隆状拱起并刺穿上覆岩层的一种构造。

3. 兰姆赛的褶皱形态分类

兰姆赛（1967）在研究褶皱形态时，发现经典的平行褶皱和相似褶皱只是褶皱层间关系的两种特殊类型，大量的褶皱其形态可能介于两者之间。为此，他提出了一套根据褶皱面倾斜角的相对变化的形态分类，受到构造地质界的广泛认同。利用厚度变化和倾斜度变化两个指标，可以定量地对褶皱形态进行分类。褶皱形态的测定都是在褶皱的正交剖面上进行的。

（1）正厚度的变化

层的正厚度指该层顶面和底面之间的真正厚度。由于褶皱的层面是曲面，因此，要考虑两曲面之间不同倾角部位的厚度。其测量的方法是（见图5-21）：在褶皱的正交剖面上，分别向褶皱层的顶面和底面画一条与褶皱轴迹成（90°-α）角的切线，两切线间的垂直距离就是倾角为α处的层正厚度t_α；而两切线间平行轴面测量的距离是该处的层的轴面厚度T_α。可以看出$t_\alpha=T_\alpha\cos\alpha$，在转折端处$t_\alpha=T_\alpha$。通常，$t_\alpha$值随层的倾角$\alpha$的变化而变化。对一定的$t_\alpha$值，可用其与转折端处测得的$t_0$值的比值来表达。这个比值$t'_\alpha=t_\alpha/t_0$，可以用来说明，同一层的正厚度在整个褶皱中的变化情况，从而，作为褶皱形态分类的依据（见图9-35）。从图5-22中可以看出，以平行褶皱（$t'_\alpha=1$）和相似褶皱（$T'_\alpha=T_0/T_\alpha=1$，$t'_\alpha=\cos\alpha$）为界，可以分出五种类型的褶皱。

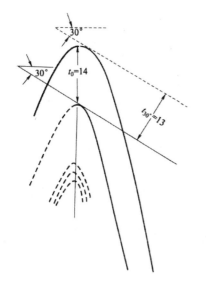

图5-21　褶皱层正厚度的测量法

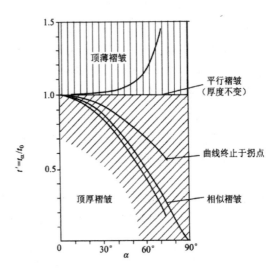

图5-22　各类褶皱的t′-α曲线示意图

（2）根据等斜线的褶皱形态分类

等斜线是褶皱正交剖面上，各个褶皱面上具有相同斜率的点的连线。如图5-23中，位于褶皱面上的1，2，3，4，5等各点处，其褶皱面的切线都与剖面中的水平线成α夹角，其连线就是倾角为α的等斜线；而6，7，8，9，10点的连线则是倾角为β的等斜线。在比较规则的褶皱中，一般以褶皱在剖面上的轴迹作为基准（见图5-24）。等斜线的具体作图法如下：

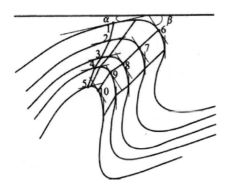

图5-23　褶皱面的等斜线示意图

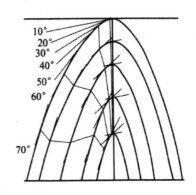

图5-24　等斜线的作图法

要在一个褶皱的正交剖面上进行，最直接的方法是在野外沿着褶皱轴方向拍摄的照片上进行，用透明纸描绘出各个褶皱面的迹线（或在微机上进行）。如果缺失完整的露头或褶皱的规模较大，不能直接得到正交剖面的照片，这时，要根据野外各个褶皱面的产状，先绘制褶皱的正交剖面图。然后，以轴迹的垂线为基准线，借助于量角器和三角板，按一定的角度间隔（如10°）画出相邻两褶皱面的切线，表示这两个切点处的倾斜度相等。连接相邻两褶皱面上倾斜相等的点的线，就是等斜线。依次画出不同倾斜度的等斜线，就获得褶皱的等斜线图。图5-24中，画出了10°，20°，30°，40°，50°，60°和70°的等斜线。

兰姆赛根据褶皱的等斜线型式，把褶皱分成三种类型，又进一步根据厚度的变化，将1类褶皱细分为三型（见图5-25）：

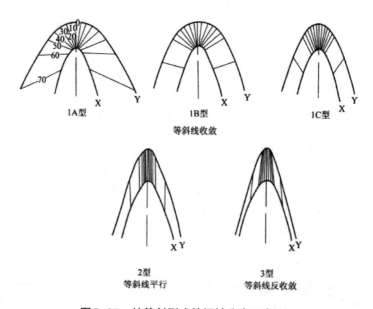

图5-25　按等斜型式的褶皱分类示意图

第1型：等斜线向内弧收敛的褶皱褶皱层外弧的曲率总是比内弧的曲率小，等斜线从外弧到内弧朝向轴迹并彼此收敛（见图5-25）。相对于直立的轴迹而言，外弧的倾角总是小于内弧的倾角。进一步根据等斜线收敛的程度和层的正厚度又可细分为三型：

1A型：等斜线强烈收敛的褶皱在这种褶皱中，层的正厚度（t_α）总是大于褶皱枢纽处的厚度（t_0），$t'_\alpha > 1$，可称顶薄褶皱。

1B型：理想的平行褶皱褶皱层的正厚度在褶皱的各个部位都相等，$t'_\alpha = 1$。

1C型：等斜线轻微收敛的褶皱这种类型的褶皱中，层的正厚度（t_α）总是小于褶皱枢纽处的厚度（t_0），$t'_\alpha < 1$，但$t'_\alpha > \cos\alpha$，这是平行褶皱（1B型）和相似褶皱

（2型）的过渡类型。或者说这类褶皱转折端的厚度大于褶皱翼部的厚度，通常是受到一定程度的压扁作用的结果，故也可称为压扁的平行褶皱。

第2型：等斜线互相平行的褶皱整个褶皱中各层面的曲率变化是一致的，层面的倾角变化也一致，因而上下层面的形态相同，平行轴面测量的层的厚度相等，即 $T'_\alpha = 1$ 是理想的相似褶皱。

第3型：等斜线向内弧撒开的褶皱这类褶皱层外弧的曲率总是比内弧的曲率大，等斜线从外弧到内弧离开褶皱轴面向外撒开。相对于直立的轴迹而言，外弧的倾角总是大于内弧的倾角。翼部平行轴迹测量的厚度总是小于转折端的厚度，即 $T'_\alpha < 1$。反映了褶皱转折端的强烈加厚或褶皱翼部的强烈变薄。

自然界中，多数褶皱都可归属于上述基本类型之中，但许多褶皱可能具有更复杂的型式。特别是在不同岩性层组成的褶皱中，不同层可以具有不同的形态，因而具有不同的等斜线型式，从而在剖面上出现等斜线的折射图型。

第二节 褶皱的成因分析

一、基础知识

为了了解自然界复杂多样的褶皱形态、组合特点和褶皱与其他相关构造的关系，探究褶皱及相关构造所反映的地壳运动信息，以及掌握褶皱对矿产的控制规律，除了要详细地查明褶皱的几何学特征，还应当对褶皱的成因作进一步的分析。褶皱成因分析的目的在于：了解各种褶皱控制因素（如侧压力、重力、岩石的力学性质等）在褶皱形成中的作用；褶皱的发育过程；不同形态类型褶皱的形成条件之差异；褶皱内部应变特征及其与其他构造的内在联系等。多纳斯和帕克（Donath & Parker，1964）在《褶皱和褶皱作用》一书中，详细讨论了褶皱的运动学特征。兰姆赛（Ramsay，1967）在《岩石的褶皱作用和断裂作用》及兰姆赛和胡伯（Ramsay & Huber，1987）在《现代构造地质学方法》（第二卷）中，对褶皱作用及其内部应变特征作了详细分析。毕奥特（Biot，1961）和兰勃格（Ramberg，1960）分别从理论上和实验中详细论述了褶皱的发育规律。其后，又有许多学者从事这方面的研究，近年来特别是用计算机模拟的办法来再造褶皱的形成过程，取得了许多成果。但仍有许多问题有待解决，尤其是重力在褶皱形成中的作用，以及褶皱作用延续的时间等方面，仍是难以用实验来模拟的难题。本章只对其中的一些研究成果作简单的介绍，以便读者更好地了解褶皱的分布规律及其与其他构造的关系。

褶皱的形成方式与其受力状态、变形环境和岩层的变形行为密切相关。从岩层在褶皱过程中的变形行为来看，可把褶皱分为主动褶皱和被动褶皱两类。当组成褶皱的层状岩系的各岩层之间韧性差异比较显著时，岩层的力学不均一性将控制着褶皱的发育，即岩层在褶皱形成过程中起着主动的作用，这种方式形成的褶皱称为主动褶皱。它们通常发育于地壳中、上部的构造层次（深约 < 10km）。在地壳的深部，由于围压和温度的增高，各类岩石均显示很大的韧性，如果岩石间的韧性差异均一化，则层理在褶皱变形中不再具有力学意义上的不均一性，而只是作为表示岩层受到了变形的标志。在这种褶皱中，岩层虽然呈现出褶皱的形式，但并没有发生过一般意义上的弯曲，因此称为被动褶皱。许多被动褶皱是由沿与层理相交的一系列平行剪切面的不均匀剪切而形成的，所以也称剪切褶皱，其所形成的褶皱通常是典型的相似褶皱。

根据褶皱过程中物质的运动方式，可以把其分为流动和滑动两种机制。从小型（或者说肉眼能直接观察）的尺度上看，滑动是物质沿许多具一定间隔的不连续面的滑移而引起的变形；流动则是物质的连续滑移，其间看不到不连续面。但从显微或超微尺度观察，则宏观的流动可能是一种晶粒或晶格尺度上的微型滑动。同样，小型尺度上的滑动，如一叠卡片的滑动或沿劈理面的连续滑动，在大型尺度上也可以看作一种流动。

根据直接引起岩层褶皱的作用力的方式，可以把褶皱形成机制分为纵弯褶皱作用和横弯褶皱作用。纵弯褶皱作用（buckling）是指引起褶皱的作用力平行于岩层挤压，使岩层失稳而弯曲，力学上称为屈曲。因为，一般认为岩层在褶皱前处于原始的近水平状态，所以，纵弯褶皱作用是地壳水平挤压的结果。横弯褶皱作用（bending）是指引起褶皱的作用力近于垂直岩层，使岩层发生弯曲的褶皱作用，也称扳曲，类似于横梁的弯曲作用。在岩层近水平的情况下，是地壳中垂向力所引起的。

见于造山带中的大量褶皱是以纵弯褶皱作用为主形成的，因而对纵弯褶皱作用的研究也比较深入。本章将以主要篇幅来讨论纵弯褶皱作用的机制及其造成的褶皱变形的特点，对其余的褶皱作用只作简略介绍。

二、纵弯褶皱作用

纵弯褶皱作用是指岩层受到顺层挤压力的作用而形成褶皱的作用。这时，岩层间力学性质的差异在褶皱形成中起着主导作用。如果岩石是各向同性的均质岩石，如块状的侵入岩体以及在高温高压下层理失去了力学上各向异性的变质岩系，则挤压只能引起岩层或岩体的均匀压扁，在平行压力方向上缩短和平行最大拉伸方向上伸长，并可发育垂直于缩短方向的透入性面理（劈理或片理）。反之，如果岩系中各层岩石的性质不一致，则在平行层理的挤压下，相对强硬的层（能干层）不易发生塑性变形，就会因失稳而发生正弦曲线状的弯曲，形成褶皱；而相对软弱的层（非能干层）可以发生均匀的压扁，并作为介质被动地调节和适应由强硬层引起的弯曲变形。如果两者的韧性差异较小，则在褶皱时还会共同地受到总体的压扁。毕奥特（Biot，1961）和兰勃格（Ramberg，1960）大致同时对不同性质的层系在平行层理的挤压下失稳形成的褶皱，分别做了数学计算和物理模拟，提出了褶皱发育的主波长理论。这一理论较好地解释了自然界中一些褶皱的形态及其内部构造特征，可以作为讨论纵弯褶皱作用的基础。

1. 单层褶皱的发育机制

在进行数学处理时，毕奥特和兰勃格假定在即将发生褶皱的层中初始就存在着一些低幅度的微小起伏，在应力作用下，这些起伏虽然都可能生长发育，但其中某一种波长在变形过程中发育最快，成为最终形成的主波长。并说明了褶皱初始发育的主波长与褶皱中能干层的厚度和能干层和非能干层（基质）间的黏度差的定量关系。

在建立褶皱发育的几何模式之前，首先要考虑岩石在变形时的变形行为。一般的岩石在地表的围压和温度的条件下，基本上是弹性的，即应力与应变成正比。因而，可以把岩层作为弹性板的变形来考虑，其形成的褶皱波长与所作用应力的大小有关。但这种情况显然并不适合于在地质条件下的褶皱变形。因为在真正的弹性变形中，移去所加的应力后，应变将完全恢复而不可能保留成褶皱。实际上，在地下较高的围压和温度的情况中，在小应力的长期作用下，不同的岩石可以看作具有不同黏度的黏性固体而变形的。在简单化的计算中，用牛顿体的变形来表达，即应力与应变速率成正比。这时岩石的黏度在变形中起着主导作用。黏度大的岩层在褶皱发育中起着能干层的作用。黏度较小的岩层（非能干层）作为基质被动地调节能干层褶皱所产生的空间。设想有一层厚度为d和黏度为 μ_1 的能干层夹于黏度为 μ_2 的非能干层基质中（ $\mu_1 > \mu_2$ ），使其受到平行层的挤压而发生变形（见图5-26）。这时，能干层由于不易发生压扁而趋向于失稳，偏离初始的位置而形成弯曲。能干层的弯曲将受到两种阻力。一种阻力来自能干层的内部。因为岩层弯曲时，必将使外弧受到拉伸和内弧受到压缩。因此，能干层要弯曲必须克服这种内部的阻抗。这时，岩层弯曲的波长越大，则形成的弧形越宽缓，其外弧的拉伸和内弧的压缩变形就越小，内部的阻抗也越小。所以，如果没有周围基质的阻抗，它就趋向于形成最大可能的波长。譬如，当我们从两端压缩一条薄板时，它将只会形成一个弯曲（见图5-27A）。另一种阻力来自能干层上下的非能干层组成的基质。能干层弯曲时，必然要推开其周围的非能干层，从而，非能干层的反作用力要阻止能干层的弯曲。这种外部阻抗的大小与能干层的波长和波幅成正比。波长及波幅越小，外部的阻抗就越小。所以，外部的阻抗要求褶皱的波长尽可能小（见图5-27B）。按照最小功原理，能干层将选择一个中间的波长值，使其所做的功最小而发生褶皱。即这种波长的褶皱最易发育，成为岩层弯曲的主导波长。

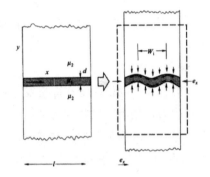

图5-26　夹于黏度为u_2的基质中的单层厚度为d和黏度为u_1的能干层的纵弯曲模式

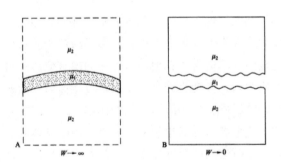

图5-27　可能产生的初始波长的分解模式

根据毕奥特的计算，在黏度为μ_2的介质中，黏度（μ_1）较大的一黏性薄板在受纵向压缩时，最易发生的褶皱初始主波长W_i为：

$$W_i = 2\pi d^3 \sqrt{\frac{u_1}{6u_2}}$$

从上式中可以看出，褶皱的初始主波长与其所受作用力大小没有直接的关系，而只与黏度较大的能干层的厚度d以及层与介质的黏度比（μ_1/μ_2）有关。其实，在黏性物质的变形中，作用力的大小直接影响的是变形的速率。从上式中可以得出如下特点。

（1）褶皱的初始主波长与能干层的初始厚度成正比

当一套岩层的岩性组合一定时，即层与介质的黏度比（μ_1/μ_2）为常数，如果被褶皱的能干层的初始厚度不同，则厚度大的岩层所形成的褶皱波长也大（见图5-28）。因此，一套岩层的褶皱中，可因各层的厚度差异而形成波长和波幅不同的褶皱组合。厚岩层形成的褶皱大而宽缓；薄岩层形成的褶皱波长小，数量多而相对紧闭。如果同一层的厚度沿走向发生变化，则相应的褶皱形态也将随之变化，层厚的地方褶皱的波长大而比较宽缓，层薄的地方的褶皱波长小而相对紧闭。

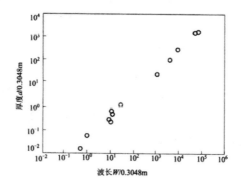

图5-28　纵弯褶皱中岩层厚度与褶皱波长的关系

（2）褶皱的初始主波长与能干层和介质的黏度比的关系

可以粗略地把能干层和介质的黏度比分为两大类：一类的黏度比很大，反映了两者的能干性差异很大；另一类的黏度比小，反映了两者的力学性质差别较小。这两种类型的层系，形成了不同形态的褶皱。通过讨论这两类不同的典型，可以说明层的黏度比或韧性差对褶皱形态的影响。

1）能干层与介质的能干性差异大，设 $\mu_1/\mu_2 > 50$

图5-29A表示了能干性差异大的单一能干层的褶皱形状的递进演化模式。t_0 表示初始状态。能干层的初始厚度为d，在变形开始时（t_1），能干层基本上未发生顺层缩短应变（$e \approx 0$）就失稳而发生弯曲，形成了初始波长与厚度比（W_i/d）很大的褶皱。褶皱初始向上的扩幅速率A很大，由于能干层几乎没有顺层的缩短，所以初始波长W_i和褶皱后的弧线波长W_a近于相等。随着整个系统的逐渐被压缩到t_m时，褶皱向上的扩幅速率逐渐降低，代之以两翼岩层向轴面的旋转和翼间角的变小。当整个系统进一步缩短到t_n时，两翼甚至可能旋转超过90°而相互压紧，形成典型的

肠状褶皱。在整个演化的过程中，能干层有可能受到轻微的顺层缩短，使最终沿弧线测量的波长略小于初始波长，即 $W_a \leqslant W_i$。

2）能干层与介质的能干性差异小，设 $\mu_1/\mu_2 < 10$

图5-29B表示了能干性差异小的单一能干层的褶皱形状的递进演化模式。T_0 表示初始状态。在变形初期（t_1），与上述情况相反，褶皱的扩幅速率A很小，总体的侧向压缩，使相对能干层与介质一起，发生明显的顺层缩短，能干层的厚度增大为能干层与介质的能干性差异越小，则顺层缩短与褶皱的生长（扩幅）相比就越显著。当 $\mu_1=\mu_2$ 时，就只有顺层缩短而不会有褶皱的发生。随着总体缩短到 t_m 时，顺层缩短使其厚度增大到 d''，同时，褶皱变得逐渐显著，但褶皱的波长与厚度比很小。起初，褶皱的能干层仍保持其等厚褶皱的趋势，但由于其波长厚度比小，随着褶皱的发育，层的形态就形成了外弧宽缓、内弧紧闭而尖锐的尖圆型褶皱。随着进一步的总体缩短，单纯地要保持等厚褶皱的弯曲已经不足以调节总体的应变，只能由垂直褶皱轴面的压扁作用来体现总体的压扁。这时，褶皱的翼部受到压扁而变薄，转折端岩层加厚，形成压扁的平行褶皱（1C型）。压扁作用不太强烈时，由于能干层的厚度增大（$d'' > d$），使沿褶皱层测量的弧的波长 W_a 明显小于初始主波长 W_i。随着压扁作用的加剧，W_a 又可能逐渐变大。

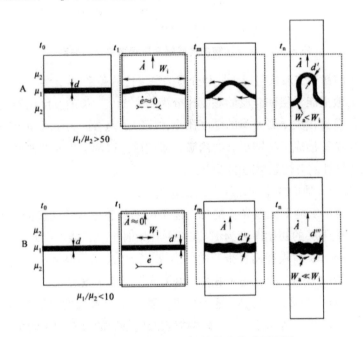

图5-29　单层能干层褶皱发育模式示意图

2. 多层岩层的褶皱发育机制

当一套不同岩性的岩层相间成层的岩系发生褶皱时，其褶皱的形态不仅与岩层的能干性差异有关，而且取决于相邻能干层的互相影响的程度，同时，也取决于能干层之间的距离及褶皱层的接触应变带的宽度。

（1）接触应变带的概念

当一套岩层受到顺层挤压而变形时，能干层将因失稳而褶皱，其周围的基质会发生不同的构造反应。远离能干层的弱岩层，会以均匀的压扁和加厚来调节总体的顺层压缩；与褶皱的能干层紧邻的弱岩层，会受能干层的影响而一起弯曲。当层间界面粘结而不能相互自由滑动时，受弯曲能干层的外侧拉伸和内侧压缩的影响，在其弯曲外侧的软弱层，除了受总体的顺层压扁以外，还将受到额外的附加顺层拉伸，从而形成1A型顶薄褶皱；内侧的软弱层会受到附加的顺层压缩而强烈加厚，形成1C型到3型的顶厚褶皱。这种附加的应变称为接触应变。随着逐渐远离能干层向外，这种接触应变的强度逐渐减弱，直到消失，变为正常的顺层压缩（见图5-30A）。根据兰姆赛的研究，比较明显的接触应变带的宽度，大约相当于一个初始主波长的大小。在多层岩系中，各层褶皱间的相互关系与它们的接触应变带的影响范围有关。

（2）能干层间距对褶皱形态的影响

如果相邻两能干层的间距很远，超过了其接触应变带的范围，则两层各自弯曲而互不影响，每一层按其与基质的黏度比形成各自特征主波长的褶皱，从而成为不协调褶皱（见图5-30B，图5-31）。不协调褶皱的上层和下层的背、向斜之间不一定一致，因此，不能利用地面出露的褶皱形态简单地来推断地下深处的构造。例如，在伊朗的一个油田的剖面上，地表法斯组的复杂构造和地下阿斯玛利组石灰岩的构造是典型的不协调褶皱，这是由于较厚的下法斯组底部的泥质岩的厚度强烈变化的调节所致。在这种情况下，我们就不能只根据地表的资料来编制阿斯玛利组石灰岩的构造。从另一角度而言，下法斯组底部可以看作一个滑脱层，使上覆岩层从底部滑脱。由于平行褶皱向核部的几何学空间问题，也是造成不协调褶皱的一种原因。

如果相邻能干层之间的距离小于接触应变带的宽度，那么，一个层的褶皱就会影响到另一个层的褶皱的发育。如果各个能干层的厚度和黏度相同，则整个褶皱岩系将形成一套协调的褶皱（见图10-11C，图10-13）。在这种规则的互层岩系中，由于能干层和非能干层间的能干性差异（反映在黏度比的大小）和厚度比的不同，可以形成不同的褶皱样式。兰姆赛和胡伯（Ramsay & Huber，1987）比较详细地讨论了这种情况，提出了六种可能的模式（见图10-14）。

设能干层和非能干层的黏度和厚度分别为 μ_1、d_1 和 μ_2、d_2。令 $n = d_1/d_2$。

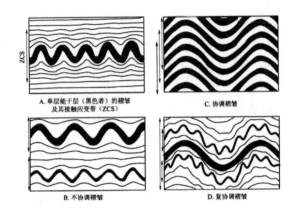

图5-30　接触应变带与多层岩系的褶皱之关系

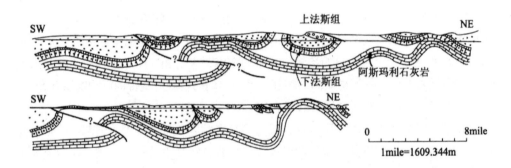

图5-31　穿过伊朗某油田剖面示意图

模式A：能干性差异低（μ_1/μ_2低），n值高（见图5-32A）

由于层间的黏度比小，因此褶皱的主波长厚度比（W_l/d）小。当黏度比很小时，褶皱的波长将小于能干层的厚度，从而沿能干层的边界形成特征性的尖圆形态。由于n值大，相邻能干层的间距将大于其所形成的褶皱的接触应变带的宽度，各个层褶皱的接触应变带不相重叠，各层的背斜和向斜将互不相干而成为不协调褶皱。当非能干层被剥蚀而出露了能干层的界面，就形成了窗棂构造。

模式B：μ_1/μ_2低，n值中等（见图5-32B）

当n值变小到相邻能干层的接触应变带相互重叠时，能干层的褶皱互相影响，形成协调褶皱。由于μ_1/μ_2较小，岩层总体的性质相似，大致均匀的压扁作用对褶皱的几何性质能造成很大的改变。能干层和非能干层都受到压扁而使褶皱两翼变薄和转折端的加厚，形成压扁的平行褶皱。进一步的压扁，可使岩层形成近于相似褶皱。尤其是非能干层的应变更为强烈，在翼部可被压得很薄甚至尖灭，而在转折端处集中。

模式C：μ_1/μ_2低，n值低（见图5-32C）

当n值小到使相对能干层十分接近的情况下，非能干层很薄。紧密堆积的黏度相似的岩层，很可能将发生普遍的压扁而不显示出特征的主波长。只在岩层局部缺陷处形成一些波长不规则的层的扰动。

模式D：μ_1/μ_2高，n值高（见图5-32D）

在这类能干性差异大的岩系中，顺层压缩将使纵弯褶皱迅速发生，能干层只可能发生很小的初始顺层缩短。沿褶皱层中线测量的弯曲的波长W_a与初始波长W_i近似，能干层通常表现为1B型平行褶皱。由于相对于厚度的波长大（W_i/d大），所以各层的接触应变带宽。当能干层之间的距离小于接触应变带的宽度时，各个能干层的褶皱互相影响，整个岩系形成协调褶皱。在进一步压缩过程中，随着褶皱的波幅增大和紧闭度增强，褶皱的翼部逐渐转向轴面靠拢，与总体的挤压方向成大角度，从而可能受到轻微的压扁，形成1C型褶皱。夹于能干层之间的非能干层在翼部受到强烈的压扁并在转折端集中，形成2或3型褶皱。总体形成近似于2型的相似褶皱。随着强烈的总体缩短，褶皱两翼旋转到与总体缩短方向近于垂直，受到强烈的顺层拉伸，能干层可能形成肿缩构造或香肠构造。

模式E：μ_1/μ_2高，n值中等（见图5-32E）

原有能干层间的非能干层很薄，这时既要保持褶皱的总体协调性，又要维持能干层的厚度基本不变，形成的褶皱以具有狭窄的转折端和平直的两翼为特征，即为尖棱褶皱。褶皱翼部的非能干层通常经历了强烈的顺层简单剪切应变，而在转折端大大地加厚。进一步压缩甚至可形成转折端处的鞍形层间剥离，若被同构造分泌的成矿物质充填就可形成鞍状矿脉（见图9-31）。

模式F：μ_1/μ_2高，n值低（见图5-32F）

这种情况相当于一套薄的能干岩系，层间只有少量的起滑润作用的软弱物质。这时，褶皱的初始主波长变得难以确定，形成不规则波长的褶皱，以直翼和棱角状转折端为特点，其轴面不再近于垂直初始的岩层。岩层通过局部的旋转而形成膝折带，其轴面通常与初始层理成60°左右的交角。两组膝折带组成共轭膝折褶皱或手风琴式褶皱。

这一套模式为我们进一步了解褶皱形态的多样化提供了一个很好的思路。当然实际情况远远要复杂得多。比如，各能干层的厚度、黏度以及其间距不一定一样，各种不同的组合可使褶皱更多样化。

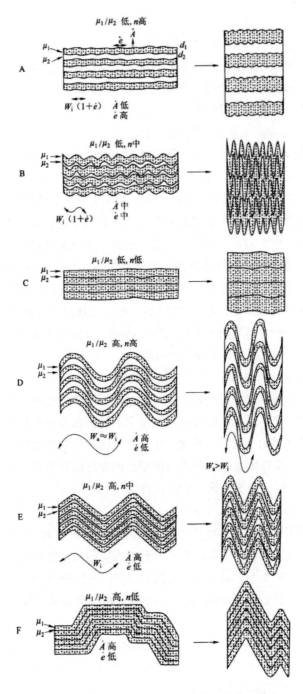

图5-32　多层规则相间的能干层的褶皱发育模式

如果各能干层具有不同的黏度和初始厚度，则在褶皱中每一层既要按其与介质的黏度比及其厚度而形成本身的特征主波长，又要受到系统中相邻层褶皱波长的影响。如图10-11D中，薄的能干层形成小的波长，而厚的能干层形成大的波长。结果，薄的能干层既形成其特有的小波长褶皱，又与厚层一起共同形成大波长的褶皱，这种褶皱称为复协调褶皱。在进一步压紧的变形中，大褶皱翼部的小褶皱被变形成不对称褶皱：与大褶皱翼部成小角度相交的一翼与总体的压缩方向成大角度相交，因而受压扁而变长；另一翼与总体压缩方向近于平行，因而受压缩而变短。最后，在大背形的左翼和右翼分别形成了Z型和S型的小褶皱。大褶皱转折端处的小褶皱只被进一步压紧，仍为对称的M型褶皱。这种小褶皱也称从属褶皱或寄生褶皱。根据这种小褶皱的分布规律，可以判断其所处的大褶皱的部位。

三、纵弯褶皱层内的应变分布与小型构造

纵弯褶皱内各部分的应变特征，取决于岩层的弯曲方式及变形过程中压扁作用的影响。层的弯曲必然引起层内各部分质点的相对位移，从而导致应变。层的弯曲方式可简单化为两种基本模式。一种是由于层的切向长度变化而形成的单层弯曲，类似于平板梁末端加压而造成的弯曲，由于层的中部有一个无应变面，所以也称中和面褶皱作用。另一种是由平行层面的剪切而调节了层的弯曲，如果剪切应变集中于层间，则称为弯滑褶皱作用，一叠卡片的弯曲就是这种弯滑褶皱；如果剪切应变透入性地散布于整个层中，即剪切作用发生在晶粒或晶格尺度上，宏观上没有明显的滑动面，则称为弯流褶皱作用。压扁作用始终存在于整个褶皱过程中，如上所述，由于岩层的平均韧性和韧性差（或能干性差异）的不同，对褶皱内的应变特征会有不同的影响，从而造成更为多样的应变分布型式。而应变分布型式决定了其中可能发育的次一级构造（或称为小构造）的类型和展布方向。

1. 中和面褶皱作用

当被褶皱的岩层与介质的黏度比（即韧性差）较大时，褶皱的能干层常呈中和面褶皱的方式而弯曲。其层内的应变特征为：

（1）因为变形仅仅是环绕褶皱轴的弯曲作用，所以在理想的情况下，平行褶皱轴方向没有变形，褶皱是一种平面应变，褶皱轴平行于区域的中间应变轴（B）。

（2）褶皱层在褶皱各处的垂直层面的厚度（真厚度）不变，典型的褶皱形态是1B型平行褶皱。

（3）虽然褶皱层的总体厚度不变，但其内各个部分发生了顺层的长度变化以调节层的弯曲，兰姆赛称其为切向长度应变。它表现为褶皱层的外弧伸长和内弧缩短，

其应变分布型式如图5-33B和图5-34A所示。接近岩层的中部，有一个既无伸长也无缩短的无应变面，称为中和面或中性面，其面积或横剖面上层的长度在应变前后保持不变，其上的变形前的圆形标志体变形后仍为圆形。层内各部分的长度应变量与其到中和面的距离有关。如图5-33A中，因为，l=r θ，l+△l=（r+t'）θ，由此可得：

$$\Delta l = lt' / r; e = t' / r$$

式中：l为距中和面距离为t'的褶皱面的初始圆弧长度；△l为变形后弧增加的长度；r为中和面的曲率半径，e为该褶皱面在此处的线应变（Ramsay，1967）。各点应变椭圆的压扁面（45°），在中和面外侧平行于层面；在中和面内侧垂直于层面，呈正扇形排列。

由于岩石在变形时的韧性不同，按照褶皱层内应变分布的型式，可形成不同类型的小型构造。

在岩石韧性较小的条件下，褶皱层的外侧受平行层的拉伸可形成垂直层理的张裂（见图5-33C）。这些张裂通常被同构造分泌的结晶物质所充填，形成向褶皱内核收敛的正扇形排列的张裂脉。由于最外侧的应变最强，向内逐渐减弱，所以张裂由层的外侧逐渐向内发展，形成尖端向内的楔形脉。随着外侧张裂脉的向内发展，中和面逐渐向内迁移，最后甚至可形成切穿整个层的扇形张裂脉。在岩石韧性稍大时，一般发育的是剪裂，外侧受拉伸形成正断层式的高角度共轭剪裂，进一步发展可形成背斜顶部的地堑。内侧受挤压可形成逆断层式的低角度共轭剪裂。

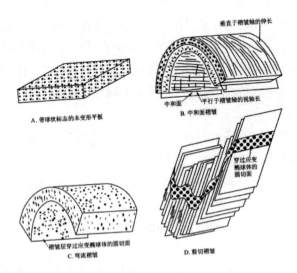

图5-33　褶皱作用的简化模式

在地壳的较深处，当岩石的韧性增大到发育劈理时，在褶皱层的外侧受顺层拉伸而形成顺层劈理；在层的内侧受垂直层理的挤压而形成正扇形劈理（见图5-34A）。

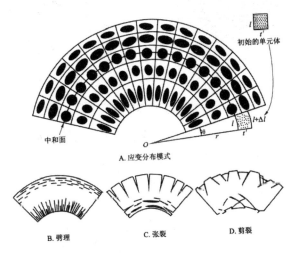

图5-34　中和面褶皱的特点

2. 顺层剪切作用

在顺层剪切作用中，褶皱岩层的弯曲由顺层的剪切来调节。一般较弱岩层在形成等厚的平行褶皱中，常以透入性的顺层剪切的弯流褶皱作用为主。在多层的薄层能干层间结合不牢固或层间夹有很薄的弱岩层时，应变集中于层间的差异性顺层剪切，则以弯滑褶皱作用为主，而薄层的能干层本身是以中和面褶皱作用来调节其弯曲所引起的内部的微量应变。

弯滑褶皱和弯流褶皱在宏观上具有共性，可以用一叠卡片的弯曲来模拟其应变（见图5-35）。在卡片叠的一侧画上一系列的圆，然后将卡片弯曲。仔细观察，可以看到褶皱是通过卡片间的滑动来完成的，各个卡片间的变形是不连续的，是一种弯滑褶皱。当卡片很薄，宏观看时，可以看作变形是连续的，这些圆都被顺层简单剪切而变成椭圆，是一种弯流褶皱。如果在未变形的卡片叠的一侧，画上一系列其一边平行层面的正方形网格，弯曲变形后，可以根据变歪的网格来确定各部分的应变椭圆长轴的方位及其轴比。其基本特点是：

（1）因为变形是由围绕褶轴的弯曲和褶皱面上垂直褶轴的简单剪切而成，所以，褶皱是平面应变，在褶轴方向上没有应变，任何一点的中间应变轴都与褶轴平行；因为变形是顺层的简单剪切，所以，垂直层面的层的原始厚度保持不变，典型的褶皱形态是1B型平行褶皱，但层内没有中和面。

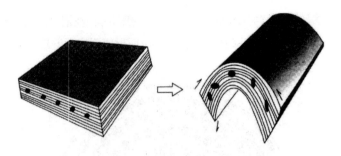

图5-35　顺层剪切褶皱的卡片模型示意图

（2）褶皱面为剪切面，相当于应变椭球的圆切面，其上无应变（见图5-33C）。

（3）在垂直褶轴的正交剖面上，可以看到最大应变轴方向从两翼向弯曲的顶部收敛，呈反扇形排列。应变强度与翼间角大小有关，在拐点处应变最强，在转折端处无剪切应变。

在弯滑褶皱中常可形成一些次级小型构造。由于层间滑动，常可在层面上形成垂直于褶皱枢纽的擦痕，擦痕所指示的方向是上层相对于下层向背形的转折端滑动。

如果两能干层间有少量韧性较大的软弱的夹层，如灰岩层间的薄层页岩夹层或白云岩层间的灰岩夹层，由于能干层间的滑动可使其形成层间劈理。这种小褶皱的轴面或劈理面代表层间剪切应变的压扁面，因此它们的方位可以指示层间剪切运动的方向和应变量的大小。它们在褶皱的横剖面上与层理斜交，与层理的锐夹角指向外侧岩层的滑动方向；与层理斜交的程度反映了剪切应变量的大小，应变量越大其夹角越小。这种构造相当于小型的顺层剪切带。值得注意的是，层间滑动的强度与所处的褶皱部位有关，在褶皱翼部最大，而向转折端趋向于零。所以，这种由层间滑动引起的劈理在褶皱翼部最发育，与前述由压扁作用引起的分布于整个褶皱的轴面劈理不同。

在岩石比较脆性的条件下，层间滑动可形成层间破碎带。由于能干层弯曲所产生的几何学的空间效应，常可在褶皱的转折端形成虚脱的鞍状空间。通常这种同构造产生的空间多为同构造分泌物质所充填，形成顺层的或鞍状的脉，如著名的澳大利亚维多利亚的Bendigo金矿的矿脉就是沿一系列的背斜鞍部形成的。弯流褶皱作用一般发生在韧性较大的岩层中，以发育反扇形劈理为特征，通常发育的是板劈理，劈理的排列型式和发育程度反映了应变的方向和强度。

3. 压扁作用的影响

如前所述，在褶皱过程中，由于整套岩层的平均韧性和韧性差的大小不同，岩层在垂直于压力方向的总的顺层压扁（或应变速率）与层的失稳弯曲（或扩幅速率）

之间存在着互相消长的关系。如果岩层间的韧性差较小而平均韧性较大，则压扁作用可以在能干层明显失稳弯曲之前就发生，一直延续到褶皱后期。反之，如果岩层间韧性差较大，则在能干层失稳弯曲之前，它可以没有发生显著的顺层压扁，而形成典型的肠状褶皱。两者之间存在着完全的过渡，从而使褶皱内的应变分布更为复杂。

在褶皱发生之前的压扁作用，将使层受到均匀缩短而使其厚度增大。各点的应变椭球的压扁面（可能发育劈理的方位）垂直于层面。在其后的褶皱中，叠加上由岩层弯曲引起的应变而成为一种新的应变型式。图5-36表示了前期顺层压扁叠加了由顺层剪切而弯曲的应变型式。与只是顺层剪切而弯曲的应变不同，在褶皱的转折端发育与层理垂直的压扁面，成为典型的反扇形排列的压扁面（可能的劈理面）。

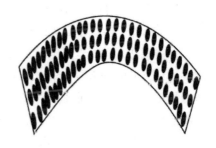

图5-36 褶皱前的压扁作用对弯流褶皱内应变分布型式的影响

褶皱之后的压扁作用，使由弯曲造成的各点的应变椭球又受到均匀的压扁，使各点的压扁面逐渐向轴面方向旋转。图5-37为中和面褶皱之后又受到均匀压扁的情况。图中在压扁应变达50%时，层内已不存在中和面。压扁作用的最终结果可使各点的压扁面接近平行于褶皱的轴面。这时一般就形成轴面劈理。

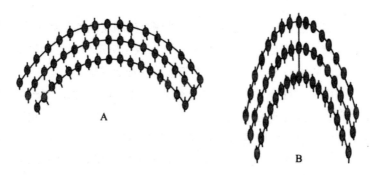

图5-37 压扁作用对中和面褶皱的应变分布型式的影响

褶皱后压扁作用的结果，使褶皱两翼向轴面靠拢，因而逐渐与总体的压扁方向近于垂直，从而使翼部岩层因压扁而变薄，夹于韧性变形基质中的薄的能干层，则可在翼部石香肠化。

4. 纵弯褶皱中可能发育的劈理型式

对变形岩石的应变测量表明，劈理面的方向一般代表了应变椭球压扁面的方向，劈理的密集程度反映了应变的强度，因而与褶皱伴生的劈理型式形象地反映了褶皱层内的应变型式。

前述的几种弯曲方式与压扁作用的不同方式的联合可以形成多种劈理的型式。它们主要取决于岩层间的平均韧性和韧性差（能干性差异）的大小。兰姆赛和胡伯（Ramsay & Huber，1987）以两种典型现象为例，作了简单化的分析，有助于我们了解自然界多种多样的劈理组合。

（1）高能干性差异 $\mu_1/\mu_2 > 50$（见图5-38A）

如前所述，这种岩层组合在褶皱变形时能干层很快失稳弯曲，以中和面褶皱的型式变形，形成1B型平行褶皱。在强烈变形时，两翼可以向轴面收拢。在褶皱后期压扁作用的影响下，能干层可以有少量的韧性变形而形成1C型顶部稍加厚的褶皱。周围的韧性介质（非能干层）以均匀压扁为特点，在能干层接触应变带之外，形成与挤压方向垂直的劈理，即平行于能干层褶皱的轴面劈理。在能干层褶皱的接触应变带内，如果岩层间没有滑脱，则受能干层应变型式的影响，形成了特有的应变型式。

图5-39是垂直褶皱轴的剖面，其上表示了围绕着能干层褶皱转折端的有限应变轨迹。

图中最大主应变轴（$1+e_1$）的方向，相应于可能发育的劈理面（相当于压扁面）在剖面上的交迹。

如前所述，能干层P为中和面褶皱，其外侧受到顺层的伸长和垂直层理的压缩，可能形成顺马劈理；内侧受到顺层的压缩，常形成正扇形劈理，如果受到后期压扁作用的影响，叠加的压扁可以使其形成近于平行的轴面劈理。

在能干层周围的韧性介质Q中，在能干层弯曲的内侧，总体的压扁和弯曲内侧的附加压扁之和，使其受到强烈压扁，压扁面常平行于褶皱轴面，相应地发育强烈的轴面劈理。在能干层被压紧成Ω形的肠状褶皱的情况下，最大的附加压扁处位于被紧压两翼的内侧，从而使劈理成束状，同时内侧的弱岩层在转折端强烈加厚，形成3型褶皱（见图5-37A的右图）。在能干层弯曲的外侧，弱岩层在总体压扁的背景上，受到沿能干层外侧附加拉伸应变的叠加，形成了一个三角形的（$1+e_1$）应变的轨迹，其中心为一无应变的中性点，相应地可形成特有的三角形劈理型式，上部主体形成反扇形的劈理。

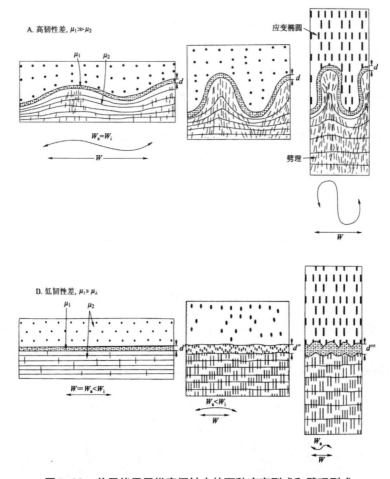

图5-38 单层能干层纵弯褶皱中的两种应变型式和劈理型式

从图5-39中还可以看出，（$1+e_1$）的轨迹在不同能干性的层中，发生了明显的方向变化。在弱岩层中，其与层理的夹角小而密度大，反映其受到相对强烈的应变；而在能干层中，其与层理的夹角大（近于垂直），且间隔也较大，反映其受到的应变较小。当发育劈理时，就发生了劈理方位横过层理的改变，即劈理的折射现象。

（2）低的能干性差异和较大的平均韧性（见图5-38B）

在这种情况下，整套岩系在发生褶皱以前受到了普遍的顺层缩短。在褶皱发生之前，能干层以及周围的介质中各点的有限应变椭球均以其压扁面垂直于层理（见

图5-38左图）。当初始褶皱的幅度较小时，整套岩系仍以总体的压扁为主，可形成垂直层理的劈理（见图5-38B中图）。当能干层的褶皱开始明显时，能干层形成了波长厚度比较小的平行褶皱，褶皱的外侧受到顺层拉伸而内侧受到缩短，使层内原有的均匀压扁应变叠加了由于弯曲而产生的附加应变，使各点的应变椭球的（$1+e_1$）轨迹呈正扇形；而在接触应变带内的弱岩层中，形成反扇形的（$1+e_1$）轨迹（见图5-38B右图）。因而，通常形成了能干层中的正扇形劈理和其周围弱岩层中的反扇形劈理。随着变形的继续，总体的压扁作用将越来越显著，能干层不再能保持其厚度不变而受到强烈的压扁，形成尖圆型褶皱，正扇形的（$1+e_1$）轨迹又被压扁而向平行褶皱轴面方向旋转，最终可接近平行，相应地发育轴面劈理。

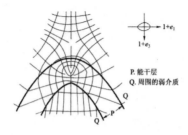

图5-39　能干层褶皱转折端附近的应变轨迹示意图

图5-40表示不同情况下可能出现劈理型式。图5-40A、B和C分别表示了从无以及有些和强烈初始顺层缩短的褶皱中的劈理型式。图5-40D表示在强烈压扁作用下的压扁褶皱，伴有近似于平行轴面的劈理。

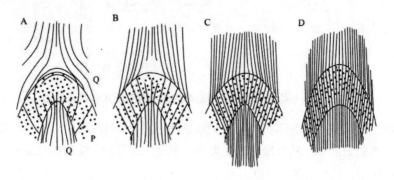

图5-40　不同情况下褶皱中的劈理型式

在强弱岩层互层的情况下，经常见到强岩层形成1B型或1C型褶皱，伴有正扇形劈理。有时在原有劈理的基础上，因层的弯曲使其外弧受拉伸而形成正扇形的楔形张裂脉。而弱岩层形成1C型到3型的顶部强烈加厚的褶皱，伴有反扇形劈理。当整个岩系的韧性差越小和平均韧性越大，则压扁作用越强，就可形成贯穿整套岩层的轴面劈理，但仔细观察仍可分辨出在相对能干层与非能干层之间的劈理型式的差别和横过层的劈理折射现象（见图5-40D）。

在野外地质调查中，可以根据露头上劈理与岩层的产状关系及劈理的型式来判断其所处的构造部位和岩层的面向。图5-41示在造山带的板岩带中常见的倒转褶皱中的劈理和层理的关系。在褶皱的转折端，劈理与层理近于垂直；在褶皱的正常翼，劈理与层理倾向一致，劈理倾角比层理的大；在褶皱的倒转翼，劈理倾向与层理的一致，但其倾角比层理的小。根据这个关系，可以判断层理的面向和其所处的构造部位图（见图5-41，图5-42）。在多期变形区，早期的褶皱的轴面劈理（或片理）又可能发生褶皱，则不能简单地用劈理与层理的倾角关系来判断岩层的正常或倒转，但仍可能依据不同期劈理与层理的关系来判断其所处的构造部位。图5-43左侧为一向形背斜，从劈理的型式，可以判断岩层应为向左下侧收敛的向形。结合原生沉积构造，如递变层理和交错层理等，就能判断出这是一个面向下的向形背斜。

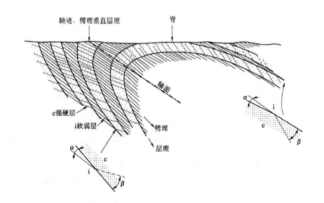

图5-41　倒转褶皱中劈理与层理的关系

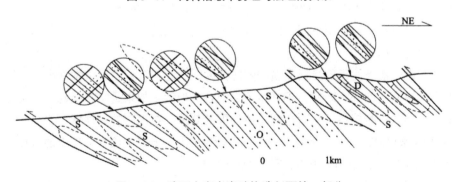

图5-42　陕西安康南秦岭构造剖面的一部分

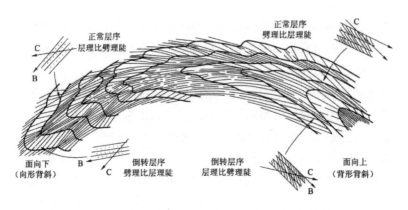

正常层序
层理比劈理陡

正常层序
劈理比层理陡

面向下
(向形背斜)

倒转层序
劈理比层理陡

倒转层序
层理比劈理陡

面向上
(背形背斜)

图5-43　复杂褶皱中的层理（B）和劈理（C）的关系

四、横弯褶皱作用

岩层受到与层面垂直的外力而发生弯曲的作用称为横弯褶皱作用。由于沉积岩层变形前的初始状态一般是近于水平的，因此，横弯褶皱作用的外力是垂向的。横弯褶皱作用可以是由于基底断块的升降引起盖层弯曲的强制褶皱。深埋地下的密度较上覆岩层小的盐类层或其他高塑性物质，因重力上浮的底辟作用，也可引起其上覆层的横弯褶皱。在沉积盆地中，常见基底的差异性升降与沉积作用同时，则形成了同沉积褶皱或同生褶皱。

底辟作用是一种特殊的褶皱作用，是深埋地下的密度较小的岩盐、石膏或黏土等低黏性易流动物质，在构造力或重压下的浮力的作用下，向上流动，拱起甚至刺穿上覆岩层而形成的构造。底辟构造通常在上部呈被正断层切割的穹隆或短背斜。核部是由膏盐类物质组成的构造称为盐丘，由岩浆强力侵位形成的底辟构造称为岩浆底辟。由于盐丘核部是具有经济价值的盐类矿床，且穹状构造是有利的储油构造，因而，它是石油构造中的一种重要类型。横弯褶皱的一般特征是：

（1）与纵弯褶皱作用不同，横弯褶皱中，受褶皱的岩层整体处于拉伸状态，各个层内没有中和面。

（2）由于褶皱的顶部受到最强的侧向拉伸，因此在沉积岩层中常常由于顺层的拉伸而形成高角度的正断层，于背斜顶部组合成地堑；如果是穹状隆起，则可形成放射状或环状正断层系，从而达到总体伸展的效果。在深部的韧性域，岩层受拉伸可形成1A型顶薄褶皱。如果是沿一条基底断层的差异升降，则在盖层中通常形成大型挠曲。地面上见到的挠曲向深部可过渡为断层。

（3）同沉积褶皱中，背斜表现为水下隆起，向斜表现为水下凹陷，从而可引起同时沉积层的岩相和厚度的变化。在背斜顶部岩层的厚度变薄，有些层位甚至缺失；而在向斜中心，沉积层的厚度增大。背斜顶部常沉积浅水的较粗粒物质；而向斜中心则沉积细粒物质。这种褶皱一般为开阔褶皱，两翼倾角十分平缓。由于褶皱与沉积的同时性及岩层厚度从顶部向翼部的增厚，使得褶皱两翼的倾角在剖面的上部平缓，向下逐渐变陡。在含油气和煤盆地中，这种褶皱具有重要的实际意义。

五、剪切褶皱作用和柔流褶皱作用

1. 剪切褶皱作用

剪切褶皱作用是岩层沿着一系列与层面交切的密集面发生不均匀的剪切滑动而形成的褶皱。它一般发生于韧性较大的岩系（如膏盐层）或处于地下较深层次的层状岩系（或含有板状岩体的块状岩系）的韧性剪切带中。在这种情况下，整套岩系的平均韧性较大，各个岩性层间的韧性差极小而趋于均一化。在这种条件下变形时，岩性差异不再具有力学意义上的不均一性，不同岩石间的界面只作为标志层或面，由于差异性剪切而发生被动地改变方向，从而似乎发生了层的"褶皱"。剪切褶皱可以用一叠卡片的不均匀剪切滑动来模拟。在卡片叠的侧面画上一个与卡片斜交的层。使卡片叠发生不均匀的剪切滑动，则卡片侧面的层就会发生方向的改变而形成褶皱。因为，这种褶皱过程中，岩性层只是被动地褶皱，所以，这种褶皱也称为被动褶皱。

剪切褶皱作用所形成褶皱的主要变形特征是：

（1）因为褶皱是简单剪切变形造成的，所以，剪切滑动面就是褶皱中每一点上应变椭球的圆切面或无应变面，其上的圆形标志变形后仍为圆形。每一点的应变都是平面应变，其中间应变轴位于剪切面上与剪切方向垂直。

（2）褶皱轴面平行于剪切滑动面。褶皱轴向平行于滑动面与岩层的交迹。由于剪切运动的方向不一定垂直于岩层在剪切面上的交迹。由于剪切运动的方向不一定是中间应变轴的方向。在一条剪切带中，原来不同方向的界面（如不整合上下的层面、早期褶皱两翼或不同方向的岩脉等）其褶皱的轴面一致但轴向不一定一致。

（3）因为剪切面上无应变，且褶皱轴面平行于剪切面，所以，平行轴面测量的层的厚度在变形中保持不变，是典型的2型相似褶皱。垂直层理的厚度在褶皱转折端最大，相当于层的初始厚度 t_0。t_α 在褶皱翼部显著变薄。变薄的程度与剪应变量或层的倾角有关；

$$t_\alpha = t_0 \sin \alpha$$

式中：α 为层面与剪切面（相当于轴面）的夹角，它与层面的初始产状以及剪切应变的大小有关。

（4）在褶皱层中没有中和面，理想的剪切褶皱由简单剪切作用形成，沿剪切方向的各个点的应变是相同的，因此，沿褶皱轴面方向的剪应变是一致的；由不均匀的剪切（横过剪切面的应变量是变化的）才能造成岩层的方向变化而形成"褶皱"，所以，在褶皱轴面两侧的相对剪切方向应当是相反的。在背形的左翼是左行剪切；在其右翼是右行剪切。因此，褶皱层内各点的应变椭球的压扁面是向着背形顶部收敛的。如果发育劈理，则形成向背形顶部收敛的反扇形劈理。

2. 柔流褶皱作用

这是一种固态流变条件下的褶皱作用，发生在具有高韧性和低黏度的岩石中，岩石可以呈类似于黏性流体发生粘滞性流动。盐丘核部的盐褶皱就是一种典型的、在地表浅处形成的流褶皱。冰川中的冰层褶皱则是地表条件下的流褶皱。

深变质岩和混合岩化岩石中，也常发育形态非常复杂的流褶皱。由于物质的持续地黏性流动，不仅有层流，亦可有紊流，因而常造成十分复杂的形态。在比较简单的层流条件下形成的流褶皱，仍有规律可循，实质上是一种肉眼看不到剪切面的剪切褶皱，可以再造其所反映的物质运动方式。在紊流条件下形成的复杂褶皱，已很难再造其运动学图像，因此对区域应变场和应力场的分析已无实际意义，但仍可以说明其变形时所处的条件。

第六章　节理与断层

第一节　节理

　　节理是岩石中发育的脆性破裂构造，沿着破裂面没有发生显著的位移。节理的发育使地质体原有的连续性遭到破坏，因此，节理常常为含矿流体（热液）的运移、分散、渗透和保存等提供了构造空间条件，一些矿区中矿脉的形态、产状、分布等与节理密切相关。节理也是石油、天然气和地下水的运移通道和储聚场所。许多壮观的自然风景，如我国南方的丹霞地貌与西北地区的雅丹地貌等自然风景，就是沿着沉积岩中有规律发育的不同方向的节理发生风化作用的结果。但是，大量发育的节理可以引起水库的渗漏和岩体失稳，为水库、大坝、桥梁、铁路等大型工程的地基基础稳定性带来隐患。所以，节理的研究具有重要的实际意义。此外，节理的产状、分布以及力学性质等与区域性褶皱、断层等大型构造有密切的成因联系。节理的研究有助于分析和阐明区域地质构造的形成和发展过程，因此，节理的研究也具有重要的理论意义。

一、节理的类型及主要特征

1. 节理的类型

　　节理有两种不同的分类：一类是根据节理与有关构造的几何关系；另一类是按节理的力学性质。

　　（1）根据节理与有关构造的几何关系的分类

　　作为一种小型破裂构造，节理在自然界中总是与其他构造伴生，且其产状与其他构造之间往往存在一定的几何关系。

　　1）根据节理产状与岩层产状之间的关系，可将节理分为：

　　走向节理：节理走向与岩层走向大致平行；

倾向节理：节理走向与岩层走向大致直交；

斜向节理：节理走向与岩层走向斜交；

顺层节理：节理面与岩层面大致平行。

2）实际研究工作中，还经常根据节理与其所在区域褶皱枢纽之间的关系，将节理分为：

纵节理：节理走向与褶皱枢纽平行的；

横节理：节理走向与褶皱枢纽直交的；

斜节理：节理走向与褶皱枢纽斜交的。

（2）根据节理力学性质的分类

根据节理力学的性质，可将节理分为剪节理和张节理两类。

剪节理：是剪切变形形成的具有微量剪切分量的破裂面。剪节理产状较稳定，沿走向和倾向延伸较远；节理面比较平直、光滑，有时具有因剪切滑动而留下的擦痕。剪节理未被矿物质充填时表现为平直的闭合缝，如被矿物脉体充填，脉宽较为均匀，脉壁较为平直。大量剪节理同时发育时，或者呈近等距、平行延伸的剪节理组，或组成X型共轭节理系。共轭剪节理的发育，将岩石分割成规则的菱形块体。

张节理：是破裂形成时剪切分量为零、总位移垂直于破裂面的节理构造。与剪节理明显不同，张节理产状通常不甚稳定，延伸不远；单条节理短而弯曲，节理面粗糙不平，无擦痕。张节理多呈开启状并被脉体充填，脉壁弯曲，脉宽变化较大。大量张节理共同产出时，常侧列产出或组成不规则的树枝状、网络状，有时因追踪早期形成的X型剪节理而形成锯齿状张节理，即所谓追踪张节理；也常见呈单列式或共轭雁列式张裂脉形式。需要指出的是，上述剪节理和张节理的特征是在一次变形过程中形成的节理所具有的。如果所研究的区域内经历了多次变形，早期形成的节理会遭受到不同程度的改造，后形成节理的特征可能较好地得以保存。另外，即使在一次变形中，由于各种因素的干扰，也会使得节理不一定具有如上所述的典型构造特征。因此，在鉴别节理的力学性质时，应该注意以下几个方面：首先，尽量选择那些未受后期改造的节理展开工作；其次，由于节理的形成可能会遭到局部因素的干扰和影响，因而只有通过对一定区域范围内一定数量观测点上的节理特点进行系统观测和分析对比，才有可能得出具有明确地质意义的结论；最后，鉴别节理力学性质应结合与节理有关的更大尺度的构造和岩石的力学性质进行分析。

由于节理可能形成于递进变形作用过程的不同发展阶段，或者已经形成的节理会受到后期变形的改造等，因此常常会见到一组节理具有两种不同力学性质特征或过渡特征的情形。如图6-1是一条主干节理及其派生节理的组合形式，这种节理形式表明主干节理具右旋剪切性质。但是，主干节理中充填的代表节理两侧岩石相对运动方向的石英纤维晶体，却与主干节理壁以约50°角度相交，而该方向与张应力作用方向一致。这种现象说明，在剪切滑动过程中或其晚期阶段，由于张应力的作用使得已经形成的剪裂面被拉开了。此外，派生分枝节理中的石英纤维晶体，在分枝节理末端垂直于节理壁，而在与主干节理汇合部位呈现为与节理相交60°的夹角，这说明分枝节理的末端是张性的，与主干节理汇合部位为张剪性的，主干节理为剪应力和张应力同时作用的产物，应属张剪性节理。

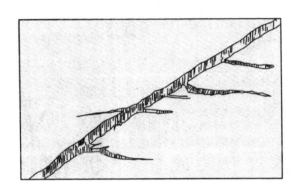

图6-1 北京西山一条张剪性节理示意图

2. 节理面羽饰构造

发育羽饰或羽扇构造是节理面的重要特征。羽饰是发育于节理面上的羽毛状精细饰纹，曾经有羽毛状（feather）、羽状（plume）、羽痕（plumose）构造等不同的表述方式。尽管早在19世纪末期羽饰构造就已经被发现，但是直到20世纪中期才引起人们的注意，并进行了几何形态与结构特征的详细描述，以及形成机制的探讨与分析。羽饰构造具有不同的几何学形态与结构特征，最常见的是呈"人"字形，有时呈放射状或环状，或构成复合过渡形式。羽饰构造既有对称型的，但更多的是非对称型的：有直线型的，也有曲线型的。

发育完好的羽饰构造一般包括以下几个组成部分：羽轴、羽脉、边缘带、边缘节理和陡坎（见图6-2）。羽轴是羽饰构造的中心线，羽脉自羽轴向外呈发散状延伸，在羽脉延伸的终端形成边缘带。边缘带通常由一组雁列式微剪裂面（边缘节理）和连接它们的横断口（陡坎）组成。有些羽饰构造没有明显的呈线性延伸的羽轴，而是羽脉自一个点状区域向外呈发散状延伸，而且经常可见多级羽饰构造叠次组合共同发育的情形。羽饰构造形成于多种岩石之中，以砂岩、粉砂岩等细碎屑岩中最为常见，也见于细粒变质沉积岩，以及玄武岩等岩浆岩中。羽饰构造规模较小，宽度一般为数厘米至数十厘米，也有数米宽者。其发育规模与岩石的粒度有关：粒度越小，羽饰越小，羽脉越细；颗粒越均匀，发育的羽饰越完整。

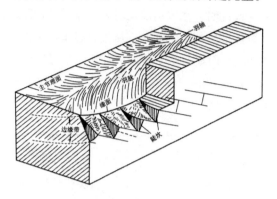

图6-2　羽饰构造示意图

羽饰构造的形成机制一直是一个争论的问题，曾有张裂成因、剪裂成因、张裂——剪裂复合成因等不同解释。主张张裂成因的学者认为，羽饰构造所在的主节理面是张裂面，主要依据是节理面上的羽饰完好，没有任何剪切滑动的迹象。坚持剪裂成因的学者认为，节理闭合时的雁列状微裂隙是剪切成因机制的重要标志，由于羽饰构造所在的节理面是剪应力刚刚达到或略微超过岩石破裂强度时而产生的萌芽剪裂面，因尚未滑动而保存羽饰。也有人认为羽饰构造是张剪性破裂面。

羽饰构造一般发育于浅层次脆性状态的岩石中，并且可能是在快速破裂时形成的。一般认为，羽脉发散方向指示节理的扩展方向，羽脉收敛汇聚方向和"人"字形尖端指向断裂源点。边缘带的边缘节理、陡坎与微剪羽列和反阶步类似，显示出剪切力偶方向。

二、节理的组合形式

1. 节理组和节理系

通常情况下，节理总是成群发育和产出，而且节理的力学性质、产状、空间分布等都表现出一定的规律性，构成一定的组合型式。为了便于研究并把握节理的形成和发育规律，为基础研究和实际应用服务，建立了节理组和节理系的概念。

节理组是指在一次构造作用过程中统一的应力场下形成的，产状基本一致、力学性质相同的一群节理，如发育在剪裂带中的张裂脉即构成一个节理组，近南北向展布、单脉规模较大的一系列脉体，可能又组成另外一个节理组。在一次构造作用的统一构造应力场中形成的两个或两个以上的节理组，则构成一个节理系。X型共轭剪切节理系是节理系的典型代表，共轭剪切系中的张裂脉组也构成常见的节理系。此外，对于在一次构造作用的统一应力场中形成的产状呈规律性变化的一群节理，也称为节理系，如一群放射状节理或同心状节理。实际工作中，一般都是以节理组、节理系为单位进行观测与统计分析，所以，识别和划分节理组和节理系，是节理研究中一项最为重要的基础工作。

X型节理系是剪节理的典型形式，两组剪节理的夹角为共轭剪裂角。两组剪节理的交线代表了三轴应力状态的中间主应力轴 σ_2 的方位，两组节理的夹角平分线分别代表最大主应力轴 σ_1 和最小主应力轴 σ_3 的方位，这是运用共轭剪切节理进行古应力场应力方向分析的基础。多年来，地质学家总认为X型剪节理的锐角平分线与 σ_1 一致，即最大主应力方向与剪切破裂面之间的夹角——剪裂角小于45°。然而实际观察却发现，共轭剪节理的共轭剪裂角有时可能等于甚至大于90°，即剪裂角可以等于或者大于45°。对此有地质学家作了一些探索并进行了不同解释。需要指出的是，实际工作中不应简单地把X型剪节理的锐角等分线作为 σ_1 的方位，而是应当通过仔细观察两组剪节理的剪切滑动方向来确定其所反映的应力方向。尽管沿着剪节理发生的剪切位移非常小，但是，在节理交叉处仍然可以鉴别出两组节理之间的切错关系。当两组剪切节理构成X型共轭剪切节理系时，必定一组为左行剪切，而另一组为右行剪切。这样，根据剪切运动方向的组合方式就可以确定最大主压应力的方位。

2. 羽列节理与雁列节理

羽列（pinnate）是指剪切破裂带内的次级破裂面与剪切带总体方向以较小的夹角互相错列（见图6-3之A组，图6-3B），相邻的次级破裂首尾端互相有所重叠。次级羽列面一般均较平整，在细粒致密的岩石中，裂隙面上常有羽饰构造。次级裂面或次级断层两侧岩石中的先有标志线常被水平错移，因此这组破裂面属剪切破裂性质。它们与剪切破裂带总体走向的交角（a）称为羽列角，一般小于15°。

雁列（enechelon）是剪切破裂带内次级破裂的另一种排列形式（见图6-3之B组）。它多表现为张剪性破裂面，单条破裂面可以成为宽大的透镜体或发生弯曲，所构成的破裂带可以有较大的宽度。由于雁列张节理经常为矿物充填，因此通常以雁列脉形式产出。雁列脉成带状展布的空间范围称为雁列带（见图6-3之 aa′ 与 bb′ 所围限的区域）。穿过各单脉中心而平分雁列带的中心面，称为雁列面。雁列面在雁列带横截面上的迹线称雁列轴（MV）。雁列面的产状即代表雁列带的产状。单脉与雁列面的锐交角为雁列角（β），一般为40°～50°，实际测量获得的数据表明 β 总是大于15°。

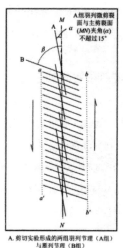
A. 剪切实验形成的两组羽列节理（A组）
与雁列节理（B组）

B. 北京三家店侏罗系砂岩中剪节理及其羽裂面

图6-3　实验产生与实际观察的羽列节理和雁列节理

雁列脉可以是单列产出，常为单剪作用的结果，也可以由左阶和右阶两条雁列脉交叉组合成共轭雁列脉。

在碳酸盐岩石分布地区，雁列节理或雁列脉是非常常见的一种小型构造，对于局部构造的运动学、动力学和可能的变形环境分析具有重要意义。雁列节理中的单一节理都是张节理，因此节理面包含了最大主应力和中间主应力，而节理面的法线方向代表了最小主应力的方向。据此，在节理分析中，在对一系列单一节理进行上述应力分析的基础上，就可以确定雁列带两侧岩石的相对剪切运动方向。一般地，左列排列的雁列张节理反映的是沿着雁列带曾发生右旋剪切；而右列排列的雁列张节理表明沿着雁列带发生了左旋剪切相对运动。当两组不同排列形式和剪切运动形式的雁列张节理或张裂脉同时形成时，即形成通常所谓的火炬状张节理，实际上就构成了以雁列带为剪切带的共轭剪切节理系。

雁列张节理被矿物充填形成雁列张裂脉时，在垂直于雁列带的侧面上有时表现为简单的中间较宽、两端呈尖棱状的"纺锤状"形态，而有时则呈现为S形弯曲或Z形弯曲的不规则形态。这实际上记录了递进构造变形过程。规则状的"纺锤形"张裂脉，基本上保持并记录了初始张破裂方位。在随后的持续变形过程中，这些矿物充填脉会作为变形标志物发生与剪切运动方向相同的旋转变形，从而形成S形或Z形的张裂脉形态（见图6-4）。而且，在这些变形脉体端部或者中间部位发育的新生破裂的方位，始终与初始张破裂方位保持一致，并且经常可见相对较晚形成的"纺锤状"张裂脉，切穿早期变形脉体的情形。实验岩石变形研究发现，在轴向压缩试验中，岩石中发育破裂的力学性质、排列形式与变形时的围压之间存在着密切联系。随着围压的逐渐增高，分别形成简单的轴向平行排列的张性破裂—单一雁列式的张性破裂—呈共轭剪切关系的雁列张节理系。因此，不同的节理发育和排列形式，也为我们间接提供了有关岩石变形环境围压条件的相关信息。

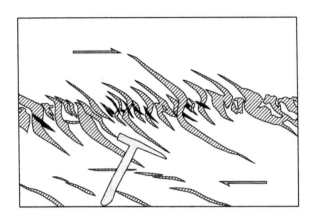

图6-4 递进剪切变形形成的Z型雁列张裂脉与新生张裂脉

三、与褶皱和断层相关的节理

1. 与褶皱有关的节理

在褶皱变形过程中，由于岩层的失稳弯曲，区域应力与岩层层面之间的空间相互关系在逐渐地发生着变化；而且，岩层弯曲和岩层之间相对运动产生的局部应力场，也将在褶皱变形伴生节理的形成过程中发挥作用。因此，在褶皱构造中有可能观测到在褶皱形成的不同阶段，由区域应力场、局部应力场分别控制或共同作用所产生的节理构造。在纵弯褶皱变形岩层失稳弯曲之前，区域性的顺层挤压作用可以在岩层中形成共轭剪切节理系，以及与区域最大主应力方向平行的张节理。岩层失稳弯曲开始发生褶皱变形时，褶皱岩层中和面以外的部分产生局部的张应力作用。如果在褶皱变形之前曾经形成共轭剪切节理，那么在该阶段将会在褶皱转折端部位的外侧形成追踪两组共轭剪切节理的"之"字形纵向张节理。如果岩层失稳弯曲之前未曾形成共轭剪切节理系，则在褶皱转折端外侧形成规则的纵向张节理。在褶皱转折端内侧岩层中，由于区域性的挤压应力叠加上局部的挤压作用，形成交线大致与褶皱枢纽平行的共轭剪切节理。

在纵弯滑褶皱作用过程中，褶皱核部岩层趋向于向远离转折端部位的方向运动，而褶皱外侧岩层向着转折端运动，因此在褶皱翼部形成局部的简单剪切作用区域，相应地形成与层面较大角度相交的张节理或张裂脉。它们或者呈比较规则的"纺锤状"，也有可能形成S形或Z形弯曲的张裂脉。同时，由于层间滑动引起的剪切作用还可以在里德尔剪切破裂方向上出现共轭剪切破裂。

2. 与断层有关的节理

实际工作中经常见到与断层伴生的节理构造，它们因断层运动学性质的不同以及断层发育区岩性的差异，而具有不同的空间产出状态以及不同的节理—断层相互关系。根据产生这类节理的应力场的不同，可以区分为与形成断层的区域应力场一致的伴生节理，以及由于断层两盘相对运动产生的局部应力场形成的次生节理。

如果断裂形成之后未遭受后期变形的改造，那么逆断层伴生张节理一般近水平产出并与断层面以较大角度相交，锐交角指向所在盘的运动方向。伴生剪节理可以构成节理面交线近水平的共轭剪切节理系，而且其中一组剪节理的产状大致与逆断层本身产状一致。在正断层附近，则可以见到近直立产出的伴生张节理。在走滑断层两侧还经常可见雁列状的伴生张节理等。当断层产状发生变化而产生局部次生应力场作用时，则会在断层产状变化部位形成局部的节理。

四、区域性节理与岩墙群

1. 区域性节理

区域性节理与局部的褶皱和断层没有成因上的联系，是区域性构造应力作用的直接结果。区域性节理通常发育范围广，产状稳定，规模大，间距宽，延伸长，可穿切不同岩层，在大区域范围内常构成一定的几何形式。在岩层产状近水平的地台上，常常见到这类稳定产出的区域性节理。1945年沙特茨基曾经指出，在俄罗斯地台上发育有四组节理分别是EW向、SN向、NE向和NW向展布的节理。北美地台沉积盖层中也发育有产状稳定、展布范围很广的节理。在我国广西褶皱变形平缓的河池西南地区，上古生界灰岩中就发育了一套X型节理，走向分别为60°和300°；河池以西上古生界灰岩中又发育了NE50°和NW350°两组呈菱形的节理。这些节理间距宽而稳，在上千平方千米范围内广泛产出，不受局部褶皱和断层的控制。

2. 岩墙群

区域性节理如被岩浆充填，则形成规律性排列的岩墙群。由于节理形成机制与排列形式的不同，岩墙群也会呈现出不同的区域分布型式。世界上著名的岩墙群有：加拿大地盾的元古宙基性岩墙群，苏格兰和爱尔兰北部的第三纪（古近—新近纪）岩墙群等。在我国华北中部晋冀交接地区，也发育有一系列NW向展布的中元古宙基性岩墙群，它们是沿着一组规则排列的区域性节理侵入而形成的。这类岩墙群一般反映了垂直于岩墙群展布方向上曾经发生过区域性伸展变形。

另外一种常见的岩墙群分布形式与上述大区域范围内近平行展布的岩墙群不同，在平面上具有放射状或同心圆状的分布特征，如美国科罗拉多西班牙峰附近的放射状岩墙群。这种岩墙群大多与较大规模岩浆侵位有关，垂直于地壳表面的主应力作用产生放射状和环状分布的破裂系统，岩浆沿着这些破裂面侵入，形成相应几何学分布形式的岩墙群系统。

需要指出的是，平面上呈环状分布的岩墙群可以区分为形成时间与空间几何学特征不同的两种类型。一种是在岩浆上侵作用阶段与放射状岩墙群同时形成的岩墙群，在空间上呈现为向下半径变小的倒锥状，称作锥状岩席或锥状岩墙群。控制放射状和锥状岩墙群发育的破裂也被称作岩浆动力学活动产生的节理。另外一种是在岩浆停止侵位逐渐冷却减压的过程中，岩浆房顶部收缩塌陷形成锥状裂隙并被岩浆灌入而形成的岩墙群，称为环状岩墙或环状岩墙群。产生环状岩墙群的破裂也被称为热收缩张节理。

3. 岩浆岩中的节理

侵入岩体在岩浆晚期冷凝阶段常发生脆性变形，形成产状不同、性质各异的节理。克鲁斯（Cloos，1920）根据侵入体中节理的产状及其与流动构造的关系，将侵入岩体中的节理分为以下几类：

层节理：又称L节理，是与流面平行的节理，常平行于岩体与围岩的接触面，产状一般较缓。

纵节理：又称S节理，是平行于流线、垂直于流面的节理，倾角一般较大。

横节理：又称Q节理，是垂直于流线和流面的节理，节理面粗糙、倾角大。

斜节理：又称D节理，是与流面和流线都斜交的两组共轭剪节理。

边缘张节理：常发育于侵入岩体的边缘，向侵入岩体中心倾斜，常切割接触面伸入围岩，总体呈雁行式排列。克鲁斯等利用塑料黏土进行了模拟实验。活塞缓缓上升模拟了岩浆向上流动，岩浆与围岩之间的剪切作用产生了边缘张节理。

上述岩浆岩中的节理构造也被称为岩浆岩原生节理构造。一些学者倾向于认为这些节理构造实际上是岩浆侵位过程中经变形而形成的次生构造。此外，由于克鲁斯的所谓原生节理分类是基于这些破裂构造与岩浆原生流动构造的相互关系来区分的，如果岩体中的流面、流线不能确定，也就无从确定上述原生节理的类型。研究发现，在花岗岩体中经常发育三组节理，一组是与地面近平行的平缓节理，另两组产状陡立，它们将岩体切成立方体或板状块体。从形成的时间上看，这三组节理很可能是岩体剥露过程中，在原生节理基础上发育的。产状平缓的节理属释压型节理，而两组陡立节理也很可能与岩体剥露于近地表过程中随着围压降低引起侧向扩展有关。

五、节理的研究

节理的研究大致可以概括为两种类型：一类是为了解决与工程地质、水文地质等相关实际问题而展开的应用性研究；另一类是解决与区域构造演化和具体构造形成机制相关的基础理论研究。前者的工作将围绕实际需要所涉及的区域范围展开工作，重点在于弄清节理的发育状况，包括发育密度、渗透性、产状特征以及节理发育与基底和边坡稳定性之间的相互关系等；后者则重点研究区域性节理或者不同具体构造部位节理的发育状况、节理的发育期次、力学性质及其所反映的区域构造应力场特征等。

根据实际研究需要、区域地质状况和节理发育特征等来确定观测点。首先，要选取露头良好、具有一定出露面积并可以在不同侧面进行观测的地方；其次，观测点构造特征明了，岩层产状稳定；再次，节理比较发育，节理组、节理系及其相互关系明确；最后，根据研究目标的需要，如果需要进行区域构造演变过程研究，应该考虑到研究区内不同构造层、不同构造、岩体和岩石组合中各种节理的系统观测。因此，可区分不同的构造层或节理发育区域，分别进行观测与统计分析。

1. 节理的野外观测

（1）地质背景

在对节理进行观测前，首先应了解观测地段的地质背景，即所属构造层及其组成，地层时代、岩性组合及其产状，褶皱构造和断层发育特征，以及测点所在的具体构造部位等。

（2）节理的力学性质和组、系划分

对节理要进行力学性质分类并划分节理组和节理系，然后以节理组和节理系为基本观察和测量统计单位，分别开展系统的测量和数据记录。

（3）节理的分期和配套

节理分期：就是将一定区域内不同时期形成的节理按期区分，厘定出节理形成的先后顺序。通过节理的分期，可以厘清区域内节理的形成发育史和分布产出规律，为研究一个地区的构造，恢复区域古构造应力场提供一定依据。节理的分期主要依据节理组之间的相互关系，具体可以区分为节理组的错开、限制和追踪。形成时间晚的节理切错前期的节理，即所谓错开。如果一组节理延伸到另一组节理前突然中止，这种现象叫作限制，被限制节理组形成较晚。如果两组节理互切，表明这两组节理是同时形成的，有时成共轭关系。至于节理的追踪，是后期节理顺早期节理面追踪发育，并常常加以改造。因此，一些晚期节理比早期节理更明显更完整。

节理配套：是指将在统一应力场中形成的各组节理组合在一起，反映一期共同的应力场。如一对共轭剪节理及其共生张节理组就组成一套节理。节理配套是对节理形成期次进行厘定的良好依据，也是进行构造应力场研究的重要工作内容。

（4）节理发育程度

已有研究证实，岩性、岩石组合和地层厚度等对节理的发育有明显影响。岩性对节理力学性质和发育程度的影响表现为：韧性岩层中剪节理比张节理发育。在同一应力状态下，韧性岩层中主要发育剪节理；脆性岩层主要发育张节理；韧性岩层中共轭剪节理的夹角常比脆性岩层中的夹角大。节理的间距或密集程度也因岩性和岩层厚度不同而存在差异，岩层越厚节理间距越大。层面的存在会降低岩石的强度，因此，岩性相同而层厚不等的岩石，在同样外力作用下，薄层中的节理间距小，更密集。为了确定节理密度与岩性、层厚的定量关系，在野外可以根据岩性和层厚选定一标准层，然后将不同层厚和岩性的岩石中测得的节理密度进行对比和换算，以求出其比值或系数。

节理发育程度常以密度或频度表示。节理密度或频度是指节理决线方向上单位长度（m）内的节理条数，即用"n条/m"来表示。如果节理很陡，可以选定单位面积测定节理数。此外，节理发育程度也可以单位面积内节理长度来表示。有时出于实际工作的需要，野外工作中还需了解节理的发育对岩石渗透性的影响，用所谓缝隙度（节理密度与节理平均壁距的乘积）进行定量表述。

（5）节理组合型式

岩石中的节理常组合成一定型式，将岩石切成形状和大小各不相同的块体。要注意观测节理组合型式和截切的块体所表现出的节理整体特征。应注意区域性节理的分级和等距性的测定。

（6）节理面特征

在节埋的野外研究中，应注意节理面的观察。观测内容包括：①节理面的形态和结构特征；②节理面的平直程度，是否有擦痕；③羽饰构造；④微剪切羽裂及其与主剪节理的几何关系。

（7）节理含矿性和填充物特征

节理常常是重要的含矿构造，应注意节理是否含矿以及含矿节理占节理总数的百分数。

在节理观测点上，对上述各方向进行观察的同时，要进行测量和记录。如果节理按方位和产状分组明显，每组中测量有代表性的几条节理，然后再统计这组节理的数目。测量和观察的结果一般填入一定表格或记在专用野外记录簿中，以便整理。

2. 节理观测数据的统计分析

（1）节理间隔和发育密度统计分析

节理的间隔和发育密度统计分析，是与应用相关节理研究工作中的重要研究内容。基于野外实际观测数据资料，对单位面积内发育节理的长度，或者单位长度范围内节理发育数目情况进行统计分析。同时，根据节理之间的间隔、节理面两壁之间的张开度，进行渗透情况的统计分析，为解决与水文地质、工程地质、环境地质相关的实际问题提供定量的基础地质资料。

（2）节理发育的优势方位统计

节理发育优势方位统计对于解决与工程地质相关的实际问题，以及与构造应力场和构造演化相关的基础地质问题等都具有重要意义。这项工作可以通过极射赤平投影空间方位统计分析的方法来进行。实际工作中，不仅节理面本身的空间产状统计分析具有重要意义，而且不同节理组之间交线的产状及其与天然或者施工挖掘面之间的相互关系，是更加需要关注的定量数据信息。

在与构造应力场分析相关的基础研究中，需要特别关注节理的形成与具体构造形成之间的相对时间关系，而且除了观测节理本身的产状之外，特别需要注意节理发育部位地层的产状数据的收集。如果确认节理形成之后曾随地层一同发生过褶皱或者其他变形或者旋转，那么对节理所反映的区域构造应力场的反演，必须建立在消除后期产状改变量的基础之上，亦即首先要通过极射赤平投影旋转操作恢复节理的原始产状。

3. 节理研究在区域构造分析中的问题

节理与一定构造、构造应力场具有特定的关系。因此，常常利用节理来研究其所在的大型构造的形成机制和构造应力场。但是，利用节理来研究应力场存在着一定的局限性，在通过节理研究来反演和分析区域构造变形的应力场等相关问题时，需要对这种局限性有所了解。

首先，在实际研究中需要区分非构造成因的节理和构造成因的节理。其次，在存在多期变形和节理叠加与改造的区域，由于不同阶段和区域构造的不同部位常有相应的节理组产出，其中既有区域应力作用的直接产物，也有局部应力作用的结果，应该通过节理力学性质特征及其分布状况加以区分。再次，节理研究与其他构造变形形迹研究密切结合，尽可能准确地对节理进行分期。复次，根据节理内部充填脉体内部结构和相应构造，分析其运动学过程和可能的构造层次。最后，注意多期变形地区节理可能形于不同阶段，并在后期变形中其产状、方位、力学性质都可能遭到改造，要进行应力场分析时必须考虑将节理产状恢复到初始状态。

虽然利用节理研究恢复古构造应力场存在着上述问题，但在构造变形总体比较弱或未遭受多次变形的地区，统计分析共轭剪节理及其反映的应力状态，对于重建古构造应力场主应力方位，仍然是重要并且行之有效的方法。

第二节 断层

断层是地壳表层中的破裂构造，被这个破裂面所分割的地质体沿着破裂面发生了明显的位移。大型断层常常是构成区域地质构造格架的主要构造成分，它不仅控制区域地质的结构和演化，还控制和影响着区域成矿作用。一些中、小型断层常常直接决定了某些矿床和矿体的产状。此外，活动断层直接影响水利、铁路、桥梁、核电站等大型工程建筑的选址和施工，沿着活动断层发生的地壳相对运动还会引发地震等。所以，断层的研究具有重要的理论和实际意义。

一、断层的几何要素和位移

1. 断层的几何要素

断层是一种次生面状破裂构造。断层面是一个将岩块或岩层断开成两部分并借以滑动的破裂面。断层面产状和其他面状构造产状一样，可以由其走向、倾向和倾角来表述。具有一定规模的断层，其断层面往往不是一个产状稳定的平直面，顺走向或倾向都会发生变化而具有曲面形态。

大规模的断层常表现为由一系列破裂面或次级断层组成的断裂带。断裂带可以由一系列产状和运动学性质相同的断层组成，其中还夹杂或伴生有错碎的岩块、岩片以及各种断层岩。断层规模越大，断裂带越宽越复杂。大断裂带还常常呈现一定规律的分带性。断层线是断层面与地面的交线，即断层在地面的出露迹线。断层线的弯曲形态取决于断层面的弯曲程度、断层面的产状以及地形的起伏。断盘是断层面或断层带两侧沿断层面发生位移的岩块。如果断层面是倾斜的，位于断层面上侧的一盘为上盘，位于断层面下侧的一盘为下盘。如果断层面直立，则按断盘相对于断层走向的空间方位来描述，如东盘、西盘或南盘、北盘。根据两盘的相对滑动，相对上升的一盘叫上升盘，相对下降的一盘叫下降盘。断层面和断盘统称为断层要素。

在地壳较深层次中形成的"断层"通常不表现为一个截然的破裂面，而是一个连续变形的带状区域，被该带状区域分割的两侧地质体发生相对运动，但是，地质体总体的连续性并没有遭到破坏，这种"断层"被称作韧性剪切带。

2. 位移

断层两盘的相对运动可分为直移运动和旋转运动。在直移运动中两盘相对平直滑移而无转动，两断盘上未错动前的平行直线运动后仍然平行。在旋转运动中两盘以断面法线为轴相对转动滑移，两断盘上未错动前的平行直线运动后不再相互平行。自然界中，多数断层常兼具上述两种运动。断层位移的方向和大小无论对于理论研究还是应用研究都具有重要意义。通常用断层滑距和断距两种术语系列来表示断层的位移量。

（1）滑距

滑距是指断层两盘实际的位移距离，即错动前的一点，错动后分成两个对应点之间的实际距离。两个对应点之间的真正位移距离称为总滑距（见图6-5A之ab）。

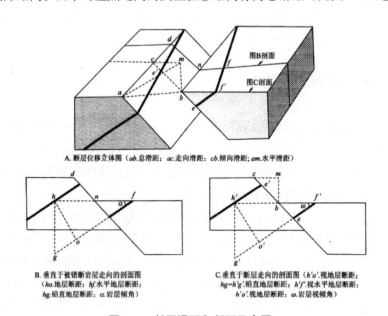

A. 断层位移立体图（ab.总滑距；ac.走向滑距；cb.倾向滑距；am.水平滑距）

B. 垂直于被错断岩层走向的剖面图
（ho.地层断距；hf.水平地层断距；
hg.铅直地层断距；α.岩层倾角）

C. 垂直于断层走向的剖面图（h'o'.视地层断距；
hg=h'g'.铅直地层断距；h'f'.视水平地层断距；
h'o'.视地层断距；ω.岩层视倾角）

图6-5　断层滑距和断距示意图

总滑距在断层面走向线上的分量称为走向滑距（见图12-2A之ac）。总滑距在断层面倾斜线上的分量称为倾斜滑距（见图6-5A之cb）。总滑距在水平面上的投影长度称为水平滑距（见图6-5A之am）。尽管断层总滑距真实地反映了沿着断层曾经发生的实际位移量，但由于断层位移前的一个标志点，在位移发生之后成为两个标志点以供确定断层滑距的情况非常少见，只是在地震断层位移之后而且未经外力地质作用（风化和剥蚀作用）的情况下才有可能实现。因此，用断层滑距表示断层位移量的方法虽然具有理论意义，但是在实际应用中缺乏适用性，尤其在研究地质时期形成的断层位移之时更是如此。为此，地质学家更多地采用断距表示断层位移的方法。

（2）断距

断距是指被错断岩层在两盘上的对应层之间的相对距离。在不同方位的剖面上，断距值是不同的，在垂直于岩层走向和垂直于断层走向的剖面上的各种断距分述如下：

1）在垂直于被错断岩层走向的剖面上可测得的断距有：

地层断距：断层两盘上对应层之间的垂直距离（见图6-5B之ho）。

铅直地层断距：断层两盘上对应层之间的铅直距离（见图6-5B之hg）。

水平地层断距：断层两盘上对应层之间的水平距离（见图6-5B之hf）。

以上三种断距构成一定直角三角形关系，即图6-5B上的△hof，其中a为岩层倾角。如已知岩层倾角和上述三种断距中的任一种断距，即可求出其他两种断距。

此外，在矿山开采中，为设计竖井和平巷的长度，还常常采用平错和落差一类表述断层位移量的断距术语。如图6-6，在垂直断层走向的剖面上，△xyz为一直角三角形，xy为落差，yz为平错。

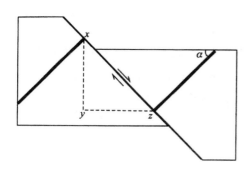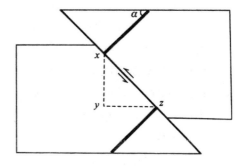

图6-6 断层平错（yz）和落差（xy）

二、断层分类

在对断层构造的研究中，可以从不同的方面对断层进行分类和描述。其中最常见的两种类型分别是根据断层与其他构造之间的相互关系，以及断层两盘相对运动方向对断层进行的分类。

1. 根据断层与有关构造的几何关系分类

（1）根据断层走向与所切岩层走向的方位关系，断层可以分为：

走向断层：断层走向与岩层走向基本一致。

倾向断层：断层走向与岩层走向基本直交。

斜向断层：断层走向与岩层走向斜交。

顺层断层：断层面与岩层层理等原生地质界面基本一致。

（2）根据断层走向与褶皱轴向或区域构造线方向之间的相互关系，可将断层分为：

纵断层：断层走向与褶皱轴向一致或断层走向与区域构造线基本一致。

横断层：断层走向与褶皱轴向直交或断层走向与区域构造线基本直交。

斜断层：断层走向与褶皱轴向与区域构造线斜交。

2. 按断层两盘相对运动方向分类

根据断层两盘相对运动方向与断层产状之间的相互关系，可将自然界中的断层大致分为以下几种基本类型。

（1）倾向滑动断层

断层两盘相对运动方向沿着断层倾向发生。其中又可以根据上、下盘岩块之间的相对运动方向进一步划分为两种类型：

正断层：断层上盘相对下盘沿断层面倾向向下滑动的断层。正断层产状一般较陡，倾角大多在45°以上，而以60°左右者比较常见。不过近年来的研究发现，一些正断层的倾角也可以很小，尤其是一些与变质核杂岩伴生的大型正断层。

逆断层：断层上盘沿着与断层面倾向相反的方向运动，即上盘相对下盘向上滑动的断层。根据断层倾角大小分为高角度逆断层和低角度逆断层。高角度逆断层的断层面倾斜陡峻，倾角大于45°，低角度逆断层的倾角小于45°。

逆冲断层：是位移量相对比较大的低角度逆断层，倾角一般为30°或更小，位移量一般在数千米以上。

（2）走向滑动断层

走向滑动断层又叫作平移断层，是断层两盘沿着断层走向发生相对运动的断层。根据两盘的相对滑动方向，又可进一步区分为右行走滑断层和左行走滑断层和。所谓右行走滑断层是指垂直断层走向观察断层时，对盘向右滑动的断层；如果对盘向左侧滑动即为左行走滑断层。走滑断层面一般陡峻甚至直立。

（3）斜向滑动断层

断层两盘相对运动与断层走向斜交的断层，既有断层走向上的运动分量，也有倾向上的运动分量。实际上，自然界中产出最多的断层是既有走滑断层成分，又有正断层或逆断层活动成分的过渡类型。对于这些断层，一般采用组合命名的方法，可以进一步区分为走滑正断层或正走滑断层，走滑逆断层或逆走滑断层。根据习惯，组合命名中的后者表示主要运动分量，因此，实际工作中根据斜向滑动断层倾向位移和走向位移的相对大小，还可以命名为正（逆）左行（右行）走滑断层。

上述断层运动学分类只是考虑了断层两盘之间发生的直移运动的情形。事实上，有许多断层常常有一定程度的旋转运动。比较常见的情况是，断层两盘围绕近于断层面法线的旋转轴发生旋转运动，表现为在横穿断层走向的各个剖面上位移量不等，越远离旋转轴位移量越大。而且，沿断层走向方向上越过枢纽时，两侧相对运动性质会发生改变，一侧具有正断层运动分量，而另一侧则具有逆断层运动分量，这类断层叫作枢纽断层。由于这种断层与剪刀的运动学性质相似，因此也被称为剪刀状断层。

三、断层效应

断层效应是指断层作用引起的各种地质现象。本节讨论的断层效应只是指断层引起地层关系的变化和岩层的视错动现象。

1. 走向断层引起的地层效应

走向断层常常造成两盘地层的缺失或重复。地层的缺失是指一套顺序排列地层中的一层或数层在地面断失的现象（见图6-7B、D、F）。地层的重复是指原来顺序排列的地层，在平面上部分或全部重复出现的现象（见图6-7A、C、E）。根据断层运动学性质、断层与岩层倾向和倾角相对大小关系的不同组合方式，会造成六种基本的重复和缺失现象，如图6-7及表6-1所示。

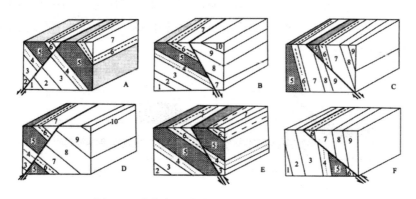

图6-7　走向断层造成的地层重复和缺失现象

表6-1　走向断层的地层效应一览表

断层性质与地层效应	断层倾向于地层倾向相反	断层与地层倾向形同断层倾角大于地层倾角	断层与地层倾向形同断层倾角大于地层倾角
正断层平面地层效应	重复（A）	缺失（B）	重复（C）
逆断层平面地层效应	缺失（D）	重复（E）	缺失（F）

图6-7和表6-1中，断层性质、断层与地层倾向及倾角的关系，以及地层重复或缺失三个变量成一定关系。知其二即可确定另一变量。例如，已发现地层重复，并已确定断层产状与地层产状相反，则该断层应为正断层。

以上讨论的地层重复和缺失，是剥蚀夷平作用使两盘处于同一水平面上表现的结果。但是两盘地面处于同一水平地面的情况是相当少见的，所以应用上述规律时，还要考虑地形的影响。此外，断层走向与岩层走向完全一致的情况并不常见，所以在应用上述规律时，要综合考虑各种可变因素。

2. 倾向断层与横向断层引起的地层效应

（1）倾向断层引起的地层效应

单斜岩层被倾向断层横切时，由于岩层与断层间各种不同的交切和滑动关系，常常引起标志层在平面或剖面上的视错动。这种错动关系，即所谓断层所造成的地层效应与断层的运动学性质并不完全一致。

1）倾向正断层和逆断层的平面地层效应

当倾向断层的两盘沿断层面倾向相对滑动，在侵蚀夷平后的平面上两盘岩层表现为水平错移，给人以平移断层的假象。从图6-8的水平面上可以看出，上升盘岩层发生顺倾向方向的错动。其水平地层断距的大小取决于断层总滑距以及岩层倾角。总滑距越大，岩层倾角越小，水平地层断距越大。上述情况说明，倾向—平移断层与倾向—正（逆）断层引起的平面图上的效应是相似的，不能仅从平面或剖面上岩层的视错移来判断断层性质。

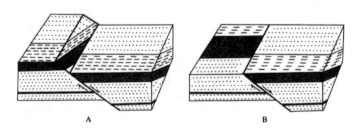

图6-8　倾向正断层引起的效应

2）倾向平移断层造成的剖面地层效应

倾向断层两盘顺断层走向发生相对滑动时，在剖面上会表现为与正断层或逆断层类似的地层错动（见图6-9）。顺错断岩层倾向滑动的一盘在剖面上表现为上升盘。铅直地层断距的大小取决于总滑距和岩层的倾角，总滑距越大，铅直地层断距也越大；岩层倾角越大，铅直地层断距也越大。

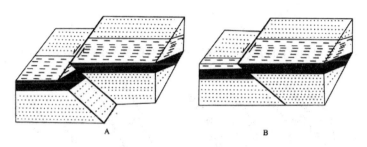

图6-9　倾向平移断层引起的效应示意图

3）斜向滑动的倾向断层引起的地层效应

当倾向断层的两盘沿着断层面发生斜向滑动时，将会出现三类不同的地层效应。第一，如果滑移线与岩层在断层面上的迹线平行，即断层擦痕的侧伏角与岩层与断层交线在断层面上的侧伏角相等，那么，不论总滑距大小如何，在平面上或剖面上岩层好像没有发生任何错移。第二，如果滑移线位于岩层在断层面上迹线的下侧，即断层擦痕的侧伏角大于岩层与断层交线在断层面上的侧伏角，则在剖面上表现为正断层，平面上表现为平移错开。第三，如果滑移线位于岩层在断层面上迹线的上侧，即当断层擦痕的侧伏角小于岩层与断层交线在断层面上的侧伏角时，在剖面上表现为逆断层，平面上表现为平移错开。

（2）横向断层引起的断层效应

褶皱被横断层切断后，随着断层性质以及褶皱构造的形态和位态的差异，会在平面和剖面上表现出不同的地层效应。图6-10是一个被横向平移断层切断的背斜，但是在两翼的剖面上分别显示正断层和逆断层的错觉，即所谓断层效应。

横向断层在平面上通常有两种表现：一是断层两盘中褶皱核部宽度的变化，二是褶皱轴迹的错移。如果两盘顺断层倾向相对滑动，则在剥蚀夷平之后两盘中褶皱核部宽度不等，上升盘中背斜核部变宽（见图6-11A），向斜核部变窄（见图6-11B，图6-12A）。如果横断层完全沿着断层走向滑动，则核部表现为被错开，但是核部在两盘的宽度相等（见图6-12B）。如果两盘顺断层面发生斜向滑动，则不仅褶皱核部宽度发生变化，而且轴迹也被错开。

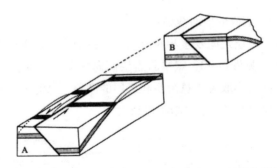

图6-10　横向平移断层在背斜两翼剖面上分别显示正断层和逆断层的假象

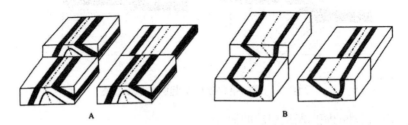

图6-11　褶皱被横断层切断后两盘上核部宽度的变化和轴迹的错移

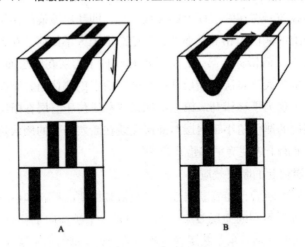

图6-12　褶皱被横断层错断引起的效应

　　除了上述褶皱核部宽度变化情况之外，褶皱的位态以及褶皱轴迹是否发生了错动，对于准确判定断层性质非常重要。横断层切断直立褶皱时，如果经夷平后两盘中褶皱轴迹仍然可以连为一线而未错断，说明断层没有平移滑动；反之，则表明断层有平移分量。如果褶皱是斜歪或是倒转的，即轴面倾斜的褶皱被横断层切错，顺断层面倾向滑动并且经夷平后，平面上仍会表现出轴迹的错移，上升盘中的轴迹向轴面倾斜的方向位移（见图6-11）。轴迹在两盘中的错开距离取决于轴面的倾角和断层位移的大小，倾角越大，错位距离越小。如果轴面倾斜的褶皱被横断层切断并夷平后，平面上两盘轴迹仍连成一线而未错移，则表明断层两盘顺着轴面在断层面上的迹线相对滑动，因此，既有顺断层面走向滑动的分量又有顺断面倾斜滑动的分量。总之，褶皱轴迹在两盘中错移距离的大小取决于三个因素：两盘平移分量的大小和方向、两盘倾斜滑动分量的大小、褶皱轴面的倾角。这三个变量及其相互关系，决定了褶皱轴迹是否错移、错移方向和距离。所以在分析断层实际运动学性质时，必须从断层产状、褶皱形态和空间产出状态和断层两盘可能的相对运动方向进行综合考虑，尤其需要与断层运动标志直接观测相结合。

以上讨论了断层活动可能造成的地层错动的假象，即断层造成的地层效应。由于岩层和断层都不是几何平面，还要受地形起伏的影响，因此，自然界的实际现象要比上述分析的情况更加复杂。所以在分析研究断层的运动学性质时，绝不能只观察一个平面或一个剖面的表象，一定要考虑到三维空间的立体形象，断层产状和两盘的位移、岩层和褶皱的产状及其相互关系，以及地形的影响。绝不能单靠在平面上或剖面上所观测到的地层视错动情况，就简单地得出断层运动学性质的结论。

四、断层岩

断层岩是断层两盘岩石在断层作用中被改造形成的具有特征性结构、构造和矿物成分的岩石。由于断层岩是识别断层存在的良好标志，其特征可以反映断层形成的构造层次与形成环境，断层岩的结构还可以为分析确定断层两盘运动方向提供依据，因此断层岩是研究断层的一个重要方面。脆性断层伴生的断层岩为碎裂岩系列，其中包括断层角砾岩、碎粒岩或碎斑岩、碎粉岩、玻化岩或假玄武玻璃和断层泥等。

1. 断层角砾岩

断层角砾岩是由基本保持原岩成分和结构特点的岩石碎块组成的。角砾之间的胶结物为磨碎的岩屑、岩粉以及岩石压溶物质和外源物质。这类角砾岩中的角砾形状多不规则，大小不一，杂乱无定向。角砾岩中的角砾一般在2mm以上。断层角砾岩中角砾的棱角也可以被磨蚀而成透镜状、椭圆状，角砾可以呈雁列式等定向排列。胶结物有时也显示定向，围绕角砾甚至发育劈理。由于角砾岩的种类很多，如不整合的底砾岩、火山角砾岩、膏盐角砾岩、岩溶角砾岩等，所以在野外应注意区分它们，以正确判定断层的存在及其特征。主要的区分标志是：角砾与围岩是否有同源关系，是否顺层发育，有无研磨擦错碎现象，等等。

2. 碎粒岩

碎粒岩是断层两盘研磨更细的断层岩，组成碎粒岩的是原岩的岩粉或细粒，或是原岩的矿物碎粒。在偏光显微镜下，岩石具有压碎结构。碎粒岩中，如果残留一些较大矿物颗粒，则构成碎斑结构，这种岩石可称为碎斑岩。碎粒岩的颗粒一般在0.1 ~ 0.2mm之间。

3. 碎粉岩

碎粉岩是岩石研磨得极细，粒度比较均匀的岩石，一般颗粒在0.1mm以下。这种岩石也可称为超碎裂岩。

4. 玻化岩

如果岩石在快速强烈研磨和错动过程中局部熔融，而后又迅速冷却，会形成外貌似黑色玻璃状的岩石，称为玻化岩或假玄武玻璃。玻化岩往往呈细脉分布于其他断层岩中。在地震断层中相对较为常见。

5. 断层泥

如果岩石在强烈研磨中成为泥状，单个颗粒一般不易分辨，而且较大碎粒（块）含量很低，这种未固结的断层作用的产物可称为断层泥。断层泥经常呈褐黄色、土黄色以及灰白色等，厚度从数毫米到数米不等。将断层泥发育部位原岩成分与断层泥成分进行的对比研究显示，两者矿物和化学成分存在着显著差异，表明断层泥的形成过程中，不仅有物理研磨作用的细粒化过程，而且曾经有物质迁入—迁出作用，其中保留下来了相对较多的难溶组分。

五、断层形成机制

断层形成机制涉及破裂的发生、断层作用与应力状态、岩石力学性质，以及断层作用与断层形成环境的物理状态等问题。

当岩石受力超过其强度极限时便开始破裂。破裂之初出现微裂隙，微裂隙逐渐扩展，相互联合，形成一条明显的破裂面，即断层两盘借以发生相对滑动的破裂面。断层形成之初发育的微裂隙一般呈羽状散布，但是，其性质目前尚未取得一致认识。近年来，通过扫描电子显微镜观察，发现大多数微裂隙是张性的。当断裂面一旦形成而且差异应力超过滑动摩擦阻力时，两盘就开始相对滑动形成断层。随着应力释放，差异应力趋向于零或小于滑动摩擦阻力时，断层活动即告终止。安德森（Anderson，1951）等学者分析了形成断层的应力状态，他认为因为地面与空气间无剪应力作用，所以形成断层的三轴应力状态中的一个主应力轴趋于垂直水平面，并以此为依据提出了形成正断层、逆断层和平移断层的三种应力状态（见图6-13）。

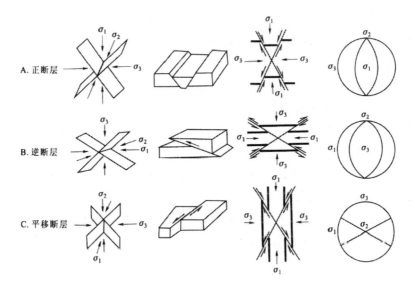

图6-13 形成三类断层的三种应力状态及其表现型式

（1）形成正断层的应力状态是：最大主应力轴（σ_1）直立，中间主应力轴（σ_2）和最小主应力轴（σ_3）水平，且中间主应力轴（σ_2）与断层走向一致（见图6-13A），上盘顺断层倾斜方向向下滑动。因此，水平拉伸和铅直上隆是最适于发生正断层作用的应力状态。

（2）形成逆冲断层的应力状态是：最大主应力轴（σ_1）和中间主应力轴（σ_2）水平，最小主应力轴（σ_3）是直立，σ_2平行于断层面走向（见图6-13B）。因此，水平挤压有利于逆断层的发育。

（3）形成平移断层的应力状态是：最大主应力轴（σ_1）和最小主应力轴（σ_2）是水平的（见图6-13C），中间主应力轴（σ_2）直立，断层面走向垂直于σ_2，滑动方向也垂直于σ_2，两盘顺断层走向滑动。

虽然地质学家常常将安德森模式作为分析断层作用的应力状态的基本依据，但是自然界的情况是复杂的，一些学者对复杂的地质条件进行了分析，试图在分析断层作用时加以考虑。为此，哈弗奈（Hafner，1951）分析了地球内部可能存在的各种边界条件下的应力系统。他假定一个标准应力状态并附加以类似实际构造状况的边界条件，从而推算出各种边界应力场下可能产生的断层的产状和性质。

哈弗奈提出的标准状态下的边界条件是：第一，岩块表面为地表，没有剪应力作用，仅受一个大气压的压力；第二，岩块底部应力指向上方，等于上覆岩块的重量；第三，边界上没有剪应力作用。

任何处在标准状态下的岩石，如受水平挤压，最简单的情况就是两侧均匀受压。在这种受力情况下，可能出现两组共轭的逆冲断层，它们的产状在浅部构造层次中保持相对稳定。但是，实际地质环境中常见的是不均匀的侧向挤压。因此，哈弗奈讨论了两种附加应力状态。两种附加应力状态均假设中间主应力轴水平，共轭剪裂角约60°，以最大主应力轴等分之。

（1）在第一种附加应力状态（见图6-14）中，水平挤压力来自左侧，自上而下逐渐增大，图5-14上部所示为区域边界的应力（其大小以矢量的长短表示）及计算出的最大与最小主应力迹线图。下图显示了由附加应力可能形成的断层分布区以及应力太小不足以产生断层的稳定区。这种状态下形成的断层为两组逆冲断层：倾角约30°，倾向相反。由于最大主应力轴的倾角各点不等，并有向右增大趋势，所以倾向稳定区的一组逆冲断层的倾角自地表向下逐渐增大，但断层性质不变。

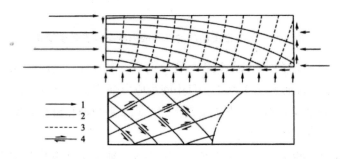

图6-14　第一种附加应力状态（上）及可能产生的断层的分布（下）

（2）在第二种附加应力状态中（见图6-15），附加应力包括两种：一为作用在岩块底面上呈正弦曲线形状的垂向力（中图箭头所示），一为沿岩块底面作用的水平剪切力（上图底面箭头所示）。这种应力状态下形成的断层的产状比较复杂。在中央稳定区的上部形成两组高角度的正断层，每组断层的倾角都向深部变陡。自中央稳定区趋向边缘，断层倾角变缓，一组变成角度正断层，另一组变成逆冲断层。

以上概括地介绍了安德森和哈弗奈的断层发生模式，表示出各类断层的产状方位与主应力轴的关系。两个模式的基础是假定介质是均匀的。事实上，地壳浅层是非均质的，不论是一定区域、一定地段，还是局部露头，总是存在各种尺度的软弱面。这些软弱面的方位、产状与上述模式中的断裂方位并无固定关系。构造作用力的方向、大小和作用速率也不一定是持续稳定的，地质边界条件的选择也有一定困难。但是另一方面，大地质体或一定地质空间内，虽然存在许多软弱面，但如果软弱面方位随机且规模不大，地质体仍表现出相对均匀性，便有可能应用上述模式对断层发生与区域应力场的关系进行分析。这种分析在以下方面是比较有意义的：①如果已知一定地区内断层的性质和方位，这种分析有助于查明导致断层形成的应力场；②如果已知部分断层的性质和方位，在结合有关资料初步确立区域应力场的基础上，有助于分析尚未显露或隐伏断层的方位和性质。

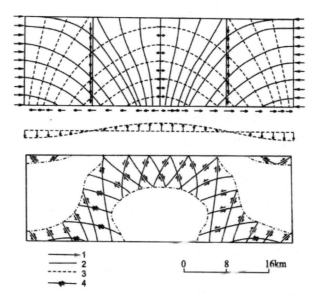

图6-15　第二种附加应力状态（上）及势断层的分布（下）

六、断层的识别与研究

断层广泛发育于不同构造单元和构造环境当中，大小差别极大，形成机制各异，因此，对这些断层研究的内容、方法和手段各不相同。断层研究的首要环节是识别断层的存在。虽然断层可以通过分析和解译航空和卫星照片、地球物理勘探资料、地质图和其他有关资料得以确定或推定，但野外观测是识别和确定断层存在的最重要的途径和方法。

1. 断层的识别

断层活动总会在产出地段的有关地层、构造、岩石或地貌等方面反映出来，即形成了所谓的断层标志，这些标志是识别断层存在的主要依据。

（1）地貌标志

断层活动及其存在、尤其是新构造和活动构造作用形成的断层，常常在地貌上有明显表现，这些由断层引起的现象就成为识别断层的直接标志。

1）断层崖与断层三角面

由于断层两盘的相对滑动，断层的上升盘常常形成陡崖，这种陡崖称为断层崖。如晋西南高峻险拔的西中条山与山前平原之间就是一条高角度正断层所造成的陡崖。太行山山前断裂带使太行山从华北平原西缘拔地而起，成为华北平原的西部屏障。美国西南部新生代伸展构造形成的盆地与山脉间列的盆—岭构造，更是断层造成一系列陡崖的良好例证。当断层崖受到与崖面走向垂直的水流的侵蚀切割时，乃形成沿断层走向分布的一系列三角形陡崖，即断层三角面。

2）山脊延伸的突然中止或山脉与盆地的截然变换

错断的山脊也往往是断层两盘相对平移等运动的结果。横切山脉走向的平原或盆地与山脉的截然分界线往往是规模较大而且可能曾有新构造活动的断裂。

3）串珠状湖泊洼地与泉水的带状分布

一系列湖泊洼地呈线形分布往往是大断层存在的标志。这些湖泊地主要是由断层引起的断陷形成的。如我国云南东部顺南北向小江断裂带分布了一串湖泊，自北到南有杨林海、阳宗海、滇池、抚仙湖、杞麓湖，以及昆明盆地、嵩明盆地、玉溪盆地等。在美国西南部，沿着著名的圣安德烈斯断裂系也分布着一系列窄长的串珠状湖泊，成为该断裂存在和活动的重要地貌标志之一。此外，泉水呈带状分布也通常是断层存在的标志。西藏念青唐古拉山南麓从黑河到当雄一带散布着一串高温温泉，也是现代活动断层直接控制的结果。

4）水系的断错或急剧转弯

断层的存在常常影响水系的发育，引起河流的急剧转向，甚至错断河谷，因此这些水系特征也可以作为断层存在和两盘相对运动的依据。

（2）构造与地层标志

断层活动总是形成或留下许多构造形迹，这些现象也是判别断层可能存在的重要依据。任何线状或面状地质体，如地层、矿层、岩脉等均顺其走向延伸，如果这些线状或面状地质体在平面上或剖面上突然中断、错开，不再连续，即表明有断层存在。

断层活动引起的构造强化是断层可能存在的重要依据，构造强化现象包括：岩层产状的急变；节理化、劈理化窄带的突然出现；小褶皱剧增以及挤压破碎和各种擦痕等现象。如果在野外发现这些现象，就要进行认真的观测，探究引起这些现象的可能原因。

断裂构造岩和构造透镜体的出现是断层作用引起构造强化的一种现象。断层带内或断层面两侧岩石碎裂成大小不一的透镜状角砾块体即所谓构造透镜体，长轴一般为数十厘米至两三米。构造透镜体有时单个出现，有时数个或更多个透镜体成组产出。构造透镜体一般是挤压作用产出的两组共轭剪节理把岩石切割成菱块状且棱角又被磨去而形成的。包含透镜体长轴和中轴的平面，或与断层面平行，或与断层面成锐角相交。

前述断层所造成的地层的重复和缺失，即所谓地层效应也是识别断层的重要依据。

（3）岩浆活动和矿化作用标志

大断层尤其是切割很深的大断裂常常是岩浆和热液运移的通道和储聚场所，因此，如果岩体、矿化带或硅化带沿一条线断续分布，常常指示有大断层或断裂带的存在。一些放射状或环状岩墙也指示放射状断裂或环状断裂的存在。

（4）岩相和厚度标志

如果一地区的沉积岩相和厚度沿一条线发生急剧变化，可能是断层活动的结果。断层引起岩相和厚度的急变有两种情况：一种情况是控制沉积作用的同沉积断层的活动，引起沉积环境顺断层的明显变化，岩相和厚度因而发生显著差异；另一种情况是断层的远距离推移，使原来相隔甚远的岩相带直接接触。

查明和确定断层是研究断层的基础和前提。在地质调查中，应注意观察、发现和收集指示断层存在的各种标志和迹象，结合其他地质条件和背景，加以综合分析，以便得出确切而又适当的结论。

2. 断层的观察与研究

在识别和确定断层后，应测定断层面产状并确定两盘相对运动方向，以便确定断层性质（正断层、逆断层或平移断层），进而测定或分析断层规模和组合关系。

（1）断层面产状的测定

断层面有时出露于地表，可以在野外直接测定。当断层面没有很好地暴露于地表时，则只能用间接方法测定。如果断层面比较平直，地形切割强烈而且断层线出露良好，可以根据断层线的"V"字形弯曲状况，用间接方法确定地质体产状的方法来确定断层面的产状。对于大规模的断层来说，这种方法可能比在野外露头上直接测定的断层产状更具有区域上的代表性。隐伏断层的产状，主要根据钻孔资料，用三点法予以测定Q利用物探资料，特别是三维地震的方法，也可以比较准确地判定断层面产状。

断层伴生和派生的小构造也有助于判定断层产状。与断层伴生的剪节理带和劈理带，一般与断层面近一致。断层派生的同斜紧闭揉褶带、片理化构造岩的面理，以及定向排列的构造透镜体带等，常与断层面成小角度相交。这些小构造变形越强烈，越压紧，与断层面也越接近。需要指出，这些构造的产状常常是易变且急变的，应大量测量并进行统计分析以确定代表性产状，然后加以利用。

在确定断层面产状时，要充分考虑断层产状沿走向和倾向可能发生的变化。许多断层在形成之初，断层产状就不是均匀一致的，如逆冲断层的断层面，常呈波状起伏或断坪—断坡相间的台阶式。此外，断层作为一种面状构造，也可以在随后的构造变形过程中发生进一步的变形，从而造成断层产状的变化。

总之，在确定较大规模的断层产状时，不可以简单地把局部测得的产状作为断裂的总体产状，应注意到沿着走向和倾向方向上的断层产状变化。

（2）断层两盘相对运动方向的确定

分析并确定断层两盘相对运动方向，是与断层相关的基础研究和应用研究中的一项极其重要的工作内容。由于断层活动总会在断层附近或者断层面上留下各种构造变形的痕迹，所以这些遗迹或伴生现象就成为分析判断断层两盘相对运动的主要依据。主要包括如下几个方面：

1）两盘地层的相对新老关系

断层两盘地层的相对新老关系有助于判断两盘的相对运动。如果在断层形成之前或以后未发生过剧烈的构造变动，那么走向断层的上升盘一般出露老岩层。但是，如果断裂变形前地层已经经历了比较强烈的褶皱变形，地层层序已经遭到改变甚至发生倒转，那么，就不能简单地根据两盘直接接触的地层新老关系来判定断层两盘的相对运动方向。

2）牵引构造

断层两盘紧邻断层的岩层，在断层两盘相对运动过程中，由于摩擦阻力，地层常常发生明显的弧形弯曲，即牵引褶皱。弧形弯曲的突出方向指示本盘的运动方向。

牵引褶皱是早期塑性变形弯曲在断层两盘错动中进一步发育而成的。牵引褶皱的弯曲方位，不仅取决于断层两盘的相对运动，还取决于断层产状与两盘标志层产状之间的相互关系，以及观察面的不同。一般说来，变形越强烈，牵引褶皱越紧闭。为了准确利用牵引褶皱来判断断层两盘相对运动方向，应该在平面和剖面上同时进行观察，并结合断层两盘相对运动的其他特征，才能得出较准确的结论。上述断层牵引褶皱通常被称为正牵引构造。除此之外，还有一种逆牵引构造（或称为反牵引构造）。这种逆牵引的弯曲形态与正常牵引构造的弯曲形态相反，即弧形弯曲突出方向指示对盘运动方向。逆牵引构造不是断层两盘相对运动过程中产生的摩擦力牵引作用的结果，而是由于断层产状发生自浅部向深部由陡变缓的变化，上盘岩石为了弥补断层活动所造成的空间问题，在重力作用下向下弯曲的结果。

3）断层面上的运动学标志

擦痕是断层两盘相对运动时，被磨碎的岩屑和岩粉在断层面上刻划留下的痕迹。擦痕表现为一组比较均匀平行的细纹，有时表现为一端粗而深，一端细而浅。由粗而深端向细而浅变化的方向一般指示对盘的运动方向。比较多的情况下，单靠擦痕难以准确地确定断层两盘相对运动方向，而与断层面上其他的运动学标志结合在一起，才可以较好地确定确定断层运动方向。

第一，在断层滑动面上常有与擦痕直交、与主断层高角度斜交的张裂口，其大致沿着雁列张节理的方位发育，张裂口与主断层面锐交角指向本盘运动相反的方向。

第二，断层面上的次级破裂构造，源自里德尔剪切破裂方位控制的羽列节理，与断层面以微小角度相交，羽列节理之间的微细陡坎构成所谓的反阶步。

第三，在断层面不平整的情况下，在断层滑动面上有时可看到一片片纤维状矿物晶体，如纤维状石英、纤维状方石以及绿帘石、叶蜡石，等等。它们是在两盘错动过程中，在相邻两盘逐渐分开时生长的纤维状晶体，这类纤维状结晶体称为滑抹晶体。它们往往以断层阶步陡坎为生长起点顺着对盘运动方向生长。这些滑抹晶体也经常因断层两盘的相对运动而形成横截生长纤维方向的阶步。

第四，断层阶步也是断层面上常见的运动学标志。阶步表现为一系列微细陡坎，陡坎倾向指示对盘运动方向。它与反阶步的区别，是在陡坎与断层面结合部位不伴有切入断盘的微破裂发育。之所以在野外观察的阶步大都是正阶步，很可能是因为反阶步的发育可存在，妨碍了断层两盘的相对运动，一旦断层两盘相对运动得以实现，这些反阶步将被破坏。

3. 断层活动的时间

断层作用的时间涉及断层形成和活动时间以及长期活动断层问题。确定断层的活动时间对于全面认识和研究断层至关重要。一般可以从下述几种不同的途径来确定断层活动的时间：传统的地质学方法、同构造沉积分析方法、同位素地质年代学方法。

（1）利用传统的地质学方法确定断层活动的时间

除了地震断层形成于瞬间地质作用之外，断层一般是在一定构造运动期间形成并活动的。在断层活动期间，必定切错某些地层或地质体，而断层活动结束之后形成的地质体则可能不受其影响。如果一条断层切断一套较老的地层，而被另一套较新的地层以角度不整合覆盖，那么，可以确定这条断层形成于角度不整合下伏地层中最新地层形成以后，上覆地层中最老地层形成时代之前。

（2）从同构造沉积记录的角度判断断层活动的时间

断层的发育直接或间接地影响和控制了盆地的形成与演化，因此，盆地沉积特征从一个侧面记录了断层的活动时间和活动历史。这是可以从同构造沉积记录的角度推测断层活动历史的基本依据。控制盆地发育和相应沉积作用过程的断层被称为同沉积断层。以往在讨论同沉积断层时只将注意力集中在控制断陷盆地形成和沉积作用的正断层上。实际上，前陆盆地靠近造山带一侧的边界逆冲断层，也在控制盆地的形成与发育、沉积物源区的供给以及沉积作用过程，因此也应该作为同沉积断层来考虑。

1）控制断陷盆地发育的同沉积断层

这类同沉积断层以往又被称为生长断层，主要发育于断陷盆地边缘。在沉积盆地形成与发育的过程中，盆地不断沉降，沉积不断进行，盆地外侧不断隆起，这些作用都是在控制盆地边缘的断层不断活动中发生的。同沉积断层规模一般比较大，其主要特点如下：

第一，同沉积断层一般为走向正断层，剖面上常呈上陡下缓的凹面向上的铲状。

第二，当断层恰好在构造盆地边缘时，沉积作用仅发生在断层上盘，同时代沉积体系厚度向着断层方向加大，而下盘作为物源供给区存在。

第三，如果一条同沉积断层发育在沉积盆地内部时，同时代的沉积地层，上盘厚度明显比下盘的大，这是同沉积断层最基本的特征和识别标志之一。同一地层在下降盘与上升盘的厚度比，叫作断层生长指数。断层生长指数反映了同沉积断层的活动强度。

第四，断距随深度增加而增大，地层时代越老，断距越大。因为断距是累积的，所以任一标志的断距都反映了该地层以前断层活动引起的断距之和。

根据生长断层的上述特点，我们在研究这类断层时，可以根据断层两侧同时代地层厚度开始出现差异的地层时代来确定同沉积断层活动的起始时间；根据两盘地层趋同的状况判断断层相对稳定的时期以及断层活动所持续的时间。根据生长指数的变化，确定断层活动的剧烈程度。

2）控制前陆盆地发育的逆冲断层

前陆盆地被认为是由于造山带前陆褶皱逆冲带的逆冲加载作用，在造山带靠近稳定大陆的一侧造成岩石圈挠曲而形成的沉积盆地。在前陆盆地的形成和发育过程中，靠近造山带一侧的褶皱逆冲带构造变形对于盆地的形成和发展、物源供给区的形成与演变起着重要的控制作用。逆冲断层的持续活动，使原本被覆盖的深部地层或其他地质体逐渐暴露于地表，成为前陆盆地沉积物源的供给区。通过对盆地内部同构造沉积物成分变化规律与物源区地层岩石组合特征的对比，可以反演控制前陆盆地发育的逆冲断层及相关褶皱构造变形的发生时间以及演变过程。

（3）利用同位素地质年代学方法确定断层活动的时间

利用同位素地质年代学方法确定断层形成和活动时代，可以分为直接方法和间接方法两种。直接方法是指采集断层带中与断层活动同时形成的断层构造岩或岩脉，在确定其中存在同变形期形成的适合于同位素定年的新生矿物的前提下，将这些矿物分离出来实施同位素定年。这种原理和方法，在韧性剪切带变形时代的确定方面应用较为普遍和成功。但是在确定脆性变形域中的脆性断层形成和活动时代时，面临着许多实际困难和问题。主要问题是在脆性域温度、压力较低的变形环境中，构造岩的形成多数通过岩石的物理变化（机械破碎作用）而完成，构造岩中占主导地位的仍然是原岩的矿物成分，而同构造变形期的新生矿物较难形成。在这种情况下，比较常用的方法是针对发育断层泥的断层，从断层泥中获取可用于同位素定年的黏土矿物直接测定其时代，以获取断层形成时代的信息。

利用放射性同位素测年方法间接确定断层活动时间的想法，是建立在同位素测年方法可以比较准确地确定侵入岩和火山岩岩石年龄基础之上的。在这种方法中，首先需要在野外详细填图的基础上，确定与断层存在明确侵入、切割、覆盖关系的侵入岩体或火山岩。然后，对这些岩体或火山岩开展比较可靠的同位素地质年代学测定。所获得的年代学数据可以用来间接限定断层活动的时代。如果被断层切错的侵入岩或火山岩的时代与切穿或覆盖断层的侵入岩或火山岩的时代间隔比较小，这种方法就可以给出比较准确的断层形成与活动时代的信息。否则，所确定的时代范围太宽，就不具有准确确定断层活动时代的意义。

第七章　逆冲推覆构造

　　逆冲推覆构造系指大型低角度（＜30°）逆冲断层与其上覆逆冲岩席共同组成的收缩变形构造系统。逆冲推覆构造是造山带前陆褶皱逆冲带中最重要的构造型式，也经常发育在遭受收缩构造变形的其他构造背景中。在正常地层序列基础上形成的逆冲推覆构造，总是使相对较老或深部地质体，掩覆在相对较新或浅部地质体之上。逆冲推覆构造变形的重要结果是，使卷入变形的地壳部分发生水平方向上的缩短，以及垂直方向上的加厚。

　　早在1826年，德国地质学家就已经在德国的德累斯顿附近识别出了前寒武纪花岗岩逆冲到白垩系地层之上的野外地质现象。随后，在1830～1840年，瑞士地质学家通过填图，在瑞士阿尔卑斯造山带发现二叠纪火山岩逆冲到始新统复理石之上，并提出了一个岩席可以沿着近水平的断层发生远距离位移的大胆设想。但是，直到1880年前后，英国地质学家通过在苏格兰北部莫因一带30余年的详细地质填图，证明了莫因逆冲断层的存在，并揭示沿着它曾经发生了16km以上的水平位移，之后人们才逐渐接受了存在区域性大规模逆冲断层的观念。20世纪70年代中后期，美国地质地球物理学家联合开展的大陆地震反射剖面深部构造研究，揭示了美国东部南阿巴拉契亚山脉蓝岭之下存在着一条巨大的近水平的（倾角<3°）逆冲推覆构造，证明了曾被认为是蓝岭结晶基底的前寒武系变质岩系，沿着这条断层自南东向北西推覆到下古生界地层之上，推掩距离达260km。这一发现掀起了对逆冲推覆构造研究的新高潮。1979年、1989年和1999年在英国伦敦先后召开了三次国际逆冲推覆构造会议，及时总结和交流了逆冲推覆构造研究的成果和进展，促进了逆冲推覆构造研究在全球范围的开展。

第一节　逆冲推覆构造几何学

一、逆冲断层几何学

逆冲断层最重要的几何学特征，就是其具有由断坪–断坡组成的台阶式结构（见图7–1）。

断坪：是逆冲断层中近于顺层发育或平行于区域构造基准面发育的部分，如图7–1之和CF段。它常常产出于岩性软弱的岩层中，或岩性差异明显的界面上。

断坡：是逆冲断层中切过岩层（地层）或与区域构造基准面斜交的部分，如图7–1之BC段。它一般产出于较强硬的岩层中。

当逆冲断层形成于水平成层岩系当中，且形成之后未经改造时，断坪的产状应该近于水平，而断坡的产状则相对较陡。但是，如果逆冲断层形成以前地层曾经发生构造变形而不再处于水平状态，或者在逆冲断层形成之后又遭受了后期构造变形的改造时，则不能简单地根据断层产状的陡与缓来区分逆冲断层的断坡还是断坪。

根据断坡与上、下盘岩层的产状关系，断坡可以分为上盘断坡和下盘断坡。逆冲断层中断面与下盘岩层产状一致而切过上盘的部分，叫做上盘断坡，如图7–1之DE段；与上盘岩层产状一致而斜切下盘的部分，为下盘断坡，如图7–1之BC段。

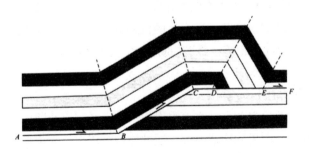

图7–1　单一逆冲断层断坪—断坡结构示意图

另外，根据断坡的走向与逆冲位移方向的相互关系，可以将断坡分为前缘断坡、侧向断坡和斜向断坡（见图7–2）。①前缘断坡是逆冲断层面中走向与逆冲岩席运移方向相垂直的断坡部分，断坡初始倾角通常在10°～30°之间，在前断坡附近的断层运动表现为以正向逆冲为主。②侧向断坡的走向与逆冲岩席运移方向平行，断坡初始倾角也在10°～30°之间，沿侧向断坡的断层运动以走向滑动为主。需要指出的是，当与逆冲岩席运动方向平行的侧向断层初始倾角直立时，这种构造将变成撖断层（tearfault）或走向滑动断层，不能再称之为侧向断坡。③斜向断坡的走向与逆冲岩席运动方向斜交，断坡初始倾角为10°～30°，沿侧向断坡逆冲岩席发生斜向逆冲，即兼具走向和倾向上两方向的滑动。大型逆冲推覆构造可以使位于逆冲断层之上的逆冲岩系发生大规模的位移。当外来岩系大部分被外动力地质作用风化和剥蚀作用所破坏之后，残余的外来岩系呈现为以断层与周围的下伏岩系相接触的情况，这种残余的外来岩系被称作飞来峰。

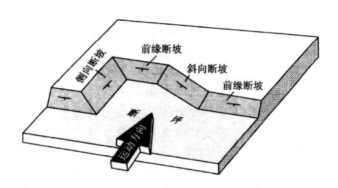

图7-2　根据断坡走向与逆冲位移方向的相互关系对断坡的分类

如果外来岩系绝大部分仍然保存完好，只是部分被剥蚀而使下伏岩系部分暴露，且这些部分暴露的下伏岩系与周围的外来岩系以断层相接触，这种构造叫作构造窗。在实际研究工作中，可以根据野外地质调查所确定的逆冲构造系统中飞来峰和构造窗的相对位置估算沿着逆冲断层所发生的位移量：在逆冲方向上，飞来峰前缘位置与构造窗后缘位置之间的距离，是逆冲断层的最小位移量。

二、逆冲构造系统几何学

在几何学、运动学和动力学方面密切相关的一系列逆冲断层及伴生的褶皱构造等所构成的构造组合即逆冲构造系统。逆冲构造系统中较为常见的是多数逆冲断层具有大致相同的产状和上盘逆冲方向，这使逆冲构造系统呈现出构造运动学极性。但是，其中也经常会发现有少数断层的倾向及上盘运动方向与多数逆冲断层相反，这种断层被叫作反冲断层。根据逆冲构造系统中逆冲断层的相互关系，可以将逆冲构造系统组合形式分为如下几种。

1. 冲起构造与断层三角带

由于在主逆冲断层上盘形成反向逆冲断层，而使上盘部分地层发生隆起所形成的一种逆冲构造组合形式，叫作冲起构造。

断层三角带最早由加拿大学者在阐述加拿大落基山南部冲断带末端的特征时提出，用来描述前陆褶皱逆冲带与稳定克拉通过渡区域出现的，地层与构造形迹分别向造山带内部和克拉通区域倾斜的构造几何学形式。详细的地表地质研究，尤其是地震反射剖面和油气勘探工作揭示，三角带区域的构造变形十分复杂，并且是重要的油气圈闭构造类型。后来有学者将断层三角带构造组合概括为由前缘反冲断层、分支逆冲断层和底板逆冲断层构成的逆冲构造组合形式。

2. 逆冲叠瓦扇或叠瓦逆冲系统

逆冲叠瓦扇或叠瓦逆冲系统是由一系列产状相近、逆冲运动方向相同的逆冲断层所构成的、使逆冲断片彼此叠置状似屋顶叠瓦的一种逆冲断层构造组合（见图7-3）。这一系列逆冲断层，在逆冲系统中被称为分支断层，向下汇聚在一条主底板逆冲断层上。

主干逆冲断层与分支逆冲断层的交线，称为断叉线或分叉线，是自主干逆冲断层分出分支断层的起始线。分支逆冲断层的前缘称断端线或断尖线，它是分支断层向上逆冲扩展的锋缘。需要注意的是，断尖线并不是断层的出露线，它既可以处于被埋藏的隐伏状态，如剥蚀面处于图7-3之CC′状态时的所有断尖线；也常被剥蚀掉，如图7-3剥蚀面到达DD′时除M和N两条断尖线之外的其他断尖线。因此，在野外确定断端线时应对其周缘构造进行分析，将断层复原后才能确定。由于图7-3是逆冲叠瓦扇构造的剖面图，因此，上述所谓分支线和断尖线表现为剖面中的一系列点。

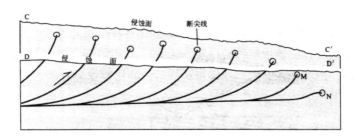

图7-3　逆冲叠瓦扇构造剖面示意图

逆冲叠瓦扇是造山带前陆褶皱逆冲带中最常见的构造组合形式，在平面上呈现为一系列大致平行排列、断层倾向和上盘逆冲方向总体一致的逆冲断层。

3. 双重逆冲构造

又译作双冲构造，1970年由加拿大地质学家C.D.A.Dahlstrom提出，是逆冲构造系统中的一种重要构造组合形式。双重逆冲构造是由顶板逆冲断层、底板逆冲断层和夹于其中的分支断层或连接断层及其断夹片或夹石所组成的一种构造几何学形式。双重逆冲构造中的次级叠瓦式逆冲断层向上相互趋近并且相互连接而共同构成顶板逆冲断层；次级断层向下相互连接构成底板逆冲断层。顶板逆冲断层和底板逆冲断层在前缘和后缘汇合，从而构成一个封闭的构造体系。

双重逆冲构造的剖面形态取决于组成它的夹石的形态、间距、分支断层与底板逆冲断层间的夹角，沿分支断层的位移量等。根据分支断层的形态和产状及其与主逆冲方向的相互关系，双重逆冲构造可以分为后倾双重构造、背形堆垛双重构造和前倾双重构造。

研究发现，尽管双重逆冲构造产出于不同地区和不尽相同的构造环境当中，规模也相差较大，但总的几何形态却十分相似。如果消除后期构造影响，以双重构造产出部位的地层作为水平参考面，则可以发现它们有如下共同之处：①限定双重构造的顶、底板断层是平整的或只有轻微的弯曲，且具有不对称的几何形态；②只在双重构造的中部才可见冲断片反向（相对逆冲扩展方向）旋转到比较陡的角度；③绝大多数双重构造前锋和后缘的连接断层均具有比较小的倾角；④冲断片沿分支断层的位移方向与主要位移方向是斜交的，而且其中反向逆冲断层非常常见；⑤在双重构造中，尤其是在双重构造的前锋部位，尚无断坡背斜的发现；⑥在双重构造中，虽然以连接断层的发育为主，但也有复杂的褶皱与断裂组合形式，而在顶、底板断裂之外则不发育这些褶皱，表明这种褶皱变形仅限于顶、底板断裂所围限的双重构造发育区域。有关逆冲双重构造形成机制的模型，应该能够合理地对这些特征作出解释。

上述逆冲推覆构造系统组合形式中，以双重逆冲构造和逆冲叠瓦扇最为常见。而且，当双重逆冲构造顶板逆冲断层被剥蚀之后，保留下来的部分也是以逆冲叠瓦扇构造出现的。因此，在确定逆冲推覆构造系统的构造组合形式时，要考虑上覆岩系被剥蚀的程度。

第二节　逆冲断层系统形成过程

一、逆冲断层系统的扩展方式

逆冲推覆构造系统常常以逆冲叠瓦扇或双重逆冲构造形式出现。在递进逆冲变形过程中产生的一系列逆冲断层及其间所夹的冲断推覆体都是按一定顺序发育的。造山带前陆逆冲推覆构造，一般表现为自造山带内部向前陆区域逐渐扩展和运移。

但逆冲推覆构造体系中各逆冲断层或推覆体的扩展存在两种可能方式：一种是自造山带腹地向前陆地区扩展，即所谓前展式或背驮式；另一种是自前陆向造山带腹地扩展，称为后展式或上叠式。

前展式扩展方式中，每一个新的逆冲断层发育在先存逆冲断层的下盘，各逆冲岩席依次向逆冲系统的总体逆冲方向或前陆方向扩展，并增生在前进中的逆冲岩席的前锋。后展式扩展方式中，新的逆冲断层依次发育在先存逆冲断层的上盘，各逆冲岩席依次向逆冲来源方向或造山带腹地方向扩展，并增生在前进中的逆冲岩席的后缘。因而，前展式扩展方式形成的逆冲构造系统中，位置最高或最后侧的逆冲岩席形成最早，而后展式逆冲扩展形成的逆冲系统内位置最高的逆冲岩席形成最晚。野外观察、模拟实验和理论分析表明，绝大多数逆冲推覆构造系统是以前展式扩展的。

上述逆冲断层系统扩展方式是比较理想化的两种逆冲构造变形过程，是进行逆冲构造变形系统的复原和开展平衡剖面分析的基本构造运动学依据之一。实际上，由于逆冲系统形成过程中，影响断层扩展方式的因素很多，除了区域性和局部的应力状态和应力作用方式以外，构造缩短隆升与地表风化剥蚀的相对速率、变形地质体早期构造变形特征、沉积岩性和岩相的变化等，对于逆冲断层的扩展方式也具有重要的控制作用。已有研究还揭示，在总体上呈前展式扩展的逆冲系统中，也可以出现与预期的扩展顺序相反的新逆冲断层。这种在一个逆冲构造形成过程中，与总体扩展方向相反的断层扩展方式，被称作反序列逆冲断层（out-of-sequence）扩展方式。

确定和判别逆冲构造系统中的断层扩展方式，是一件相对比较困难的综合性研究工作。尽管从理论上讲，可以根据逆冲系统的总体变形特征、逆冲断层之间的交切关系等，对扩展方式作出判断和分析，但是，实际工作中往往需要将构造变形研究、同构造变形沉积记录分析、与构造变形密切相关的同位素地质年代学工作等结合在一起进行综合研究，才可能确定比较可靠的逆冲构造系统的形成过程与断层扩展方式。

二、双重逆冲构造形成过程

Boyer & Elliott（1982）根据双重逆冲构造的规模和角度的实际数据统计结果，并且假定应变是平面的，变形前后岩层长度保持不变，褶皱为膝折式，设计了一个双重逆冲构造形成模式（见图7-4）。在起始阶段，存在着一个具有下盘断坡的断坪—断坡式初始断层S_0。随着后推力的作用，在已有的断坡下侧产生一个顺层的新破裂面，它向前扩展一段距离之后向上斜切初始断层下盘地层并与初始主逆冲断层会合（见图7-4A）。接下来，被切割下来的初始断层下盘部分沿着新断层S_1滑动，此时，初始断层S_0位S_1于方的部分随着下伏断层的运动被动地向前运移，但这段断层本身停止活动。在新生断夹块前方S_0位S_1，共同构成滑动面，即图7-4B中的S_0+S_1。随着新形成的断夹块沿着新断坡发生位移，在下盘断坡上方发生膝折式弯曲形成所谓的断弯褶皱，上覆初始断层上盘岩席一并卷入这种褶皱变形。这一过程再次发生（见图7-4C）时，在第一阶段形成的断弯褶皱将遭受一定程度的展平作用，而在新的断坡上部形成新的断弯褶皱。这样的变形过程持续发生，就形成了平顶状的双重逆冲构造（见图7-4D）。

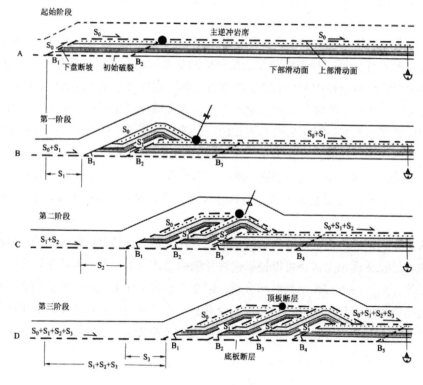

图7-4　双重逆冲构造形成模式

上述Boyer & Elliott（1982）的双重逆冲构造形成模式是基于Rich（1934）的断坡背斜概念而提出的。该双重逆冲构造形成模式有如下几个特点：

（1）要求有一个具有下盘断坡和断坪几何学特征的初始断层存在，也可以把它看作初始顶板断层。

（2）在断片逐渐形成的过程中，不断使顶板断层发生先断弯褶皱变形，然后再展平形态变化，剖面上地层迹线的"S"形态也是这样形成的。

（3）底板断裂是下盘逐渐破裂联合的产物；位于顶、底板断裂之间的分支断层或连接断层形成以后不再发生位移。

该模式存在着下面两个问题：第一，它要求每一个断片先发生褶皱弯曲，尔后部分变平形成开阔的"S"形态。有学者证明，双重构造的缩短从前锋到后缘是递进变化的，而不像上述双重逆冲构造形成模式所预期的那样呈跳跃式，即上述过程是不可能的。第二，大量的逆冲双重构造实际研究中，并未在双重构造之前锋部位发现有形成最晚的断坡背斜，而上述双重逆冲构造形成模式要求有这样的断坡背斜。

为了解释天然双重逆冲构造的上述重要特征，Tanner（1992）提出了一个新的双重构造形成模式。该模式认为，双重构造可以看作由活动的底板和顶板断层所围限的由下盘破裂并不断添加的锥形模（tapered wedge）。在这种双重构造的形成过程中，沿底板断层、顶板断层和连接断层以及反向断层的增量调整，使断片之间保持协调一致并使顶板冲断层保持平板状。

第三节　逆冲断层相关褶皱变形

逆冲断层和褶皱作为收缩变形主要构造形迹经常同时出现在逆冲构造系统中。断层两盘相对运动在断层附近形成牵引褶皱，以及平卧褶皱在倒转翼拉断形成褶皱推覆体的现象早已被人们所熟知。在逆冲构造系统研究中，人们发现其中有些褶皱的产生和几何学特征完全受到逆冲断层几何学和运动学的制约，所以提出了逆冲断层相关褶皱的概念，并将其应用到前陆褶皱逆冲带基础理论研究和油气勘探的实际工作中。逆冲断层相关褶皱构造包括三种基本类型：断弯褶皱、断展褶皱、滑脱褶皱。

一、断弯褶皱

断弯褶皱，是指逆冲断层上盘席体沿着断坪—断坡式阶梯状断层面运动时，为了适应断层面的产状变化而发生被动弯曲所形成的一种褶皱。美国构造地质学家Rich（1934）在研究美国东部阿巴拉契亚造山带逆冲推覆构造及褶皱构造时，首先强调了这种褶皱变形机制。Suppe（1983）全面总结和研究了断弯褶皱的几何学特征和形成过程的二维模型，并提出了根据这种构造模式定量分析逆冲推覆构造几何学与运动学的方法。

在图7-5所示的断弯褶皱形成过程中，逆冲断层上盘岩席沿着断坪—断坡式断层发生初始位移时，首先形成一宽缓的箱形褶皱（见图7-5A），实际变形结果可以表述为位于逆冲方向上的前翼背斜-向斜对，和位于初始断坡后侧的后翼背斜—向斜对。在逆冲位移小于初始断坡长度的断层滑动过程中，前翼背斜轴面（AX）固定而向斜轴面（A′X′）在保持与背斜轴面平行的状态下不断向断层运动方向移动；而在后翼褶皱对中，向斜和背斜轴面亦保持平行，向斜轴面（BY）固定不变，背斜轴面（B′Y′）沿着断坡向上移动。

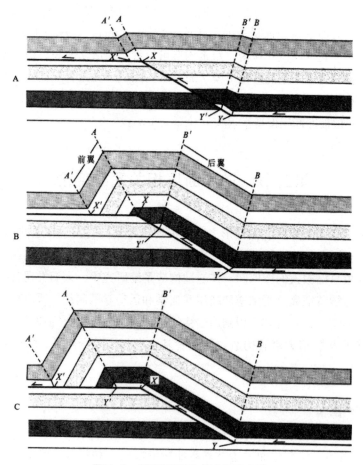

图7-5　断弯褶皱形成过程示意图

上述过程实际上就是断弯箱形背斜前翼和后翼长度不断增长的过程。当褶皱上盘位移量达到初始断坡长度，即后翼背斜轴面位于初始断坡的顶端时，两翼长度不再继续发生变化，断弯褶皱基本成型（见图7-5B）。如果位移量继续增大，则后翼褶皱对的轴面位置不再继续移动，而前翼褶皱对的轴面不断向前移动，形成平顶且顶部逐渐加宽、后翼背斜后侧产状与初始断坡产状相同的断弯褶皱（见图7-5C），直到在下盘形成新的断坡，使已经形成的断弯褶皱几何学形状发生改变。

二、断展褶皱

断展褶皱是与逆冲断层作用相关的另一种褶皱构造，是在逆冲断层扩展的前方、在下盘断坡的前端，即逆冲断层断尖线位置形成的褶皱。沿着断层的位移在此转化为褶皱变形，换言之，断层滑动在此消失。Suppe & Medwedeff（1990）系统研究了断展褶皱的几何学特征和运动学演化过程。在断展褶皱的形成过程中，两翼的长度及前翼的产状与沿断层发生的位移量有关，后翼产状大致与断坡产状相同。与断弯褶皱不同的是，这种作用通常产生具有陡倾甚至倒转前翼的强烈不对称褶皱。

三、滑脱褶皱

滑脱褶皱与通常意义上的侏罗山式褶皱类似。逆冲断层顺层发育，上盘岩席沿着断层的位移，在内部以褶皱变形的方式加以调节，这种作用所形成的褶皱即滑脱褶皱。与断展褶皱不同的是，形成滑脱褶皱的逆冲断层没有断坡发育。

上述三种不同类型的逆冲断层相关褶皱是进行了高度概括和简化的情形。实际上，自然界中的逆冲断层之扩展并非限于一种机制，在一条逆冲断层生长过程的不同阶段，或者当断层切过不同岩性的地层层位时，其形成与扩展机制就可能不同，而可能包含了一种以上的扩展机制。断层的持续活动，可以将先形成的断展褶皱切穿，并进一步发生位移，从而形成既不是典型断展褶皱，也非典型断弯褶皱的逆冲断层相关褶皱构造。另外，与顺层逆冲断层相关的滑脱褶皱，也只能是逆冲断层发育过程中某一阶段的产物，持续的断层活动势必要切断上覆地层，即发育断坡，进而形成滑脱褶皱、断展褶皱和断弯褶皱混合在一起的所谓混合断层相关褶皱构造。

第四节 逆冲推覆构造形成机制

一、逆冲推覆构造的动力学问题

1. 后推力模型

野外地质调查已证明了大规模地质体被远距离运移的事实，因此，当人们考虑到是什么原因使这些地质体发生这样的位移时，首先想到的就是在这些地质体的后侧有施加给它的推力作用，这就是有关逆冲推覆构造形成机制的后推力模式。逆冲推覆构造经常出现在由于板块俯冲或者碰撞所形成的造山带的外侧，如北美东部的阿巴拉契亚古生代造山带西侧前陆褶皱逆冲带、北美西部的科迪勒拉中生代造山带东部前陆褶皱逆冲带以及喜马拉雅造山带南侧锡瓦利克前陆逆冲带等，它们为后推力模式提供了逆冲推覆构造形成背景的地质依据。

Smoluchowski（1909）最早定量分析了形成逆冲推覆构造的力学机制问题。他将逆冲块体假定为长方体，滑动面是干燥的水平面，块体与下伏岩系之间的摩擦系数采用铁与铁之间的摩擦系数。通过计算使上覆块体运动所需的摩擦阻力与岩石强度资料进行对比，发现要使块体发生整体运动并保持基本完整，可以运移的地质体规模远小于野外地质观察所确认的逆冲推覆体规模。

为了使可以移动的推覆体规模增大，考虑到实际观测发现的逆冲推覆构造通常表现为前缘较薄、后部较厚的几何学特征，随后又将逆冲岩席的形状假定为楔形体而不是长方体进行定量计算表明，岩石强度允许移动的推覆体规模也只有实际观测主要逆冲断层移动块体长度的30%，即仍远小于实际观测结果。因此，后推力模型并未能合理解释推覆体整体移动时，岩石强度允许的推覆体规模与实际观测结果之间的巨大差异。

2. 重力滑动模型

尽管在实际研究工作中发现，逆冲断层大多是倾向于其来源方向的，但是，由于断层面可以作为一种面状构造在其形成之后经历变形导致其产状发生改变，因此不能排除有些逆冲推覆构造断层面的原始产状倾向于上盘运动方向。如果存在这种情况，那么，断层上盘岩席本身的重力，即可成为驱使它发生位移的动力，此即逆冲推覆构造的重力滑动动力学模式。该模型在20世纪60年代比较流行，大部分地质学家认为，前陆褶皱逆冲带是逆冲岩席沿着造山过程中腹陆抬升而产生的斜坡向下滑动的结果。

3. 重力扩展模型

褶皱逆冲带地震反射资料显示，几乎所有典型的褶皱逆冲带基底滑脱面都倾向腹陆而非前陆，在这种情况下重力滑动的动力学机制无法发挥作用。为了解释这一矛盾，一些构造地质学家提出褶皱逆冲带的形成是重力扩展的结果，即当一个造山带中增厚的地壳发生"垮塌"并且在自身重力的作用下发生侧向扩展时形成了褶皱逆冲带，就好像大陆冰盖从有积雪堆积的区域向外扩展一样。Ramberg（1981）根据离心底辟模拟建立的数学模型计算指出，重力扩展作用在褶皱推覆体的形成中具有重要作用。但是，地壳浅处的岩石的物理性质无法与实验材料相比拟，即处于脆性变形域的地壳岩石不可能强度降至零状态以使其在自重下就可发生扩展变形作用。只有当岩石处于非常软弱的情况下，即岩石处于接近于其熔融温度的环境时，或者沉积物尚未固结并具有很高的空隙流体压力时，重力扩展作用才会造成重要的变形作用。因此，这种机制在广泛发育的逆冲推覆构造带形成中的作用是非常小的。另外，从构造平衡的角度考虑，单一的重力扩展模型形成大规模逆冲构造是非常困难的。

4. 孔隙压力与超常液压的作用

在地质学家探索逆冲推覆构造形成动力学模式的过程中，考虑驱动力的同时，所要解决的另外一个问题就是，如何降低逆冲推覆体整体位移所需克服的摩擦阻力，以使作用力在能够驱动推覆体位移的同时不被破坏。Hubbert & Rubey（1959）通过实验研究，分析了孔隙压力和超常液压在逆冲推覆构造形成过程中的作用，为解决逆冲推覆构造形成的动力学问题提供了新思路。Hubbert & Rubey（1959）指出，在Smoluchowski（1909）的模式中，所考虑的只是干燥的逆冲滑动面，而地壳中的绝大多数沉积岩是富含流体的。在这种浸湿的岩石内部发育有彼此相互连通的裂隙和孔隙，流体充盈于这些裂隙和孔隙当中。充填于岩石孔洞和裂隙中的液体产生的压力即静水压力，而产生于固体颗粒内部由于颗粒之间的直接接触而形成的压力为静岩压力。研究显示，通常情况下静水压力与静岩压力之比（λ）近似于0.4。然而，在深钻孔中所测得的λ值常常超过这个值，即所谓异常或超常空隙流体压力。

由于存在孔隙流体压力，有效正应力将降低，当静水压力接近静岩压力，即λ趋近于1时，有效正应力则逐渐变小并趋近于0。因此，流体压力减小了作用在任何滑动面上的有效正应力，而对剪应力没有任何影响。如果在逆冲推覆构造断层带中存在异常孔隙流体压力，则推覆体运动所需克服的摩擦阻力就会大幅度降低，从而使可移动的推覆体规模加大。

实际观测发现，许多逆冲断层面附近都发育有厚薄不一的细粒化断层岩或断层泥，而岩石粒度的减小将使其表面积增加，发生膨胀，从而为异常流体压力的产生创造了条件。此外，断层带内流体的存在起到类似润滑剂的作用，使摩擦系数显著降低。加上前述流体压力的存在还减小了作用在滑动面上的正应力，因此，流体与孔隙液压的存在为促使逆冲岩席沿着断层发生滑动和位移创造了条件。

二、逆冲断层扩展与推覆体位移的位错模型

在分析上述逆冲构造形成动力学模型中不难发现，它们都基于这样一种假设：

在整个逆冲断层面上的初始滑动和整个逆冲推覆构造的形成是同时的。但是，实际情况可能并非如此。尽管有些模式考虑了实际逆冲推覆构造的特征，但仍然忽视了一些可能是最重要的特点。其中包括：

（1）在实际断层中沿着位移方向和垂直位移的方向上，位移量有明显的变化。这表明岩席不是一个刚体，而是具有透入性变形；除了沿不连续剪切面出现的大型位移以外，逆掩断层还以较小的透入性和分散的位移遍布于岩席之中。而在前述各种模式中，都假定逆冲岩席是刚性的。

（2）从断层几何学来看，无论观察的尺度多大，绝大多数逆掩断层都是在具有连贯性的岩体内的不连续剪切面，这些剪切面只在其各自的范围内是连续的。这与前述模式中将断层面处理为一个连续的断层面是不同的。

（3）断层总的位移在这些不连续剪切面的不同地段都是变化的，总位移量是许多相对较小的递进位移累积的结果，这些递进位移也在其断层面上有限部分的各个段落发生变化。

（4）每个次级断层的位移都是从局部剪切破裂开始，然后以位错方式传播的。而不是断层面突然形成，然后被断层分割的岩块之间发生整体的相对运动；无论是在哪一种断层位移事件中（地震或蠕变），断层面上的一部分仅仅在一段时间内处于相对运动中，而并不是整个断层同时处于运动状态。

因此，前述模式将巨型逆冲岩席作为一个完整连续的刚性体，使其沿着连续的断层面同时发生运动的假设与实际情况不符。

实际上，逆掩断层的基本几何学型式及其最终呈现出的区域性规模，是以类似于晶体内部位错移动的方式来实现的。就像软体昆虫的移动那样，在每一瞬间，只需移动其身体的某一部分，最终实现整体的位移。在这个过程中，并不需要一种应力使整个块体在某一瞬间同时移动。逆冲断层的扩展过程不仅仅是由断层面上的滑动摩擦阻力所决定的，也受岩体强度的非均质性及各向异性、区域应力场的变化所控制。

三、临界楔形体模型

基于对造山带前陆褶皱逆冲带、板块俯冲带增生楔等逆冲构造几何学与运动学特征的深入研究，加之相关物理模拟研究工作的开展，以及推土机和铲雪机工作过程中前部物质形态与运动方式的启发，结合前述几种不同动力学机制于一体的构造动力学模型——临界楔形体模型，被提出并用以阐释逆冲推覆构造的形成过程。

临界楔形体模型的主要参数包括向前陆倾斜的楔形体表面（坡角为 α）、向腹陆倾斜的基底滑脱面（倾角为 β）、楔形体的顶角（$\phi = \alpha + \beta$）。楔形体的后侧为阻止物质向后运动的障碍物或挡板。临界楔形角（ϕc）是能使楔形体保持稳定状态的最大顶角，取决于构成楔形体物质内摩擦角、底部滑脱面上的摩擦系数，以及楔形体内和滑脱面上流体压力与上覆压力的比值。

在后推力的作用下，楔形体宽度逐渐增大，通过楔形体内部褶皱和逆冲断层变形使楔形体顶角逐渐增大，当超过临界楔形角时，楔形体则通过重力导致的伸展垮塌作用或重力扩展，使楔形体顶角变小而恢复到稳定状态。继续的后推力作用下，上述过程反复进行最终导致逆冲构造系统的向前扩展。总的来说，在临界楔形体模型中，变形带通过：①在楔形体坡脚添加新物质造成表面倾斜度减小；②楔体内部变形增大表面倾斜度；③伸展变形（即腹陆垮塌）和/或楔体剥蚀造成楔形体减薄等方式，来维持 $\phi = \phi_c$ 的动态平衡而得以演化和生长。

如果其间有外动力引发的楔形体表层物质剥蚀及向逆冲系统前缘的迁移，则会加速后推力引起的楔形体内部变形及逆冲系统向前陆区域的扩展。因此，逆冲推覆构造系统的形成和扩展过程，既受水平方向边界应力的作用，也受重力势能的显著影响。此外，外动力地质作用对逆冲系统表层的改造作用也是个不可忽略的重要因素。

第八章　伸展构造

　　伸展构造是地壳或岩石圈在区域性引张作用下拉长、变薄、断陷甚至裂开所形成的一套构造系统。尽管在自然界中的正断层的识别已有逾百年的历史，而对伸展构造的系统研究和深入认识，则是20世纪70年代末以来才兴起的。Anderson（1971）首先研究了美国西南部盆—岭区Mead湖区的大规模新生代伸展构造。Armstrong（1972）对内华达州中西部低角度正断层的研究证明了其在盆—岭区伸展构造变形中的重要性。1977年召开的科迪勒拉变质核杂岩彭罗斯会议，以及随后于1980年出版的相关文集，成为伸展构造研究的里程碑。其中重要的进展之一是，发现和证明了大规模低角度正断层的存在，并建立了变质核杂岩的概念。在国内，20世纪80年代初，马杏垣等在研究中国东部大陆动力学时明确提出了伸展构造，并指出在地壳构造演化过程中伸展构造变形与收缩变形具有同等的重要性。

第一节　伸展构造在地壳不同层次中的表现

　　随着深度的增加，地壳或岩石圈中的岩石发生由脆性—脆韧性—韧性变形行为的变化，因此，在相同的应变状态下地壳或岩石圈遭受伸展变形时，在不同深度层次中可以产生多种不同的伸展构造形迹和构造组合。

　　（1）在地壳浅部脆性变形域中，伸展构造以脆性高角度正断层及其组合形式为主。最简单的组合形式表现为倾向相反的平面状正断层所组成的地堑、地垒构造组合。地堑和地垒的边界也可以由一系列产状和运动学性质类似的正断层组合构成，即所谓阶梯状正断层及其所控制的半地堑或箕状断陷盆地。当断层面沿着倾向方向上倾角发生变化时，则出现铲状断层及其控制的半地堑盆地，或者一系列产状缓、陡相间的断层段所组成的台阶状断层及上覆更为复杂的断陷盆地。

　　（2）在地壳中部脆—韧性变形域，随着深度增加以及岩石能干性的不同，比较强硬的岩石保持脆性变形行为的同时，另外一些岩石已经进入塑性（韧性）变形状态，因此，在同样的应变状态下会同时出现韧性变形和脆性变形共存的构造现象。具体的构造样式即为不同尺度的香肠构造，既可以是显微和露头尺度的，也可以是区域乃至地壳尺度的。其共同特点是，在垂直地壳表面方向上变薄，而在水平方向上伸长。当所有岩石均表现为塑性变形时，伸展构造则以发育近水平的韧性剪切带为特征。因此，在深剥露的高级变质地区发现区域性缓倾斜的面理和线理及其所代表的韧性剪切带时，需要仔细、深入地开展工作，以确认它们是否代表了深层次的伸展构造。

（3）在地壳下部构造层次中，伸展构造除了表现为许多散布性的韧性剪切带之外，温度升高及伸展构造减压双重作用会导致熔融岩浆的产生，岩浆的侵位在促进伸展构造变形持续进行的同时，更明显地表现为基性岩墙群的侵入。这种有规律产出的岩墙群的发育，也反映了地质历史时期伸展构造作用的存在。如五台—太行山区基底中的元古宙辉绿岩岩墙群，为来源于上地幔的熔融体沿张裂侵位而成，地表所见岩墙呈北北西走向，单个岩墙宽 10 ~ 30m，最宽可达 60m，沿走向宽度变化不大，可长达十几千米，反映了整个地区在当时沿北东东向的伸展。

第二节　伸展构造组合形式

一、盆—岭构造

盆—岭构造通常是大陆伸展构造系统在浅表层次的构造表现，是指在伸展变形区域，由掀斜构造、阶梯状正断层、地堑、地垒等共同产出，形成由不对称的纵列单面山、山岭及其间的盆地组合而成的构造—地貌单元。

北美科迪勒拉造山带盆—岭区，是建立盆—岭构造概念的经典地区。该区域从墨西哥北部经美国西部一直延伸到加拿大，全长约 3000km，最宽处位于美国西部，宽达 1000km，而在南、北两侧都明显变窄。盆—岭区由一系列 NW-NNW 向延伸、相间分布的山脉和盆地组成。多数山脉以正断层控制的掀斜断块为主要构造特征，边界正断层在浅部陡倾，向下变缓从而整体上表现为铲状形态，在平面上总体平行于整个构造区展布。谷地大多呈现为地堑或半地堑型式。在靠近邻近山岭的谷地边缘，多接受粗粒冲积扇沉积和滑坡沉积，离山脉较远的地方，沉积物逐渐变细并与湖相沉积相过渡，谷地最低洼处多被干盐湖所占据。谷地盐水沉积中包括石盐和石膏，以及少量的锶盐和硼盐。

沿着盆—岭边界单一正断层的位移量为 8 ~ 10km，而沿着穿越几个山脉的铲状正断层的位移可以达到15~20km，穿过整个盆—岭区的总位移量沿走向变化较大，可以从位移较小区域的约60km到最大伸展区域的300km以上。

大地热流测量表明，盆—岭区的大地热流是正常大陆区域的3倍。历史地震多沿着盆—岭区东、西两侧近南北向展布的边缘区域发生，地壳最薄的区域也是活动地震分布区，并与大盆地中两个低地形区域相对应。且震源机制显示均为正断层地震，伸展轴总体上呈现为近东西向。地震折射探测表明，盆—岭区地壳较薄且位于低速地幔之上。

在地质历史时期形成的盆—岭构造，会因后期改造而失去地貌上的盆—岭特征，但是仍然可以保留有比较好的盆—岭构造变形格局及其所控制的沉积作用。辽东湾古近系的构造就呈现为箕状坳陷和潜山相间的盆—岭格局。

二、变质核杂岩构造

自从20世纪70年代美国学者在北美西部科迪勒拉山的构造研究中提出变质核杂岩的概念以来，人们认识到变质核杂岩是大陆伸展构造变形的一种重要构造组合型式。变质核杂岩，是指从破裂和伸展的上地壳岩石下被剥露出来的、位于大规模缓倾斜的正断层之下的大陆中—下地壳岩石组成的地质体，是大陆伸展构造变形的结果。

1. 变质核杂岩构造要素与基本结构

Coney（1980）总结科迪勒拉变质核杂岩基本结构时，指出其具双层结构的特征：下部由老变质岩和深成侵入岩组成，发育缓倾面理和线理的糜棱状和片麻状组构；上部为未变质的盖层，以发育高角度正断层系为特征；其间为滑脱带或变质梯度突变带，为上盘向下滑动的大规模低角度正断层——剥离断层。

宋鸿林在总结了世界上不同地区发现的变质核杂岩构造特征之后，认为三层式结构在变质核杂岩中更具有普遍性，即在核部杂岩周围介于基底滑脱断层和以脆性断裂为特征的盖层之间，存在着一个浅变质、通常是绿片岩相或部分达到角闪岩相的层状岩系，且存在受到了强烈近水平剪切所引起的韧性非共轴流变的中间层。从而使得剥离断层不一定是分开脆性与韧性变形域的滑脱面，而是代表了分开不同变形相的滑脱面。这个滑脱面既可以是使糜棱岩化的结晶基底与脆性变形的沉积盖层相接触，也可以是糜棱岩化的结晶基底与韧性流变的浅变质岩系相接触，还可以有许多盖层中的低角度正断层使脆性变形的上盘与韧性变形的中间层相接触。但它们共同的特征是，新的地层单位以低角度正断层盖于老的地层单位之上，中间由于构造剥蚀作用造成部分地层的缺失。

根据Davis等对美国西南部Whipple山变质核杂岩的研究，变质核杂岩常见构造要素与主要特征可以概括如下：

（1）在空间上呈穹状或长垣状大型背斜的外貌。通常具有一翼陡、一翼缓的不对称的几何形态，地貌上常为区域内的最高山。

（2）核部以构成地台基底的古老中、下地壳中—深变质结晶岩为主，亦有变质的沉积盖层岩系，另外还常见晚期的同构造侵入的中酸性岩体，伟晶岩脉和混合岩化也很普遍。

（3）核部杂岩的顶部为一个以糜棱岩类岩石为特征的韧性剪切带，发育以缓倾面理和矿物拉伸线理为特征的构造岩，反映了在深处经历了韧性域变形。由于变质核杂岩的不均匀抬升和原有地壳水平分层的倾斜，标志着脆—韧性变形域转换位置的糜棱岩化前锋带（MF），出露在剥离断层的下盘，并在剥离断层晚期活动中遭受了改造和破坏。

（4）糜棱岩带的顶部被大型低角度正断层，即剥离断层（DF）所切削，使早期形成的糜棱岩发生脆性变形并受到蚀变，形成赤铁矿化或绿泥石化碎裂岩类，甚至可出现假熔岩。剥离断层构成了脆性变形上盘和韧性变形下盘的分界，上、下盘之间存在变质相的截然变化。

（5）上盘以未变质或极轻微变质的盖层岩层为主，也有少量地台基底变质岩系，其中发育多世代、不同类型的正断层；有铲状正断层、近平行的平面状高角度正断层以及平面状低角度正断层，反映了水平伸展下的浅层次脆性变形；上部盖层脆性域伸展方向、剥离断层滑动方向及下盘糜棱岩中的运动方向在运动学上具一致性，反映了统一的运动方式。

2.　变质核杂岩发育模式

关于变质核杂岩的形成模式，有两种不同认识：一种观点认为地壳的伸展引起了核杂岩的上升和岩浆的侵入；另一种观点则主张地幔上隆、加热与岩浆侵入引起了上部地壳的伸展。

Coney（1980）研究指出了科迪勒拉变质核杂岩与披盖片麻岩穹隆之异同，强调了伸展作用是变质核杂岩形成的主要因素。强调伸展作用主导的变质核杂岩形成模式（见图14-8）认为，正是上盘的伸展和剥离引起地壳变薄，由于均衡作用使地幔上隆及下盘上拱而形成了变质核杂岩。在这种变质核杂岩的形成过程中，中部地壳韧性流层之上的浅部地壳伸展破裂和断陷及其所控制的沉积作用出现较早；持续伸展过程中多期正断裂生成导致的上地壳破裂和变薄，引发下盘深部地壳物质的均衡抬升作用；进一步的均衡隆升及地壳减薄减压引发的岩浆侵入等，最终导致原本位于地壳较深部位的地质体暴露于地表，上部地壳物质直接覆盖或"漂浮"在来自深部的地壳物质之上，形成变质核杂岩构造。

变质核杂岩热隆成因说也一直受到人们的重视，Crittenden（1980）倾向于认为科迪勒拉变质核杂岩代表了局部的热点，是非均一热事件的产物。Lister et al.（1993）探讨了侵入作用与变质核杂岩的成因关系，认为连续的席状侵入体的加入可能引起核杂岩的差异性隆升，而且在岩浆热和应力共同作用下可促使围岩发生糜棱岩化和韧性剪切变形，由此可以较合理地解释岩浆作用和糜棱岩化的时空关系。这种模型认为变质核杂岩演化中的脆—韧性变形的过渡，主要取决于侵入事件后侵入体上部韧性剪切带的冷却，而与深度无关。当侵入作用集中于一处时，形成单个隆起；当侵入作用分散于多处时，就形成多个分散的隆起。在变质核杂岩形成过程中，源自深部的岩浆活动引起中部地壳的热弱化和侧向韧性流动；这种侧向流动向上部地壳传递，导致浅部地壳的伸展、断陷与变薄；上部地壳变薄引发的均衡抬升和持续的深部热活动进一步发展，导致上部地壳强烈伸展破裂并直接构造覆盖于深部地质体之上，形成变质核杂岩。

三、裂谷

裂谷是由于伸展作用而形成的规模巨大的狭长断陷构造，往往切割很深，并在地表形成凹陷。根据构造位置可以分为大陆内部裂谷、陆间裂谷、大洋裂谷三种基本类型。东非裂谷和贝加尔裂谷是典型的大陆内部裂谷，红海裂谷是陆间裂谷的代表，而大西洋中央海岭上的裂谷则是典型的大洋裂谷。大洋裂谷、陆间裂谷和大陆裂谷共同构成了与全球造山带构造相对照的全球裂谷系统。一般认为，从大陆内部裂谷的产生，经陆间裂谷的发育，到大洋和大洋裂谷的形成，被认为是裂谷构造演化的完整序列，也反映了大陆的开裂、漂移、海底扩张的过程。

1. 裂谷的主要特征裂谷谷地

（1）平面几何学特征与构造组合：裂谷构造在地球表面具有相对狭长的几何学形态，由一系列的地堑、半地堑组成，在地貌上通常表现为断陷谷地和断陷盆地等构造—地貌景观。

如贝加尔裂谷系，由13个地堑系组成，裂谷系长2000km，宽40～80km，东非裂谷长逾6400km，宽48～64km。

（2）地理地形特征：经常发育于宽阔的区域性地形隆起背景之上，这意味着在裂谷下面不太深的地方，可能存在着异常轻的地幔物质；或者是在裂谷地区岩石圈的底部存在所谓的地幔柱（mantle plume）。此外，在裂谷肩部通常存在局部的隆起，叠加于宽广的地面隆升之上。

（3）沉积作用与岩浆活动：裂谷中常常会沉积一套巨厚的包括磨拉石等粗碎屑沉积、蒸发岩、火山熔岩和火山碎屑沉积的特征沉积序列和沉积物。大陆裂谷的岩浆岩有两类共生组合：一类是大陆溢流玄武岩，主要是拉斑玄武岩，也包括碱性玄武岩及其深成侵入岩体；另一类为双峰式系列，可以是拉斑玄武岩—流纹岩组合，也可以是碱性玄武岩—响岩或粗面岩组合。

（4）地壳厚度：地震和重力资料反演表明，大陆裂谷区的地壳厚度相对于周围地区明显变薄。例如，贝加尔裂谷区地壳厚度约为35km，而其外围非裂谷区地壳厚度达42～46km。此外，裂谷带内的地球物理场一般表现为巨大的负布格重力异常和负磁异常，或者为负背景值上的正异常。裂谷的边界一般表现为明显的重力梯度带和磁异常带。

（5）地热特征、火山及地震活动：通常具有高于周围地区的热流值，火山和地热活动强烈，具有广泛而强烈的浅源地震活动。

2. 裂谷形成机制

关于裂谷的成因机制，有两种不同的观点，即主动裂谷作用与被动裂谷作用。

主动裂谷作用：是指由于下伏软流圈的主动上涌而引起的岩石圈拉伸而形成大陆裂谷的作用。主动裂谷作用的地质构造过程序列一般是：岩石圈隆起—火山作用—伸展破裂，其显著特征是存在裂前隆起和火山活动。

被动裂谷作用：是指由于大陆板块之间沿着板块边界发生的相互作用产生的平面应力作用，致使大陆岩石圈遭受伸展变形产生裂谷的作用，裂谷区的软流圈隆起是由于均衡作用而被动上涌的结果。被动裂谷作用的一般地质作用过程序列为：岩石圈减薄—沉降—裂开—火山活动。

第三节　剥离断层

剥离断层（detachment fault）由 Armstrong（1972）提出，指美国西部盆—岭区的低角度正断层，它可以使浅层次或年轻地质体直接覆盖在深层次或老地质体之上。Lister 和 Davis 指出，剥离断层在大陆岩石圈伸展构造变形过程中具有关键性意义。

一、剥离断层主要特征

Davis et al.（1986，1988）指出，剥离断层具有两个本质特点：

（1）使新的或浅部构造层次的地质体直接构造覆盖在老的或深层次地质体之上；断层上、下盘岩石在变质相带上有突变，通常下盘为角闪岩相到麻粒岩相的深变质的结晶岩系，而上盘可以是弱变质或不变质的沉积盖层。下盘岩石在断层附近常叠加有绿片岩相的变质作用。

（2）老的或深层次地质体通常都发育糜棱片麻岩组构。下盘糜棱岩的糜棱面理与剥离断层面近于平行，其组构所反映的运动方向与剥离断层的运动方向一致。下盘的糜棱岩在剥离断层附近又被脆性变形叠加，形成典型的绿泥石化微角砾岩，说明下盘糜棱岩在伸展过程中被剪切而拖升至脆性域，并被后期变形所叠加。

此外，剥离断层一般还有其他四个特征：

①主剥离断层通常规模很大，如科罗拉多河流域 Whipple 山剥离断层至少有 15000km² 左右；斯内克河剥离断层东西向延伸超过 50km。

②剥离断层上盘可以发生不止一次的正断层作用，所形成的正断层既可以收敛于主剥离断层构成犁式断层，也可以截然交接其上，而在下盘很少或根本不发育这种断层。

③沿断层曾经发生过大规模的位移。

④下伏岩石经常是首先经历韧性变形，然后又在非常狭窄的带内叠加上后期的脆性变形。通常的变形序列：糜棱岩化片麻岩［剪切和退变质的糜棱片麻岩，以绿泥石化碎裂岩（或角砾岩）为代表］→假玄武岩→燧石状碎裂岩→微角砾岩→断层泥。

二、剥离断层的形成机制

关于低角度正断层的形成机制目前还是一个尚待解决的问题。因为根据安德森模式，在水平伸展下应当以形成高角度正断层为典型，而在水平挤压下才能形成低角度的逆断层。许多学者从不同角度试图解释这一矛盾。早期对盆—岭区的研究，有人把它解释为沿早期冲断层复活的正断层，从而把低角度断层的产生归因于挤压构造。另外一些学者曾将其解释为原始高角度正断层经多米诺式旋转而成现今的低角度，从初始的 60° 倾角可旋转变缓为小于 30° 的低角度。如果这种机制成立，则上盘岩层与断层面的交角应当相当大，而且沿剥离断层倾向，岩石的变质相将迅速增高，但是，对盆—岭区某些大的低角度正断层下盘岩石的变质相和其形成温度的调查，并未证实这一点，相反表明其原始状态即为低角度。

Lister & Davis（1989）在对科罗拉多流域的变质核杂岩研究中，根据野外调查资料认为，大规模低角度正断层的原始倾角就是平缓的。他们在强调剥离断层与近水平韧性剪切带的层次关系的同时，与地壳应力导层概念相结合，认为应力导层之下的部分为了调节应变的不相容性，必然产生缓倾的韧性剪切带，从而用韧性剪切带派生的应力场所产生的低角度正断层（同向断层）来解释主剥离断层倾角平缓的原因。也有学者运用附加应力有限元模型试图解释低角度正断层的力学机制问题。

近年来，郑亚东提出了"最大有效力矩准则"（Zheng et al.，2004），从理论上突破了安德森断层形成力学模型和库伦剪切破裂准则的限制，朝着在更加普遍的意义上解决这一重要基础构造地质学理论问题，迈出了重要的一步。

第四节　伸展构造变形模式

伸展构造变形机制可以区分为纯剪切、简单剪切及纯剪切与简单剪切混合变形三种类型，其各自主要特征简述如下。

一、纯剪切模型

纯剪切变形构造模式中，剥离断层位于地壳中脆—韧性转换带上，近水平状产出，剥离断层上盘的脆性变形与下盘韧性变形同时发生，是完整的岩石圈下部遭受一致的引张作用期间发生总体共轴伸展变形的结果。这种伸展构造变形机制一般形成近对称型的地堑式裂谷构造。裂谷边缘断裂构造相向倾斜且发育程度相似。其地壳厚度最薄的区域基本上位于裂谷区或盆—岭区域中部，大地热流值最高的部分也大致位于裂谷盆地的中央。软流圈垂向上涌作用往往是形成这种伸展构造的主要原因。

二、简单剪切模型

在简单剪切变形伸展构造模式中，剥离断层以较低的角度切过整个岩石圈，在浅部是一条重要的主干断裂，而从整个伸展构造演化过程来看，它实际上代表了缓倾韧性剪切带的上限。这个构造模式的实质是大陆伸展构造变形通过沿着一系列低角度正断层和剪切带的相对运动来实现，由于这种作用，使原处于深部的一部分地壳或岩石圈被拉至浅层或地表。由这种机制形成的伸展构造主要特征之一是，整个构造格局表现为单条主干剥离断层控制的不对称伸展构造，在表层以发育半地堑式盆地为主要特点。由伸展作用所造成的地壳或岩石圈的最大变薄区域并不是地表沉降和断陷最强烈的区域，而是在剥离断层向深部延伸方向上、偏离地表沉降中心一定距离的地方，相应地，由深部作用而导致的地热高异常区域也与沉降中心不一致。

三、混合剪切模型

简单剪切—纯剪切混合伸展构造模式中，地壳中部的脆—韧性转换带发挥了重要作用。其中切割并延伸到地表的、以简单剪切变形为主的剥离断层，小角度切穿上地壳，然后沿着脆—韧性转换带顶部横向延伸，而在转换带下部以向下变宽的纯剪切韧性变形一直延续到地壳底部。在浅层伸展构造变形最强烈的区域下伏壳—幔界面的向上弯曲，既可以是与纯剪切作用类似的变形作用的结果，也可能是浅部伸展、地壳变薄而诱发的岩石圈地幔部分均衡上升的产物。具体属于哪一种情形，需要对暴露于地表的不同层次构造变形形迹的运动学特征及相对时间关系进行系统研究。

第五节　伸展构造形成环境

伸展构造可以发育在多种构造环境当中，既可以出现在大的伸展构造背景中，也可以形成于大区域挤压或伸展背景的局部伸展环境。

（1）稳定大陆克拉通岩石圈在遭受来自深部软流圈的物质上涌与热弱化作用，是产生区域性大型伸展构造的重要背景，这种伸展作用的持续发展，将有可能经历从大陆裂谷到年轻大洋的形成，直至发育为成年大洋的威尔逊旋回早期演化过程。

（2）在大洋岩石圈向大陆岩石圈下部俯冲的板块汇聚背景中，俯冲板块由于向下俯冲发生弯曲，而在海沟外侧形成类似于纵弯褶皱外侧拉张的伸展构造。这种由伸展构造变形形成的地堑—地垒构造，在经过增生楔进而俯冲至大陆岩石圈板块之下的过程中，可以将部分增生楔富含水的沉积物带入深部，促进俯冲带岩浆活动的发生。

（3）伸展构造发育具有负反转构造或构造活化的特征。其特征表现为，早期经过板块汇聚碰撞形成的联合大陆，汇聚缝合带以强度相对较低的造山带形式存在，当区域应力转换为拉张时，首先沿着这些以造山带为主要标志的构造软弱部位发生伸展、张裂，并进而可能发育成新的大洋。三叠纪末以来新大西洋的形成，就是首先沿着古生代形成的阿巴拉契亚—加里东造山带发生的。

（4）伸展构造还可以发育在造山带中，最重要的形成方式即所谓造山后伸展垮塌作用。造山带地壳加厚导致的重力不稳、放射性元素的积聚引发的造山带地壳热弱化以及加厚地壳中下部可能产生的局部熔融、区域应力场的改变等因素的联合作用，可以在造山作用结束之后引发造山带伸展垮塌，其结果是形成造山带内部的伸展构造，具体表现形式可以有变质核杂岩、造山带内部的裂谷构造等。

（5）在大型走滑构造系统中，在次级断层叠接部位或断层弯曲处因为局部拉伸而形伸展构造，与所谓拉分盆地或斜向裂陷类似。另外，在汇聚板块边缘附近，由于俯冲板块回撤效应或因俯冲产生的局部地幔对流等作用，在仰冲板块一侧也会出现伸展构造变形，这种伸展变形区域还可能发育成为弧后盆地；与板块俯冲或碰撞造山作用同时发生的伸展构造变形，是在与造山带前陆褶皱逆冲带垂直的方向上，在造山作用相关的高原区域或稳定的克拉通区域，产生伸展变形形成裂谷构造。我国青藏高原近南北向展布的新生代裂谷，以及欧洲阿尔卑斯造山带以北的莱茵地堑系，就是这种变形的结果。

第九章 走向滑动断层

走向滑动断层，简称走滑断层，泛指两盘相对运动方向平行于断层面走向的断层。根据断层两盘在平面上的相对运动方向，分为逆时针旋转的左行走滑断层和顺时针旋转的右行走滑断层两种。走滑断层的断层面倾角一般大于60°，甚至近于直立。不少的破坏性地震是沿着走滑断层发生的，如1888年新西兰大地震以及1906年美国旧金山大地震。人们对走滑断层的认识和研究远晚于对正断层和逆冲断层的认识和研究。在19世纪地质学家就认识了正断层和逆冲断层，但直到20世纪初旧金山大地震之后，才逐渐发现并认识到走滑断层在地壳构造运动中的重要性。板块构造理论建立之后，在不同板块构造背景中识别出了诸多走滑断层构造，从而在大型走滑断层构造的特征和形成原因的认识方面取得了一系列重要进展。

第一节 走向滑动断层的基本特征

一、走向滑动断层的平面几何学形式

走滑断层在平面上通常呈直线延伸，在遥感影像上显示出良好的线形特征。规模较大的走滑断裂带往往不是以一条简单的断层面连续延伸的方式产出，而是由一系列有规律排列的次级断层共同组成，并因此出现断裂带的分段性。次级断层以与主断裂带相平行或以微小角度相交的方式斜列发育，排列方式一般可以分为左阶式和右阶式。左阶式是指各次级断层顺断层走向观察依次向左错列，而右阶式则指各次级断层依次向左错列。由于次级断层排列方式和断层两盘相对运动方向组合形式的不同，在相邻次级断层的叠接部位，会形成局部挤压或局部拉张的变形区域。另外一些较大规模的走滑断层中，次级断层本身并不呈现为平直延伸的特征，而是次级断层之间反复出现分散复合以及交叉的现象，从而在平面上组合成总体沿着主干断裂带展布的发辫状次级断层组合形态。

当一系列走滑断层组成大规模的走滑断裂系统时，走滑断层之间多呈现出平行

并列或斜列的组合形式。例如，中国东部郯庐断裂系统以及美国西部的圣安德烈斯断裂系统，均由一系列大规模的走滑断层以斜列和平行并列的方式组合而成。

在大规模构造系统研究中，还经常会发现存在由两组滑动方向相反的走滑断层相互交切而构成的棋盘格子或菱形网格状走滑断裂系统。例如，我国青藏高原地区以及天山中西部区域发育的NW向右行走滑断裂系统和NE向左行走滑断裂系统，即构成了大规模的走滑断裂网格系统。

二、走向滑动断层的剖面特征

走向滑动断层在剖面上最显著的特点是具有所谓的花状构造几何学特征。花状构造是指走滑断层系中，剖面上的一条走滑断层自下而上呈花状撒开的断层几何学形态。根据花状构造中次级断层在剖面上表现出的运动学特征，可分为正花状构造和负花状构造。

正花状构造：系指一条陡立走滑断层向上分叉撒开，成逆断层组成的背冲构造。正花状构造多形成于斜压（压扭）走滑断层系或者由于断层走向的改变而导致走滑断层局部遭受挤压变形的区段。正花状构造中，断层下陡上缓凸面向上，被切断的地层多呈背形，但不具弯滑褶皱性质。

负花状构造：系由一套凹面向上的正断层构成的类似地堑式的构造。堑内地层平缓，结部稍成被正断层破坏的向斜，向斜也不具弯滑褶皱性质。负花状构造通常形成于斜拉（张扭）走滑构造系统或因走滑断层走向变化使断层局部遭受拉伸作用的区域。

三、走向滑动断层形成环境

从走向滑动断层（简称走骨断层）产生的背景来看，它们主要形成于两类不同尺度和构造环境当中。一种是以相对较小的构造形迹存在，发育于地壳上部层次，其延伸规模一般不超过数十千米。这些走滑断层是由于水平运动的块体位移量沿走向发生变化而导致的，一般与主要的逆冲断层走向或褶皱构造展布方向近于垂直或以大角度相交。例如，在法国和瑞士交界地区的侏罗山一带侏罗系地层中就发育着一系列这种走滑断层；美国东部阿巴拉契亚造山带松树山逆冲构造系统两端的边界断层也属于这种断层。此外，在伸展构造系统中，连接相邻伸展断层，即伸展构造系统中的转换构造或变换构造部位，也通常是以发育规模较小的走滑断层为特征。另外一种也是更重要的一种类型是具有区域乃至大陆规模的走滑断层。这类断层通常切过整个地壳，而且经常产生在现今或古板块边界附近，有时直接构成了板块边界，如美国西部的圣安德烈斯断层、阿拉伯板块西缘的死海断层、新西兰的阿尔卑斯断层（Alpinefault）以及菲律宾断层等，另外一些虽未直接构成板块边界，但是与板块之间的相互作用，尤其是斜向俯冲作用或大陆岩石圈板块碰撞密切相关，如青藏高原及周边区域的大规模走滑断裂。

沿走滑断层发生的大规模位移在很长的时间里得不到人们的承认，直到1946年肯尼迪发现了确凿证据证明苏格兰的大格兰断层曾经发生过大约150km的左行位移之后，人们才逐渐认识到这一点。随后，Hill & Dibblee（1953）指出，沿美国西部的圣安德烈斯断层系发生了大约500km的水平位移。1962年，Allen指出了环太平洋地区与圣安德烈斯断层系类似的走滑断层的重要意义。除圣安德烈斯断层系外，还有南美安第斯山的埃塔卡玛断层、新西兰的阿尔卑斯断层以及菲律宾断层等。中国东部的郯庐断裂系也属于这类断层。

第二节　走向滑动断层内部应力状态和相关构造

一、纯剪切模式

Moody & Hill（1956）分析了与主干走滑断层相关的可能产生的次级（二级）及再次级（第三级）断层的方位和性质。在他们的分析中，假定初始最大挤压应力方向近于南北向，那么所形成的主干走滑断层将分别是走向N30°W的右行走滑断层和走向N30°E的左行走滑断层，一级主干褶皱的方向为近东西向。次级牵引褶皱枢纽走向与主干走滑断层夹角约15°。与主干右行走滑断层伴生的次级（二级）左行和右行走滑断层夹角为60°，且二者均与主干走滑断层以较大角度相交。三级次生断层和褶皱构造的方位和性质也在图中标记了出来。

Moody和Hill模式考虑了各向同性介质中纯剪切作用情况下产生走滑断层的可能方位和级次。但由于该模式是建立在介质和瞬间应变均一、主应力轴与主应变轴平行的假设基础上的，而实际情况难以符合这些条件，所以在走滑断层力学分析中应用该模式时遇到了许多难以解释的问题。其中，最重要的问题之一就是在自然界中并不常见呈共轭关系发育的两组走滑断层，尤其在大规模走滑断层中更为少见。

二、简单剪切模式

为了解释走滑断层系统中观察到的各种伴生和次生构造，人们又提出了形成走滑断层的简单剪切模式（见图9-1）。在右行简单剪切情况下，应变椭球体形状及伴生构造类型、方位如图9-1所示。因此，全面地讲，走滑断裂构造系统应该包含了图9-1中所有的构造类型，而不仅仅是一条简单的走滑断层。

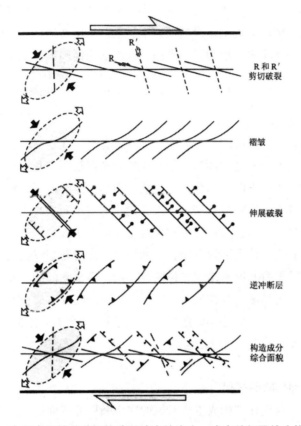

图9-1　右行走滑简单剪切构造系统中的应力—应变特征及伴生构造方位

第三节　走向滑动断层伴生构造

从前面走滑构造系统应力—应变特征及伴生构造理论分析可知，走滑断层系统中预期有多种伴生构造类型发育，而且它们的产出方位及与主要走滑断层之间的空间关系具有一定的规律性。这些伴生和次生构造，既是识别和建立走滑构造系统的重要基础，也是分析走滑构造系统动力学特征并确定运动学方向的重要依据，构成了走滑断层构造系统研究的重要内容。

一、雁列式褶皱

雁列式褶皱是走滑断层伴生的特征性构造之一。其主要特征是单一褶皱轴迹与走滑断层线以小角度相交，褶皱之间呈斜列或雁列式排列，褶皱群呈带状大致与主要走滑断裂平行。随着远离主走滑断层，褶皱逐渐减弱或倾伏。雁列褶皱或在走滑断层一侧，或在两条走滑断层为界的带内。在隐伏走滑断层的上覆盖层中，也常常发育雁列式褶皱。

二、雁列式断层

按照走滑断裂系统内部应力—应变状态理论分析，在走滑断裂系统中可以发育次级走滑断层、正断层和逆冲断层。如果次级走滑断层沿着里德尔剪切系统R破裂的方位发育，则次级走滑断层两盘相对运动方向与主走滑断裂一致，次级走滑断层与主断层交角比较小；沿着R'破裂方向发育的次级走滑断层与主走滑断层交角比较大且运动方向相反。走滑断裂系统中的次级正断层或张破裂（脉）平行于最大缩短方向，逆冲断层垂直于最大缩短方向，它们均与主走滑断裂以较大的交角相交。尽管这些次级断层的发育状况和出现方位明显不同，但是它们的共同特征是均呈斜列式排列，单体与主走滑断层存在或大（正断层、逆冲断层）或小（走滑断层）的交角，群体组合呈带状与主要走滑断裂平行。它们既可以发育在主要走滑断层的一盘，也可以分布在两条主要走滑断层之间。

三、拉分盆地与横向隆起

在走滑断层走向变化或构成主要断层的次级断层叠接部位，由于断层弯曲或叠接方式与两盘运动学特征的不同组合，断层两盘的相对运动会在这些部位形成局部拉伸或局部挤压的应力状况，相应地就会产生拉分盆地和横向隆起。

1. 拉分盆地

拉分盆地（pull-apartbasin）系指在走滑断层系中由于局部拉伸而形成的断陷盆地，1966年伯希菲尔（B.C.Burchfiel）在研究圣安德烈斯走滑断层控制的死谷盆地时首次提出。此后在研究圣安德烈斯断层和亚喀巴湾—死海裂谷系中，对拉分盆地有了更深入的了解。

拉分盆地平面形似菱形，盆地两侧长边为走滑断层，两短边为正断层。盆地的规模变化很大，大者长逾百千米，宽数十千米；小者长数百米，宽仅数十米。Aydin&Nur（1982）研究了走滑断层伴生的菱形状拉分盆地和隆起的长/宽比。他们在研究了规模大小不一的70余个盆地之后发现，拉分盆地与沿走滑断层发生的位移量无关，长/宽比值介于2∶1～5∶1，且多数为3∶1～4∶1。

　　拉分盆地可以是在两条走滑断层控制下发育的，也可以是在一组雁列走滑断层控制下发育形成的。雁列走滑断层控制下发育的拉分盆地，各盆地先单独发育后相互连接组成复合盆地。因此，一个大型拉分盆地内部可能存在次级走滑断层和次级拉分盆地，形成盆中盆或堑中堑构造。拉分盆地一般窄而长，在其形成演化过程中，宽度因取决于两条边界走滑断层的间隔而相对稳定。初始长度决定于两条边界走滑断层的重叠距，但会随着走滑断层的持续活动而不断增长。

　　与其他成因的盆地相比，拉分盆地发育和沉降速率快，沉积厚度大，沉积相变化迅速。沉积物和沉积相因形成的自然地理环境而异。如果拉分盆地形成于大陆边缘，早期为陆相沉积，后期因强烈下降海水侵入而转为海相，甚至在盆地底部可能出现新生洋壳。也有一些盆地早期为海相，后期与海隔绝变成湖相沉积，最后以河流相沉积告终。如一直处于大陆环境，则全由各陆相沉积充填。在主走滑断裂切割深度大而且变形持续时间长的走滑系统形成的大型拉分盆地中，由于地壳减薄幅度大，伴随拉分盆地的发育可以出现岩浆侵入和火山喷发活动，盆地热流值也一般较高。厚度大且富含有机物的海相和湖相沉积，在快速沉降和埋藏以及高热流作用下可成为良好的生油层。各种碎屑沉积为良好储油层，走滑断层伴生的雁列褶皱提供了充分的储油构造圈闭。因此，拉分盆地是具有重要意义的油气远景区。拉分盆地也是盐类等沉积矿产的聚积产出源地。

　　2. 横向隆起

　　横向隆起也称为断块隆起，是走滑构造系统中由于在断层转弯或相邻次级断层叠接处产生局部挤压作用而形成的隆起构造。它通常以较大的角度与主走滑断层斜交。产生横向隆起构造的走滑断层弯曲或叠接方式与其断层运动学特征组合，恰好与形成拉分盆地的组合相反。一般在左阶右行或右阶左行的几何学、运动学组合情况下，形成走滑构造系统中的横向隆起构造。

　　由于横向隆起一般不像拉分盆地那样具有比较规则的菱形几何学形态，因此，其边界构造几何学和运动学特征难以用简单的长边与短边予以区分。但是，由于横向隆起的长度一般受到相邻次级断层叠接部位间距的控制而在演化过程中基本保持稳定；短边是走滑断层的延伸部分，会随着变形的持续而发生变化。因此，一般情况下横向隆起的长边在构造力学性质上多含挤压的成分，并且经常以发育斜向逆冲断层为特征，而短边具有更多走滑运动的成分。美国洛杉矶北部圣安德烈斯断裂带大拐弯附近形成的横向山脉，就属于走滑断裂系统中的横向隆起构造。我国西北部阿尔金山脉主峰亦处于遭受挤压的阿尔金断裂带弯曲部位，具有类似的成因。

四、走滑双重构造

走滑双重构造是Woodcock & Ficher（1986）提出的走滑断裂伴生构造型式，系指走滑构造系统断层走向变化部位形成的，具有与逆冲构造系统和伸展构造系统剖面几何学特征类似的陡倾叠瓦状构造。所不同的是，走滑双重构造是在平面上显示出的几何学面貌，而逆冲或伸展双重构造是呈现在剖面上的构造几何学样式。

与形成拉分盆地和横向隆起的情形类似，走滑双重构造亦因断层弯曲或叠接方式与断层运动学特征组合方式的不同，而形成伸展走滑双重构造和收缩走滑双重构造。在局部伸展和局部收缩区域形成的走滑双重构造内部的次级断层，分别表现为走滑拉张（张扭）和走滑挤压（压扭）的特征，它们在剖面上分别表现为负花状构造和正花状构造。走滑双重构造的形成，既可以像逆冲双重构造那样，在走滑断层弯曲部位依次产生一系列分支断层而最终形成，也可以在断层平直部位两个相邻主要走滑断层之间由里德尔破裂发育而成。

第四节　斜向走滑构造

斜向走滑构造是指走滑断层两侧块体的相对运动方向与断层面斜交的走滑构造，包含斜压和斜拉两种类型。斜压系指产状直立的走滑构造活动中，伴有垂直走滑断层面的水平缩短和平行断层面的垂向伸长的一种走滑构造变形方式；斜拉则是伴有水平方向伸长和垂直方向缩短的走滑构造变形方式。在对斜向走滑构造研究中，人们又发现具有这种构造运动学特征的走滑构造的断层面并非仅仅是近于直立的，因此又有人提出了倾斜斜压构造的概念，并对其中的应变和构造类型进行了理论分析，且应用在实际研究中。

斜压、斜拉的概念是在补充和完善板块构造学说的过程中产生的，最早由Harland（1971）提出。他在Wilson提出三种板块边界划分方案之后的研究中发现，板块的水平运动很难简单地归入拉伸、挤压或平移三种型式，往往包含了一种以上的运动方式。因此，Harland提出用斜压表示伴随挤压的平移，用斜拉表示伴有伸展的平移。另外，一些学者使用的聚敛性走滑和离散性走滑，含义分别与斜压和斜拉类似。Sanderson & Marchini（1984）建立了斜压的数学模型，计算了斜压带中的各种应变型式及可能产生的构造组合。

研究表明，斜向走滑构造广泛分布在地壳浅层脆性变形域和深部韧性变形域。脆性域的斜压构造变形，以发育一系列伴有逆冲运动的次级脆性走滑断层为特征，在剖面上表现为正花状构造；斜拉构造变形则出现一系列伴生正滑运动的走滑断层，剖面上表现为负花状构造。韧性域的斜向走滑构造则以发育变宽和变窄的一般韧性剪切带为主要特征，即表现为韧性剪切带变形中同时存在纯剪切变形和简单剪切变形两种应变成分。斜向走滑构造变形也是大型走滑构造系统中走滑双重构造、与主走滑断裂小角度斜交的隆起和盆地等伴生构造发育的重要机制。

越来越多的事实表明，作为造山带或地块边界的大型断层，或基底中的高角度断层，在其后的复活中，地块的运动方向或应力矢量与边界断层常成斜交而非直交关系，即表现为斜向走滑构造。据Woodcock（1986）的统计，全球板块运动场中，大约59%的相对运动矢量与板块边界法线斜交。斜向碰撞现象是造山带边界的一种常见型式。斜向张开的典型例子可从大型裂谷构造的运动学特征以及大西洋中脊的许多地段看到，大西洋张开方向与弧形中脊的配合，使其在多处表现为斜向的扩张。

第五节　走滑断层的区域大地构造意义

一、转换断层与构造转换

转换断层是1965年威尔逊（Wilson J.T.）提出的不同于一般走滑断层的新型断层。转换断层的主要特征是沿着断层延伸方向断层突然中止或发生断层型式和方向的突然改变，在转换断层突然中止的地方，出现与其垂直的洋脊或海沟。根据转换断层两端出现的构造类型的不同，可以将其区分为连接洋脊的转换断层、连接海沟的转换断层、连接洋脊和海沟的转换断层。根据对转换断层的原始含义的规定，转换断层均切穿大洋岩石圈，是板块边界类型之一。在大洋板块尤其是洋中脊上，转换断层具有鲜明特色而易于鉴别。随着板块构造理论在大陆构造研究中的应用，如何在大陆构造中鉴别转换断层并与走滑断层相区分，成为一个比较复杂的问题。如果所面对的仅仅是转换断层中部的一部分，而尚未查清断层两端的特征及与其他构造之间的相互关系，那么这一段断层与一般的走滑断层无异，因为断层两盘的相对运动都是沿着断层走向发生的。只有当完全厘定了整个构造系统的构造组成及其相互关系和运动学组合状况时，才可以确定它是一般的走滑断层还是转换断层。

如果不考虑具体的形成环境、断层切割深度及在板块划分中的作用，而仅仅考虑走滑断层在延伸方向上与不同方向和性质的断裂或其他构造的转换，与转换断层类似的构造在大陆区域应该并不鲜见。自从Burchfiel & Stewart（1968）首次明确提出美国西南部死谷（Death Valley）的拉分（pull-apart）成因，把转换断层构造转换的概念应用于大陆构造研究以来，在不同尺度和构造层次的构造研究中，均识别出了众多与转换断层类似的转换构造。其中比较典型的是连接相邻断陷盆地系统或逆冲构造系统的陆内走滑转换构造系统。

二、走滑断层与块体旋转

沿走滑断层发生的递进走滑活动可以导致地壳块体围绕直立轴的旋转，即所谓块体旋转。这种旋转可以通过三种方式实现：第一种是块体边界的走滑活动使块体整体发生与走滑断层旋转方向一致的旋转运动；第二种是与主要走滑断层高角度相交的次级断层将主走滑断层之间的块体分割成一系列块体，在主走滑断层滑动过程中，次级断层发生与主走滑断层旋转方向相反的转动，与书斜构造或多米诺骨牌式构造类似；第三种是介于主走滑断层之间被众多次级断层分割成的小型地壳块体，像两块木板之间的砂粒运动一样，随着主走滑断层的滑动而旋转。与板块之间碰撞相关的大型走滑断层之间的大型块体，在发生侧向逃逸的同时往往伴有块体的旋转。

三、造山带中的走滑断层

Vauches & Nicolas（1991）曾经总结指出，在造山带形成过程中有三种基本的构造位移分量：

①几千米到数十千米的垂向运动；

②由逆冲推覆构造所造成的垂直于造山带延伸方向的数十千米至数百千米的水平运动；

③由平行于造山带走向的走滑运动所造成的数百千米至数千千米的水平位移。由此可见，平行于造山带走向上的水平位移在数量级上是最大的。而在造山带构造分析中，人们首先强调了垂向运动（Suess，1897～1909），尔后才认识到垂直造山带的水平位移（Argand，1924）是造山带形成的主要因素，这导致了碰撞造山作用模式的建立，其中主要运动方向被认为大致与缝合带垂直（Dewey & Bird，1970）。随着古地磁方法的不断完善和应用、遥感技术应用于区域大地构造格架研究工作、造山带区域岩相古地理的重建、板块相对运动方向的详细揭示、造山带规模走滑断层的发现以及平行于造山带走向的位移量的识别，人们才逐渐认识到平行造山带走向的走滑运动的重要性。越来越多的研究已经揭示出，走滑断层作用可以发生于造山过程的任一阶段或全程，甚至成为造山过程中的主导作用。因走滑构造作用可派生出垂直于造山带的水平运动，以至于有人提出了斜压造山带的造山模式（Vauches&Nicolas，1991）。因此，在造山带构造研究中，在对其中的收缩构造变形进行系统研究的同时，需重视和加强走滑构造活动特征的识别和研究。

第十章　韧性剪切带

第一节　剪切带的基本类型

韧性剪切带又称韧性断层，是岩石在塑性状态下连续变形形成的狭长高应变带。韧性剪切带是地壳中深—深层次的主要构造类型之一。地壳的浅层次一般发育脆性剪切带，即通常所称的断层。脆性剪切带的特点是具有清楚的不连续面（断层面），两盘位移明显，变形集中在个别的断层面上，其两侧的岩石几乎未发生变形。韧性剪切带在露头尺度上一般见不到不连续面，带内变形和两盘的位移完全由岩石塑性流动来完成。因此，剪切带与围岩之间无明显的界线，但两侧岩石发生了相对位移，所以，韧性剪切带好像断而未破，错而似连。

脆性和韧性剪切带之间的过渡类型是脆-韧性剪切带，有两种表现型式：一种是似断层牵引现象的脆—韧性剪切带，在不连续面两侧一定范围内的岩层或其他标志层发生了一定程度的塑性变形；另一种是雁裂脉型式的韧—脆性剪切带，剪切带内由剪切派生张应力形成的雁列式张裂隙，反映了岩石的脆性破裂。张裂隙之间的岩石一般发生一定程度的塑性变形。

上述不同类型的剪切带反映了它们变形时岩石力学性质的差异，也反映了变形反映了变形时的深度不同。从地表向下，随着温度和围压的增加，岩石变形发生从脆性到韧性的逐渐过渡。Sibson（1977）提出的大型断层概念模型，反映了岩石变形随着深度变化的一般模式。根据天然变形研究和实验变形结果分析，长英质岩石发生脆性到韧性转变的温度范围为250℃~350℃，按照正常地热增温率计算，相当于10~15km的地壳深度范围。4km往下到脆韧性转换带之间，断层构造岩以固结的、不发育定向组构碎裂岩系的构造岩为特征。而在脆—韧性转换带以下，岩石变形以准塑性流动变形机制为主，以形成具有定向面理构造的糜棱岩为特征，即开始发育韧性剪切变形。

因此，现今地表所观察到的区域尺度的韧性剪切带，都是地质历史时期中深部地壳层次上发生变形的结果。在浅部盖层岩系中发育的逆冲断层及相关褶皱或大规模伸展断层与断陷盆地，向地壳深部延伸都有可能与深部结晶基底中发育的韧性剪切带相连。当人们在地表上已经能够直接观测到韧性剪切带的出现时，意味着已经有比较多的上部地壳物质，由于内动力引起的构造变形或和外动力侵蚀作用而被剥蚀。与脆性断层的运动学分类类似，根据韧性剪切带两侧地质体相对运动方式的不同，韧性剪切带可以区分为高角度走滑韧性剪切带、伸展韧性剪切带、逆冲韧性剪切带，以及近水平产出的水平滑脱韧性剪切带。

与上述韧性剪切带运动学类型相对应的是，韧性剪切带可以形成于多种构造背景当中。例如，在板块汇聚作用形成的俯冲造山带和大陆碰撞造山带中，经常可以见到大规模逆冲型韧性剪切带；在大陆裂谷深部或变质核杂岩发育区有伸展韧性剪切带的形成；而与大陆碰撞相关的大型走滑构造带中则可见陡倾或直立的走滑韧性剪切带；近水平韧性剪切带，可能形成于地壳深部不同层次之间的层间滑脱作用。

第二节　韧性剪切带的几何学特征

韧性剪切带的规模大小不一，微型的可在岩石薄片中观察到；小型韧性剪切带宽仅数厘米，如在北京西山地区房山侵入体北西缘发育的韧性剪切带小者宽仅有5～10cm；大型和巨型的韧性剪切带长达几十千米，甚至达数百至上千千米，宽度可达数百米到数十千米，如喜马拉雅结晶杂岩与特提斯喜马拉雅沉积岩系之间的滑脱型韧性剪切带——藏南拆离系，宽几十千米，延伸长度超过上千千米。但不管韧性剪切带的规模大小如何，总表现出有规律的几何学特征。

单一韧性剪切带边界可以大致呈平面状，也可以表现为不规则的曲面状，剪切带的宽度沿走向也可以发生显著的变化。大规模的韧性剪切带，往往表现为一系列次级韧性剪切带以一定几何学形式组合在一起的宏观变形特征。常见的组合形式主要有平行排列式、网结状和共轭交叉状三种。

平行排列式初性剪切带：组合中的次级韧性剪切带在平面上和剖面上都呈平行排列，具有大致相同的空间产状。这种分布形式的韧性剪切带反映了区域地质体可能经历了大致相同的构造运动方式，这种韧性剪切带的形成，一般不会使地质体的总体形状发生显著改变。

网结状初性剪切带：是韧性剪切带较为常见的一种组合形式，既可以表现为韧性剪切带将区域地质体分割成不规则的透镜状或菱形状块体，也可以表现为强变形韧性剪切带与弱变形域相间的构造面貌。

共轭交叉状韧性剪切带：也是在基底变质岩系及侵入岩体中发育的韧性剪切带常见的组合形式。通常情况下，一组为右行剪切，而另一组为左行剪切，据此可以根据缩短方向判断区域最大主压应力的方位。

第三节　韧性剪切带的应变与构造特征

一、韧性剪切带应变特征

根据韧性剪切带内部和围岩的应变状况，可以对韧性剪切带应变类型进行区分。首先根据剪切带围岩是否遭受应变分为两大类，再根据内部应变状况进行详细划分。

1. 剪切带外的岩石未发生变形

（1）不均匀的简单剪切。在较多的韧性剪切带实际研究中，多将韧性剪切带应变特征简化为这种类型，再开展应变及韧性剪切带位移量的研究。而且，在这种应变类型的韧性剪切带中，发育典型的韧性剪切带新生面理和线理构造。

（2）不均匀的体积变化。在剪切带内出现类似于非均匀纯剪切变形的应变类型。

（3）不均匀的简单剪切和不均匀的体积变化之联合。可以看作是上述两种情况同时出现在一个韧性剪切带当中的情形，其明显特征是韧性剪切带的宽度变窄。这种剪切带在天然变形过程中更为常见。

2. 剪切带外的岩石受到均匀应变

（1）均匀应变与不均匀的简单剪切之联合。这种应变特征可以通过两种方式产生，一种是剪切带内不均匀简单剪切作用发生之前，地质体共同发生过均匀应变；另一种是在剪切带内发生不均匀简单剪切之后，与围岩一起又遭受到均匀应变的叠加。

（2）均匀应变与不均匀的体积变化之联合。

（3）均匀应变、不均匀的简单剪切和不均匀的体积变化之联合。

上述韧性剪切带应变类型涉及体积变化的模型中，只考虑了体积变小剪切带变窄的情况，这是最常见的一种类型。实际上，天然变形韧性剪切带中，还可以出现体积增大、韧性剪切带变宽的情形。简单剪切情况下，可以认为是体积不变的，韧性剪切带宽度也相应地保持不变。伴有宽度变化的韧性剪切带，意味着其中有纯剪切变形的成分。这种既包含简单剪切应变，又有纯剪切应变成分的韧性剪切带，又称为一般剪切带（general shear zone）。一般韧性剪切带的理论分析和实际研究已经表明，通过天然变形韧性剪切带宏、微观构造变形的定量研究，可以定量鉴别出其中纯剪切应变和简单剪切应变成分的相对大小，并用韧性剪切带运动学涡度数来表示。

二、韧性剪切带的构造特征

1. 先存面状和线状构造的变形

如果在韧性剪切带发育的区域地质体存在着反映岩石各向异性的面状构造，如有岩脉穿越韧性剪切带发育区，由于这些面状构造或岩脉等标志层与剪切带边界之间的相对关系，以及韧性剪切带运动学特征的不同，它们在韧性剪切带形成过程中会产生复杂的构造变形。

图10-1表示了不同方位的标志层在韧性剪切带变形过程中可能形成的各种构造。图10-1中A系列代表标志层在XZ面上与X轴夹角a=135°时的情形，递进剪切应变将首先使标志层缩短加厚，当均匀缩短不足以调节收缩变形时，随即发生褶皱变形；B系列代表标志层与X轴夹角a=45°时，递进剪切应变使标志层逐渐变薄，后拉断形成石香肠构造；C系列中，标志层与X轴夹角a＞90°，标志层与围岩能干性差异较大，标志层先发生主动纵弯褶皱变形，当随着应变的不断加大，标志层总体旋转到与剪切带夹角小于90°时，又被拉断形成石香肠构造。

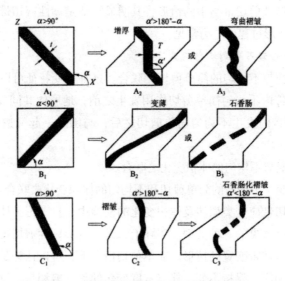

图10-1　韧性剪切带内标志层的变形图解

如果标志层能干性较小，而且标志层与围岩的韧性差也较小时，递进剪切变形通常导致标志层出现被动褶皱，一般形成相似褶皱，褶皱轴平行于原始标志层与剪切带的面的交线，轴面平行于剪切带。观察韧性剪切带内标志层的变形特征，有助于研究韧性剪切带的应变状态和演化过程。

韧性剪切带中的多数先存线状构造，如剪切带形成以前的褶皱枢纽，在剪切带递进变形过程中将改变其原先方向。这些线随着应变发展都在其原始位置与X轴（剪切方向）组成的面上位移，并向剪切方向靠拢，即与Z轴的夹角越来越小。所以在剪应变强的情况下，线理趋向于成平行X方向的极密。

2. 新生的面理和线理

韧性剪切带最重要的变形特征之一是在变形岩石中发育新生的面理和线理构造。新生面理一般有两组，一组是由矿物或矿物集合体的优选方向平行于剪切带内应变椭球的面，即最大压缩应变面而形成的，由于其形似英文字母"S"，故称S面理。因此，它在剪切带内的方位变化受应变椭球体面的控制（见图10-2A）。一般情况下，S面理的方位随着剪切带从边缘到中心的应变加强而发生改变。在简单剪切带边部，S面理与剪切带的边界夹角较大，成45°，在中部随着主应变量的增加，则夹角变小，穿过剪切带形成"S"形面理弯曲（见图10-2A）。据剪切带内S面理与剪切带边界的夹角及其变化，可以测量平行于剪切带的剪应变，从而计算出横过剪切带的总位移。

另一组新生面理是韧性剪切带中的剪切面理，它大致平行于韧性剪切带主边界面，与相邻的S面理以很小的交角相切。由于这种面理的法文首字母为"C"，所以被称作C面理（见图10-2B）。S面理与C面理组成非对称S-C面理组构，是用以判定韧性剪切带剪切运动方向的重要构造标志之一。

另外，在剪切带内的面理上，还经常发育有平行最大拉伸方向的矿物拉伸线理（见图10-2A）。通常由针状、柱状矿物定向排列，或粒状、板状矿物等被定向拉伸断裂成定向分布而构成，其发育程度随变形的增强而越发显著。拉伸线理平行于韧性剪切带中应变椭球体的长轴（尤轴）方向，是韧性剪切带中最重要的新生构造要素。它指示了韧性剪切带两侧岩石的相对运动方向，为野外寻找韧性剪切带运动学标志的观测面，以及定向薄片切制方位等提供了可靠标志。

3. 鞘褶皱

韧性剪切带中的褶皱与地壳浅层次常见褶皱的几何形态不同。韧性剪切带中大部分褶皱的枢纽与拉伸线理方向大致平行，这种褶皱称为A型褶皱（见图10-3B）；而浅层次褶皱的褶皱轴与拉伸线理相垂直，这种褶皱称为B型褶皱（见图10-3C）。

A型褶皱一般发育在剪切带的强烈剪切部位。A型褶皱可以是受剪切作用直接形成，或由较开阔的B型褶皱随着剪切变形的加剧，使褶皱枢纽平行于拉伸线理而形成。

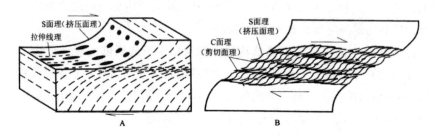

图10-2　韧性剪切带中新生面理和线理示意图

鞘褶皱是韧性剪切带中一种特殊的A型褶皱，因形似刀鞘而得名。鞘褶皱大小不一，以中小型为主，常成群出现。鞘褶皱单体成扁圆筒状，侧面呈现为不对称褶皱，沿剪切方向拉得很长。通常将鞘褶皱的长轴（平行运动方向）确定为X轴；F轴与Z轴垂直，并平行于剪切面；Z轴垂直于面。

鞘褶皱在不同断面上的形态变化很大。在垂直X轴的：FZ面上以封闭的圆形、眼球形、豆荚状为典型特征（见图10-3E）；在XZ断面上多为不对称及不协调的褶皱，其轴面的倒向为剪切方向（见图10-3D，E）；在断面上褶皱不明显，但显示出长条形或舌形等，常见有明显的拉伸线理。鞘褶皱的形成有多种方式。有的是早期褶皱在剪切过程中枢纽被弯曲（见图10-3D），甚至可以变得很尖，形成翼间角较小的鞘状褶皱，是叠加变形的结果。多数鞘褶皱是由于被动层中存在着原始偏斜，如原始厚度不等的局部原始偏斜，或层面斜交于剪切方向以及其他的局部不均一性，在递进剪切作用下发育成枢纽弯曲或形态复杂的褶皱。当应变量很大时才形成典型的鞘褶皱。

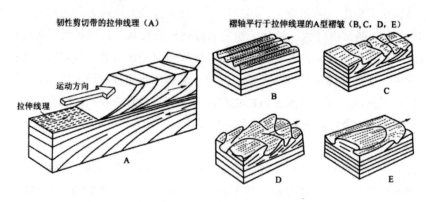

图10-3　韧性剪切带中的褶皱示意图

第四节 糜棱岩

一、糜棱岩的含义

糜棱岩是韧性剪切带中形成的典型构造岩。糜棱岩一词系1885年英国地质学家拉普沃斯（C.LaPworth）在苏格兰西北部莫因一带开展野外工作时提出的。其原意是指由脆性破碎和研磨而形成的条纹状细粒岩石。20世纪70年代，通过对糜棱岩显微构造观测和微观变形机制的研究，发现糜棱岩的细粒化并不是脆性破碎和研磨的结果，而是矿物晶体塑性变形的结果，因此对糜棱岩的成因有了全新的认识。在1981年举行的彭罗斯会议上，与会学者讨论并厘定了糜棱岩的新含义。现在一般认为，糜棱岩具有三方面的基本特征：①在野外产出状态方面，出现在狭长的高应变带状区域内；②岩石具有变形形成的透入性强化面理和线理构造；③岩石结构方面，与未变形的原岩相比，糜棱岩表现为粒度的显著减小。

二、糜棱岩的类型

多种矿物组成的结晶岩石在韧性剪切变形形成糜棱岩的过程中，由于不同矿物发生塑性变形的温压条件不同，各种矿物具有不同的变形表现，有些矿物已经发生显著的塑性变形并且粒度逐渐减小时，其他矿物可能仍处在脆性或脆韧性变形的阶段。因此，尽管随着韧性变形程度的加大，岩石总体倾向于向细粒化方向演变，但是在不同变形演化阶段，糜棱岩中细粒化的矿物与尚未细粒化的矿物数量在逐渐发生着变化。糜棱岩中已经细粒化的矿物一般被称为糜棱岩的基质，而尚未细粒化或未完全细粒化而保持较大粒度的矿物，被叫作残斑或碎斑。糜棱岩由细粒化的基质和碎斑组成，根据糜棱岩中细粒化基质的含量和岩石中重结晶作用的性质及程度，将糜棱岩分为糜棱岩类和构造片岩类。

糜棱岩系列的构造岩中，从糜棱岩化岩石，经初糜棱岩—糜棱岩—超糜棱岩的顺序，反映了岩石粒度递进变细、基质含量依次增多、碎斑含量逐渐减少的韧性剪切变形递进增强的过程。当导致韧性剪切带变形的差异应力逐渐降低，韧性剪切带进入热力主导的变形过程中时，恢复重结晶作用逐渐占据主导地位，糜棱岩中的细小颗粒或多晶集合体，将重新结晶而长大，使糜棱岩转变成各种结晶片岩。根据其结晶程度和结晶颗粒逐渐增大的顺序，分为变余糜棱岩、构造片岩和构造片麻岩。构造片岩和构造片麻岩在结构上与一般的片岩和片麻岩相似，但是在构造上明显保留着糜棱岩的强化面理和线理构，这是它们区别于一般区域变质岩的重要特征。

千糜岩是糜棱岩的一个变种，具有类似于千枚岩的结构和糜棱岩特有的强化面理与线理构造，其中常见有大量含水的片状或纤维状矿物，如绢云母、绿泥石、透闪石、阳起石等。变余糜棱岩虽然具有广泛的重结晶作用，但糜棱岩的结构构造仍明显可辨。

三、糜棱岩常见造岩矿物变形与显微构造

1. 石英

在低级变质条件下（<300℃），脆性断裂、压溶作用与物质的溶解和迁移都是石英主要的变形机制。特征型结构就是颗粒中的碎裂结构、波状消光、压溶与再沉淀作用的出现。温度稍高（300℃～400℃）的低级变质条件下，位错滑动和位错蠕变开始出现，典型显微构造现象包括颗粒边界的膨凸结构、颗粒内部的波状消光以及变形纹等。

中等到高级变质级别条件下（400℃～700℃），位错蠕变成为主导变形机制并且柱面滑移成为主体。所形成的特征性显微构造是晶体的强烈压扁，以及大量的动态恢复和重结晶现象的出现。动态重结晶作用由亚晶粒旋转重结晶作用为主，转变为亚晶粒旋转重结晶与颗粒边界迁移重结晶作用的联合发挥作用。光学显微镜下出现大量由细粒矿物集合体构成的缎带状多晶石英条带。

当温度高于700℃～800℃时，动态重结晶作用和恢复机制占据主要，通过减小细粒矿物的表面积、降低自由能使石英矿物颗粒边界趋于平直，细粒集合体组成的缎带构造被矩形单晶石英颗粒集合体组成的石英条带所取代。这些矩形石英集合体条带，在单偏光下仍然表现为统一的极度拉长状形貌特征。

2. 长石

在温度低于300T的低级变质级条件下，长石变形主要表现为脆性破裂和碎裂流动。其中晶粒碎片表现出强烈的晶粒间变形，包括晶粒级别的断裂、解理和双晶的弯曲、不均匀的波状消光等。

在300℃～400℃温度范围的低级变质条件下，长石变形主要表现为矿物颗粒内部的微破裂，出现机械双晶、双晶弯曲、波状消光、变形带等显微构造现象。在钾长石中存在透镜状张裂隙被钠长石充填的显微构造现象，尤其是在晶粒边缘更易出现楔形的张裂隙被钠长石充填的情形。

在低级到中等变质条件下（400℃～500℃），长石中位错攀移开始出现，从而使重结晶作用变得越来越重要，特别是沿长石颗粒边缘开始出现重结晶，这时开始

出现典型的核幔构造，同时在核部沿着微裂隙也可能出现重结晶颗粒。在较高的温度条件下，可以出现蠕英石，常沿着钾长石变斑晶平行于面理的晶面发育，钾长石内部出现火焰状条纹长石。

中高级变质条件下（＞500℃），位错滑移和恢复作用在长石中较容易发生，开始出现真正的亚晶粒结构。亚颗粒旋转和颗粒边界迁移重结晶现象普遍出现，核幔结构依然存在，但是核幔边界的界线不如较低温度条件下形成的核幔构造明显。

3. 云母

不对称消光、晶面弯曲和膝折带在云母矿物显微变形中比较常见。晶面弯曲多出现在外部，而压溶作用和膝折带更多出现在晶体内部。由于破裂作用经常将主解理面错位而形成云母鱼构造。

4. 角闪石

在低温和/或高应变速率条件下，角闪石形变通过双晶滑动导致膝折带的发育。糜棱岩中角闪石常见典型显微构造是显微堆叠结构，即一束被拉长的角闪石晶体沿着页理中特定的方向形成扇状优选定向排列。这种堆叠结构可能是先前形成的变形角闪石晶体中沿 c 轴方向形成亚晶粒的结果。在温度较高和/或应变速率较低的变形条件下，角闪石则呈现出透镜状变形外形，内部仍可出现张裂。

第五节　韧性剪切带剪切方向的确定

分析和判断韧性剪切带的剪切运动方向，是韧性剪切带研究的重要内容之一。一般可以通过以下宏观和微观构造观测加以确定。

一、标志体的变形

如前所述，韧性剪切带中新生面理宏观"S"形弯曲可作为剪切带剪切指向的重要标志。

如果剪切带内的各种标志体随韧性剪切带一起发生了变形，或在递进韧性剪切变形期间新形成的脉体，卷入进一步的变形中，那么，这些标志体的变形可以作为良好的剪切指向标志。由于这些标志体所处方位及其与韧性剪切带剪切运动方向相互关系的不同，可以表现出多种不同的具体变形样式。处在应变椭球体缩短轴方向上的标志体，可能在变形初期具有顺标志层方向的缩短和加厚，进一步的变形形成不对称褶皱构造，另外一些则主要发生褶皱变形。这些不对称褶皱构造具有明确的剪切指向意义，即由长翼至短翼的褶皱倒向代表了剪切运动方向。而与里德尔R剪切破裂方位斜交的标志层，则可能在递进剪切变形过程中逐渐被拉断形成类似于石香肠的透镜状构造，它们被沿着R剪切破裂的方向拉断，所反映出的剪切运动方向与主要剪切带剪切指向一致。

另外，韧性剪切带变形区域内发育的脉体或侵入岩中的捕虏体或暗色矿物组成的包裹体，在递进剪切作用下，往往形成一侧被拉长或拉断的曲颈瓶状构造形态，其曲颈弯曲和变细变薄的方向，反映了韧性剪切带的剪切运动方向。

二、鞘褶皱

鞘褶皱是韧性剪切带中特有的褶皱构造，它的出现既是韧性剪切带存在的重要标志，也具有良好的剪切指向意义。在垂直于应变椭球体长轴（X轴）的剖面（YZ面）上，鞘褶皱通常表现为形似刀鞘的圈闭状几何学形态，一般难以进行剪切运动方向的判断。一般情况下，当发现韧性剪切带中发育鞘褶皱时，通过在平行于应变椭球体XZ面的方向上观测其不对称性。平行于鞘褶皱枢纽的不对称褶皱的倒向，指示了韧性剪切带的剪切运动方向。

三、S–C面理与伸展褶劈理（ECC）

韧性剪切带中发育的两组新生面理，即平行于应变椭球最大压扁面（XY面）的S面理和与主剪切带边界平行的剪切面理（C面理），构成所谓的S–C组构。其中S面理和C面理的锐交角指示外侧的剪切运动方向。S–C组构既可以出现在手标本、露头和区域尺度上，也可以出现在显微镜下以及可以观察其全貌的微观尺度上，它们具有一致的剪切指向意义。

在韧性剪切带中显微尺度的S–C组构也很常见，它们可能有几种不同的形成机制。一种是变形岩石中的矿物压扁形成S面理，与剪切变形产生的C面理形成S–C组构。第二种形成机制是，变形前的矿物颗粒在变形期间通过晶内变形和亚颗粒旋转等变形机制，原有矿物颗粒在变形和旋转的同时，被一系列动态重结晶新颗粒所取代，由新颗粒集合体显示出的变形后老颗粒的方位构成S面理，与剪切面理组成S–C组构。其中新颗粒单晶分布方向与颗粒集合体方向之间也存在交角。第三种情形是具有单一滑移系的矿物集合体，通过沿着滑移系的晶内滑动和颗粒旋转，使集合体呈现出压扁状的S面理，与剪切面理形成S–C组构。

在韧性剪切带中，除了上述常见的S–C组构之外，还可见另外一种两组面理形成的组构，即所谓伸展褶劈理（ECC），也称C–C′组构。其特点是，平行于剪切带边界的C面理，被一组与主剪切带边界斜交、剪切运动方向与主剪切带一致的面理所改造。C′面理出现的方位，可能受到里德尔剪切系中R剪切破裂方位的制约。由于C′面理的剪切改造，与主剪切带边界平行的C面理通常也会表现出"S"形的面理形状。因此，在尚未确定主剪切带边界方位的情况下，仅仅依靠两组面理的形态和相互关系，难以确定其是正常的S–C组构，还是伸展褶劈理（ECC或C–C′组构）。

四、云母鱼构造

云母鱼构造多发育于石英云母片岩中，先存的云母碎片，其解理处于不易滑动的情况下，在剪切作用过程中，在与解理斜交的方向上形成与剪切方向相反的微型犁式正断层。随着变形的持续，上、下云母碎块发生滑移、分离和旋转，形成不对称的"云母鱼"。"云母鱼"两端发育有由细粒的层状硅酸盐类矿物和长石等组成的尾部。细粒的尾部将相邻的"云母鱼"连接起来，形成一种台阶状结构，是良好的运动学标志。这种细粒的尾部代表强剪切应变的微剪切带，它组成了C面理。与S–C组构一样，其锐夹角指示剪切方向。此外，利用不对称的"云母鱼"及其上的反向微型犁式正断层也可以确定剪切方向。

五、旋转碎斑系与不对称的压力影

糜棱岩中在韧性基质剪切流动的影响下，碎斑及其周缘较弱的动态重结晶的集合体或细碎粒发生旋转，并改变其形状，形成带有逐渐变细拖尾的碎斑系。根据结晶拖尾的形状，分为σ型和δ型两类。

为了区分两种不同的碎斑系，可以过碎斑中心作平行于剪切面理迹线的平行线。以此线作为参考线，如果碎斑拖尾分别位于参考线的两侧，即为σ型碎斑系。这类碎斑系的拖尾与碎斑结合部位一般比较宽而且与碎斑之间呈平滑过渡。而δ型碎斑系的结晶尾细长，在与碎斑结合的根部多弯曲，基质在此亦呈港湾状，而且两侧拖尾都跨越中间参考线发育。另外，韧性剪切带内变形岩石中的压力影构造多呈不对称状，坚硬单体两侧的纤维状的结晶尾呈单斜对称，据此也可以判断剪切方向。

六、书斜构造与显微剪切破裂

在由复矿物组成的糜棱岩中，相对非能干的矿物已经发生比较强烈的韧性变形的同时，其中相对能干的矿物仍可以以脆性变形的方式参与变形。在这些较强硬的碎斑中，比较常见的有两种破裂构造以及沿着它们发生不同的剪切变形。

①在变形早期阶段形成张性或剪切破裂，或者是矿物晶体中的薄弱面如双晶面。

这些破裂面或晶内薄弱面的方位与随后形成的剪切带边界近于垂直。当发生平行剪切带方向的剪切作用时，沿着这些破裂面或薄弱面发生与主要剪切方向相反的剪切运动，像推倒书架上的书一样，形成所谓书斜构造或多米诺骨牌构造。

②在递进剪切变形期间，由里德尔剪切系中R剪切破裂控制的显微剪切破裂，沿着这些显微剪切破裂面的相对运动与主要剪切带的剪切方向一致（见图16-25B）。因此，在显微镜下观测到碎斑中的破裂以及沿着破裂面发生剪切变形时，要区分属于哪一种破裂，然后再进行主要剪切带剪切运动方向的判别。

七、变斑晶雪球构造

在韧性剪切带变形岩石中，常见有变斑晶矿物的发育，最为典型的是石榴子石变斑晶。变斑晶生长的过程中，经常会将已经形成的变形面理包裹其中，并随递进剪切变形一起发生旋转，形成所谓的变斑晶雪球构造。变形面理在变斑晶雪球构造内、外的连续弯曲变化状况，可用来反演和指示剪切运动方向。另外常见的变斑晶还有钠长石、红柱石、斜长石、蓝晶石等。

以上介绍了可用以判断韧性剪切带运动方向的各种宏观和微观标志。实际研究工作中，尤其是面对规模较大的区域性韧性剪切带，需要尽可能地系统收集各种剪切指向标志，根据不同尺度和类型的剪切指向标志，综合判断韧性剪切带的运动方向。已有研究表明，剪切带中的各种剪切指向标志，并非完全一致地给出统一的剪切运动方向。导致韧性剪切带中局部剪切指向与总体剪切运动方向不一致的因素也有多种情况，并可能包含有韧性剪切带构造变形和应变状况的重要信息，实际工作中在遇到与多数剪切指向标志不一致的现象时，不要轻易或故意忽略掉，而是要对其具体特征和分布状况予以特别的关注和研究。

第六节　韧性剪切带的观测与研究

一、韧性剪切带的识别和确定

韧性剪切带多发育在变形结晶变质岩区或岩浆岩岩体中，在这些地区工作时，应注意可能存在的韧性剪切带。根据前述韧性剪切带的构造几何学和变形岩石特征，如果发现存在与区域面理产状不一致的高应变带，或者在块状均匀的岩体内出现狭窄的高应变面理化带，尤其是带内岩石出现糜棱岩化，并发育新生面理、拉伸线理、A型褶皱和鞘褶皱等构造变形现象，则可以确定研究区域有韧性剪切带的存在。

二、韧性剪切带构造变形及运动学特征观测

（1）韧性剪切带宏观变形特征。在识别出韧性剪切带之后，需通过填图确定其空间分布范围、产状、规模、边界特征及其变化。尤其需要系统查明内部新生面理的类型、产状及变化情况，注意围岩中的片理或板状体（如岩墙等）在穿越韧性剪切带时发生的产状和岩石结构、构造变化情况。

（2）新生面理类型及相互关系定量观测。韧性剪切带内S面理与剪切带边界或C面理的交角是剪切应变量的函数。为了研究剪切带应变特征和位移量，可选择横过剪切带的代表性剖面，系统测量两种面理交角或S面理与剪切带边界交角的变化。根据这些观测资料，一方面可以了解剪切带内部结构变化和韧性剪切带变形消失方式和空间位置，另一方面可以计算出韧性剪切位移量。

（3）系统观测韧性剪切带内的拉伸线理。拉伸线理发育在糜棱面理上，因此，野外应系统的测量和统计拉伸线理和糜棱面理产状，为确定韧性剪切带运动学提供佐证。

（4）韧性剪切带褶皱变形特征观测。韧性剪切带内常发育A型褶皱和鞘褶皱等褶皱构造，研究中注意查明其几何形态、规模大小、伴生的A型线理、三个剖面（XF面、KZ面和XZ面）的构造特征、与韧性剪切带的关系。对卷入剪切带的标志层，应测量其方位和厚度等的变化。

（5）观察韧性剪切带内糜棱岩的类型，查明不同类型的糜棱岩在韧性剪切带中的分布及其所反映的应变特征，测制韧性剪切带实测剖面，采集相关变形岩石定向标本；系统观察韧性剪切带内反映剪切运动的指向标志，注意观察剪切指向的各种判据并相互印证，以查明剪切方向及其变化。

三、韧性剪切带的显微构造观测

韧性剪切带变形岩石显微构造分析，有助于进一步确定韧性剪切带的运动学特征，也是开展韧性剪切带形成的动力学特征与形成温度、围压等环境条件分析的重要途径。为了将显微构造观测结果置于韧性剪切带实际产出的空间中进行综合分析与研究，在野外采集定向标本，室内磨制定向薄片是重要的基本工作方法。

1. 采集定向标本

定向标本是指附带样品空间产出状态信息的岩石标本。在野外确定韧性剪切带内糜棱面理和拉伸线理的基础上，在糜棱面理上刻画出其走向线，并标出走向线向右延伸的方向，然后做出倾向线，并将其倾角标注在旁侧，并在定向面上标出拉伸线理。如果实际观测露头上出露的并非恰好是糜棱岩面理面，只要它的产状可用以标定和恢复样品的实际空间产出状况，那么就可以通过测量并标定这一暴露面的产状，采集定向构造岩石标本。

2. 切制定向薄片

定向薄片是为了能在显微镜下观测变形岩石在应变椭球不同主应变面上的变形特征而磨制的岩石薄片。一般在发育新生面理和拉伸线理的同一块定向标本上，磨制两个方向的定向薄片。一个是平行于线理、垂直于面理的方向上的薄片，它平行于应变椭球 XZ 面；另一个是垂直于拉伸线理的定向薄片，它平行于应变椭球 YZ 面。进行韧性剪切带构造运动学显微构造观测一般都在平行于应变椭球 XZ 面的定向薄片上进行。通过对上述两个方向薄片的观测和变形矿物轴率的测量，还可以定量、半定量地计算和分析变形岩石的应变状况。

3. 显微构造观测与变质变形作用关系分析

在光学显微镜下可以进行变形岩石显微构造特征观测以及变形变质关系分析。由于糜棱岩形成过程中普遍发生矿物晶体尺度和晶格尺度的变形，在晶体结构、晶粒粒度和形态、晶体光学方位特征等发生系统变化的同时，还经常发生矿物化学特征的改变，尤其是在有流体参与变形的情况下，同变形矿物化学变化更容易发生。例如比较常见的钾长石韧性变形期间在水的参与下转变成绢云母和石英的现象，以及其他暗色矿物退变质成为绿泥石等应力矿物等。同变形矿物成分变化还可以提供有关韧性剪切带形成环境的重要信息。

糜棱岩中变形矿物的结晶方位变化和优选方位型式，可以提供有关韧性剪切带变形动力学及形成环境特征的重要信息。背散射电子扫描显微镜（EBSD）技术的开发和利用，使传统上应用费氏台才能开展的晶体光轴优选方位测定工作变得简单易行。显微构造观测与电子探针微区成分分析的结合，为同变形变质作用研究与变形矿物成分变化规律的探索提供了重要手段。透射电子显微镜技术为在超微尺度上了解和探索矿物韧性变形产生的机制奠定了基础。

第十一章　地下水的分类与赋存

第一节　岩石中的孔隙与水分

一、岩石中的空隙

地下水存在于岩石孔隙之中，地壳表层十余公里范围内，都或多或少存在着孔隙，特别是浅部一二公里范围内，孔隙分布较为普遍。按照维尔纳茨基形象的说法，"地壳表层就好像是饱含着水的海绵"；岩石孔隙既是地下水的储容场所，又是地下水的运动通路。孔隙的多少、大小、形状、连通情况及其分布特点等，通常把这些统称为岩石的空隙性。它对地下水分布、埋藏与运动具有重要的控制意义。

将岩石孔隙作为地下水储容场所与运动通路研究时，可以分为三类，即松散岩石中的孔隙、坚硬岩石中的裂隙以及易溶岩层中的溶穴（隙）。

1. 孔隙

松散岩石是由大大小小的颗粒组成的，在颗粒或颗粒的集合体之间普遍存在空隙；空隙相互连通，呈小孔状，故称作孔隙。

岩石中孔隙体积的多少是影响其储容地下水能力大小的重要因素。孔隙体积的多少用孔隙度表示。孔隙度是指某一体积岩石（包括孔隙在内）中孔隙体积所占的比例。如以P表示孔隙度，V_p表示岩石中孔隙体积，V表示包在内的岩石体积，则得

$$P=V_p/V \quad 或 \quad P=(V_p/V)\times100\%$$

孔隙度是一个比值，可用百分数或小数表示。孔隙度的大小主要取决于颗粒排列情况及分选程度；另外，颗粒形状及胶结情况也影响孔隙度。对于黏性土，结构及次生空隙常是影响孔隙度的重要因素。

为了说明颗粒排列方式对孔隙度的影响，我们可以设想一种理想的情况，即颗粒均为大小相等的圆球。当这些理想颗粒作立方体排列时［见图11-1（a）］，可算得

其孔隙度为47.64%；当作四面体排列时［见图11-1（b）］，孔隙度仅为25.95%。颗粒受力情况发生变化时，通过改变排列方式而密集程度不同（见图11-2）。上述两种理论上最大与最小的孔隙度平均起来接近37%，自然界中松散岩石的孔隙度与此大体相近。

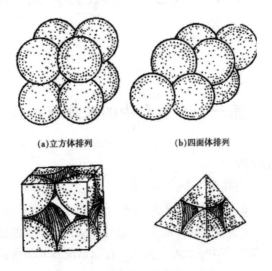

(a)立方体排列   (b)四面体排列

图11-1 颗粒的排列形式示意图

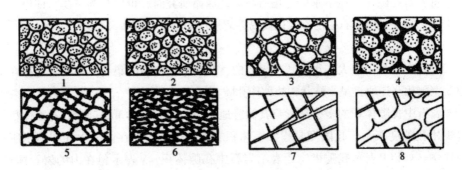

图11-2 岩石中的各种空隙（据迈因策尔修改补充）

1—分选良好，排列疏松的砂；2—分选良好，排列紧密的砂；3—分选不良，含泥、砂的砾石；
4—经过部分胶结的砂岩；5—具有结构性空隙的黏土；6—经过压缩的黏土；
7—具有裂隙的基岩；8—具有溶隙及溶穴的可溶岩

应当注意，我们在上述计算中并没有规定圆球的大小。因为孔隙度是一个比例数，与颗粒大小无关。

自然界并不存在完全等粒的松散岩石。分选程度越差，颗粒大小越不相等，孔隙度便越小。因为细小颗粒充填于粗大颗粒之间的孔隙中，自然会大大降低孔隙度（见图11-2中3、4）。我们可以假设一种极端的情况，如果一种等粒砾石的孔隙度 P_1 等于40%，另一种等粒的极细砂的孔隙度 P_2 也等于40%，而极细砂完全充填于砾石孔隙中，则此混合砂砾石的孔隙度 $P=P_1 \times P_2 = 16\%$。

自然界中也很少有完全呈圆形的颗粒。粒形状越是不接近圆形，孔隙度越大。因为这时突出部分相互接触，会使颗粒架空。

黏土的孔隙度往往可以超过上述理论上的最大孔隙度。这是因为黏粒表面常带有电荷，在沉积过程中黏粒聚合，构成颗粒集合体，可形成直径比颗粒还大的结构孔隙（见图11-2中5、6）。此外，黏性土中往往还发育有虫孔、根孔、干裂缝等次生空隙。松散岩石受到不同程度胶结时；结物质的充孔隙度有所降低（见图11-2中4）。

表11-1列出自然界中主要松散岩石孔隙的参考数值。

表11-1　松散岩石孔隙度参考数值

岩石名称	砾石	砂	粉砂	黏土
孔隙度变化区间	25% ~ 40%	25% ~ 50%	35% ~ 50%	40% ~ 70%

孔隙大小对地下水的运动影响极大。孔隙通道最细小的部分称作孔喉，最宽大的部分称作空腹（见图11-3）。孔喉对水流影响更大，讨论孔隙大小时可以用孔喉直径进行比较。影响孔隙大小的主要因素是颗粒大小，颗粒大则孔隙大，颗粒小则孔隙小。需要注意的是，对分选不好、颗粒大小悬殊的松散岩石来说，孔隙大小并不取决于颗粒的平均直径，而主要取决于细小颗粒的直径。原因是，细小颗粒把粗大颗粒的孔隙充填了（见图11-2中3）。除此以外，孔隙大小还与颗粒排列方式、颗粒形状以及胶结程度有关。

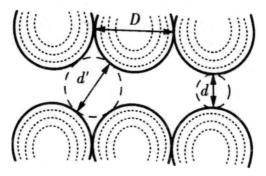

图11-3　孔喉（直径d）心与孔腹（直径为d′）通过孔隙通道中心切面图

假定颗粒为等粒球体（直径为D）作立方体排列

孔隙度的测定方法很多，最常用的是饱水法，对卵石、砾石、粗砂、中砂较适用。这种方法简便，可以在野外进行。其方法是向一定容积的干试样内注水，使其达到饱和。注入水量的体积就是岩石孔隙的体积（V_n），将它与试样总体积（V）之比，即为孔隙度值。对于细粒砂、黏性土等试样，其孔隙度的测定往往采用比重一容重法。

2. 裂隙

固结的坚硬岩石，包括沉积岩、岩浆岩与变质岩，其中不存在或很少存在颗粒之间的孔隙；岩石中的空隙主要是各种成因的裂隙，即成岩裂隙、构造裂隙与风化裂隙。

成岩裂隙是岩石形成过程中由于冷却收缩（岩浆岩）或固结干缩（沉积岩）而产生的。成岩裂隙在岩浆岩中较为发育，如玄武岩的柱状节理便是。构造裂隙是岩石在构造运动过程中生的，各种构造节理、断层即是。风化裂隙是在各种物理的与化学的因素的作用下，岩石遭破坏而产生的裂隙，这类裂隙主要分布于地表附近。

（1）体积裂隙率（K_r）是测定岩石裂隙体积（V_r）与该岩石（包括裂隙在内）的体积（V）之比，用小数或百分数表示，即

$$K_r = V_r/V \ 或 \ K_r = V_r/V \times 100\%$$

（2）面裂隙率（K_a）是测定岩石面积上裂隙面积$\sum l \cdot b$与该岩石（包括裂隙在内）的面积（F）之比，用小数或百分数表示，即

$$K_a = \sum l \cdot b/F \ 或 \ K_a = (\sum l \cdot b/F) \times 100\%$$

（3）线裂隙率（K_l）是测定岩石直线上裂隙宽度之和$\sum d$与该测定直线长度l之比，用小数或百分数表示，即

$$K_l = \sum d/l \ 或 \ K_l = (\sum d/l) \times 100\%$$

裂隙率可在野外或在坑道中通过测量岩石露头求得，也可以利用钻孔中取出来的岩芯测定。在测定裂隙率时，一般还应测定裂隙的方向、延伸长度、宽度、充填情况等。因为这些都对水的运动有很大影响。

裂隙发育一般并不均匀，即使在同一岩层中，由于岩性、受力条件等的变化，裂隙率与裂隙张开程度都会有很大差别。因此，进行裂隙测量应当注意选择有代表性的部位，并且应当明了某一裂隙测量结果所能代表的范围。

3. 溶穴（隙）

易溶沉积岩，如岩盐、石膏、石灰岩、白云岩等，由于地下水的溶蚀会产生空洞，这种空隙就是溶穴。溶穴体积K_k在包括溶穴在内的岩石体积V中所占的比例数即为岩溶率K_k，即

$$K_k = (V_k/V) \times 100\%$$

岩溶发育极不均匀。大者可宽达数百米、高达数十米乃至上百米、长达数十公里或更多，小的直径只有几毫米，并且，往往在相距极近处岩溶率相差极大。例如，在具有同一岩性成分的可溶岩层中，岩溶通道带的岩溶率可以达到百分之几十，而附近地区的岩溶率几乎是零。

综上所述，若将孔隙率、裂隙率与岩溶率做一对比，可以得到以下结论。虽然三者都是说明岩石中空隙所占的比例，但在实际意义上却颇有区别。松散岩石颗粒变化较小，而且通常是渐次递变的，因此，对某一类岩性所测得的孔隙率具有较好的代表性，可以适用于一个相当大的范围。坚硬岩石中的裂隙，受到岩性及应力的控制，一般发育颇不均匀，某一处测得的裂隙率只能代表一个特定部位的状况，适用范围有限。岩溶发育极不均匀，利用现有的办法，实际上很难测得能够说明某一岩层岩溶发育程度的岩溶率。即使求得了某一岩层的平均岩溶率，也仍然不能真实地反映岩溶发育的情况。因此，岩溶率的测定方法及其意义，都还值得进一步探讨。岩石空隙的发育情况，实际上远比上面所讨论的复杂。例如，松散岩石固然主要发育孔隙，但某些黏性土失水干缩后可以产生裂隙；这些裂隙的水文地质意义，往往超过其原有的孔隙。成岩程度不十分高的沉积岩，往往既有裂隙，又有孔隙。易溶岩层在同一岩层的不同部位，由于溶蚀强度不均一，有的部分主要发育裂隙，有的部分主要发育溶穴。因此，进行工作时必须从实际出发，注意观察、收集事实，在事实基础上分析空隙的形成原因及控制因素，弄清其发育规律。只有这样，才有利于分析地下水储存与运动条件。

二、岩石中的水分

地壳岩石中存在着各种形式的水。存在于岩石空隙中的有结合水及重力水，另外还有气态水和固态水以及组成岩石的矿物中的矿物结合水。

1. 结合水

松散岩石的颗粒表面及坚硬岩石空隙壁面均带有电荷。水分子是偶极体，在电场作用下，一端带正电，另一端带负电［如图11-4（a）］。由于静电吸引作用，固相表面（包括颗粒及岩石裂隙与洞穴壁面）便吸附水分子。根据库仑定律，电场强度与距离平方成反比。离表面很近的水分子，受到强大的吸力，排列十分紧密。随着距离增大，吸力逐渐减弱，水分子排列较为稀疏。受到固相表面的吸引力大于其自身重力的那部分水便是结合水。结合水束缚于颗粒表面及隙壁上，不能在自身重力影响下运动［如图11-4（b）］。

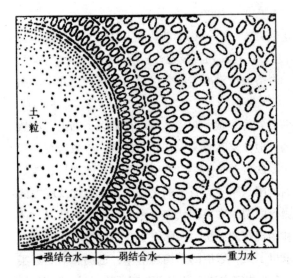

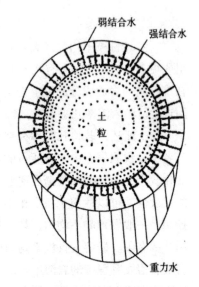

（a）图中椭圆形小粒代表水分子，结合水部分的

（b）图中箭头代表水分子所受合力的方向水分子带正电荷一端朝向颗粒

图11-4　水分子带正电荷一端朝向颗粒

　　最接近固相表面的水叫强结合水。根据不同研究者的说法，其厚度相当于几个、几十个或上百个水分子直径。其所受吸引力可相当于10000个大气压，密度平均为$2g/cm^3$左右，溶解盐类能力弱，$-78℃$时仍不冻结，并像固体那样，具有较大的抗剪强度，不能流动，但可转化为气态水而移动。结合水的外层，称作弱结合水，厚度相当于几百或上千个水分子直径，固体表面对它的吸引力有所减弱。密度较大，具有抗剪强度；黏滞性及弹性均高于普通液态水，溶解盐类的能力较低。弱结合水的抗剪强度及黏滞性是由内层向外逐渐减弱的。当施加的外力超过其抗剪强度时，最外层的水分子即发生流动。施加的力越大，发生流动的水层厚度也越大。

　　应当指出，以往的水文地质文献中广泛采用列别捷夫的说法，认为结合水是不传递静水压力的，并以包气带中结合水不传递静水压力的试验作为证明。其实这种说法并不确切。包气带的结合水分布是不连续的，当然就谈不上传递静水压力。在饱水带中，结合水是能够递静水压力的，但静水压力必须大于结合水的抗剪强度。一般情况下，充满黏土空隙的基本上是结合水；由于结合水在自身重力下不能运动，因此，黏土不能给出水来，是不透水的。但在一定的水头差作用下，黏土就变成透水的了。

　　结合水区别于普通液态水的最大特征是具有抗剪强度，即必须施加一定的力方能使其发生变形。结合水的抗剪强度由内层向外层减弱。当施加的外力超过其抗剪强度时，外层结合水发生流动。施加的外力变大，发生流动的水层厚度也加大。

2. 重力水

距离固体表面更远的那部分水分子，重力对它的影响大于固体表面对它的吸引力，因而能在自身重力影响下运动，这部分水就是重力水。

重力水中靠近固体表面的那一部分，仍然受到固体吸引力的影响，水分子的排列较为整齐。这部分水在流动时呈层流状态，而不作紊流运动。远离固体表面的重力水，不受固体吸引力的影响，只受重力控制。这部分水在流速较大时容易转为紊流运动。岩土孔隙中的重力水能够自由流动。井泉取用的地下水，都属于重力水，是水文地质研究的主要对象。

3. 气态水

气态水即水蒸气，它和空气一起分布于包气带岩石空隙中。它来源于大气中的水汽与液态地下水的蒸发。气态水可以随空气的流动而运动，即便是空气不流动时，气态水本身亦可发生迁移，由绝对湿度大的地方向绝对湿度小的地方迁移。当岩石空隙内空气中水汽增多而达到饱和时，或当温度变化而达到露点时，水汽开始凝结，成为液态水。气态水与大气-中的水汽常保持动平衡状态而互相转移。气态水在一处蒸发，在另一处凝结，对岩石中水的重新分布有一定的影响。

4. 毛细水

松散沉积物中的细小孔隙通道有如自然界的毛细管，储存于松散沉积物毛细孔隙和岩石细小裂隙中的水称为毛细水。这种水一方面受重力作用，另一方面受毛细力作用。

根据毛细水在包气带岩土空隙中与地下水面的关系和充水程度，毛细水可分为以下三种，具体内容见表11-2。

5. 固态水

当岩石的温度低于0℃时，空隙中的液态水就转化为固态水。我国东北、内蒙古及青藏高原的某些地区，地下水终年以固态水的形态存在，即形成了所谓的多年冰土。

6. 矿物水

是存在于矿物晶体内部或晶格之间的水，又称化学结合水，包括沸石水、结晶水和结构水等。

表11-2　毛细水的种类

类别	内容
悬挂毛细水	地下水由细颗粒层次快速降到粗颗粒层次中时，由于上下弯液面毛细力的作用，在细土层中会保留与地下水面不相连接的毛细水，这种毛细水称为悬挂毛细水
支持毛细水	由于毛细力的作用，水从地下水面沿着小孔隙上升到一定高度，在地下水面以上形成毛细水带。此带的毛细水下部有地下水面支持，故称支持毛细水。毛细水带随地下水面的变化和蒸发作用而变化，但其厚度基本不变。观察表明，毛细带水除上述垂直运动外，由于其性质近似重力水，故也随重力水向低处流动，只是运动速度较为缓慢而已
孔角毛细水	在包气带中颗粒接触点上有许多孔角的狭窄处，水呈个别的点滴状态，在重力作用下也不移动，因为它与孔壁形成弯液面，结合紧密，将水滞留在孔角上

（1）沸石水

以水分子（H_2O）形式存在于矿物晶格空隙之中的水称沸石水。方沸石（$Na_2Al_2 \cdot Si_4O_{12}H_2O$）中所含的水便是沸石水。沸石水与矿物结合得很不牢固，故沸石水的含水量并不固定，随湿度的变化而变化。常温下，当湿度下降时，所含的水可从沸石中逸出。

（2）结晶水

以水分子的形式进入矿物的结晶格架，并成为某些矿物的组成成分时叫结晶水。如将矿物加热到400℃以上时，结晶水便可从矿物中分离出来，水分离出来后，矿物本身并未遭受破坏。如石膏（$CaSO_4 \cdot 2H_2O$）加热后，随着水分子的逸出，石膏本身并未遭受破坏，而是分解为硬石膏（$CaSO_4$）和自由水（H_2O）。

（3）结构水

结构水是以H^+和OH^-形式存在于矿物结晶格架中的水，在矿物中并不保持水分子（H_2O）结构。H^+和OH^-矿物结合得非常紧密，如白云母（$KAl_2[AlSi_3O_{10}]OH_2$）。白云母只有加热到400℃以上，H^+和OH^-才能分离出未，随着它们的析出，白云母也被破坏了。

矿物水一般来说是不能被利用的。只有当高温变质岩石脱水以后，才能从矿物中析出，并转变为上述各种类型的水。

三、与水分的储容和运移有关的岩石性质

岩石空隙的大小和多少与水分的储容和运移有密切关系，特别是空隙的大小具有决定意义。在一个足够大的空隙中，从空隙壁面向外，依次分布着强结合水、弱

结合水和重力水。空隙越大，重力水占的比例越大；反之，结合水占的比例就越大。当空隙直径小于结合水层厚度的两倍时，空隙中全部充满结合存在重力水了。例如，黏土的微细孔隙中或基岩的闭合裂隙中，几乎全部充满着结合水；而砂砾石和具宽大裂隙或溶穴的岩层中，重力水所占的比例很大，结合水的数量则微不足道。因此，空隙大小和数量不同的岩石容纳、保持、释出及透过水的能力有所不同。

1. 容水度

岩石能容纳一定水量的性能称为岩石的容水性，在数量上以容水度来衡量。所谓容水度即能容纳的水的体积与岩石总体积之比值，可以下式来定义：

$$C=W/V$$

式中：C——岩石的容水度，以百分数表示；

   W——岩石中所容纳水的体积；

   V——岩石的总体积。

显然，容水度在数值上与空隙度相等。但是对于具有膨胀性的黏土来说，因充水后体积扩大，容水度可以大于空隙度。

2. 含水量

松散岩石的包气带中通常滞留较多的水分，为了说明其实际含水状况，可用含水量表示。

松散岩石孔隙中所含水的重量（G_w）与干燥岩石的重量（G_s）的比值，称为重量含水量（W_g），即

$$W_g=（G_w/G_s）\times 100\%$$

含水的体积（V_w）与包括孔隙在方的岩石体积（V）的比值，称为体积含水量（W），即

$$W=（V_w/V）\times 100\%$$

岩石的容水度和体积含水量之间的差值为饱和差。体积含水量与容水度之比称为饱度。

3. 持水度

饱水岩石在重力作用下释水时，由于分子力和表面张力的作用，能在其空隙中保持一定量的性能，称为岩石的持水度性。在数量上以持水度来衡量。水度是指在重力作用下岩石空隙中所保持的水的体积与岩石总体积之比值，可以下式来定义：

$$S_r=W_r/v$$

式中：S_Y——岩石的持水度，用百分数表示；

   W_Y——在重力作用下保持在岩石空隙中的水的体积；

V——岩石的总体积。

4. 给水度

饱水岩石在重力作用下能自由排出一定水量的性能，称为岩石的给水性。在数量上以给水度来衡量。给水度即饱水岩石在重力作用下能排出的水的体积与岩石总体积之比值，可由下式来定义：

$$S_Y = W_Y / V$$

式中：S_Y——岩石的结水度，以百分数表示（通常也以符号"μ"表示岩石的给水度）；

　　W_Y——在重力作用下饱水岩石排出的水的体积；

　　V——岩石总体积。

因为 $W_r + W_Y = W$，因此，很显然

$$C = S_r + S_Y \quad 或 \quad S_Y = C - S_r$$

即给水度等于容水度减去持水度。在一般情况下，如前所述，容水度在数值上与空隙度相等，因此，给水度常常通过在实验室测定岩石的空隙度和持水度来确定。

岩石的给水度与岩石颗粒的大小、形状、排列以及压实程度等有关。均匀砂的给水度可达30%以上，但是大多数冲积含水层的给水度则为10% ~ 20%。

渗透系数不仅与岩石的性质有关，还与渗透液体的物理性质黏滞性、温度等有关。通常情况下由于水的物理性质变化不大，可以忽略，因此可把渗透系数看成单纯说明岩石渗透性能的参数。

给水度是水文地质计算中很重要的参数，几种常见松散岩石的给水度见表11-3。坚硬岩石裂隙和溶洞中的地下水，因结合水及毛细水所占的比例非常小，岩石的给水度可看作分别等于它们的容水度或空隙度。岩性对给水度的影响包括空隙多少及空隙大小，对于粗粒松散岩石及具比较宽大裂隙与溶穴的坚硬岩石，重力结合水与孔隙毛细水很少，给水度在数值上很接近容水度，即接近于孔隙度；颗粒细小的黏性土，给水度往往仅为百分之几。

对于均质的松散岩石，给水度的大小还与地下水位埋藏深度及水位下降速率有关。当初始地下水位埋深小于最大毛细保持高度时，水位下降后，将有一部分重力水转入毛细水带，释出水量减少，给水度便偏小。观测表明，当地下水位下降速率大时，给水度也偏小，这点对于细粒松散岩石尤为明显。原因是：重力释水并非瞬时完成，而往往滞后于水位下降，此外，大小不同的孔道释水不同步，大的孔道优先释水，可能在小孔道中形成一部分悬挂毛细水而不再释出。

表11-3　常见松散岩石的给水度

岩石名称	给水度（%）		
	最大	最小	平均
黏土	5	0	2
砂黏	12	3	7
粉砂	19	3	18
细砂	28	10	21
中砂	32	15	26
粗砂	35	20	27
砾砂	35	20	25
细砾	35	21	25
中砾	26	13	23
粗砾	26	12	22

总之，对于均质的松散岩石，只有初始水位埋深足够人，水位下降速率十分缓慢时，才能达到其理论最大给水度——此时除了结合水与孔角毛细水，其余的水全都在重力影响下释出。

5. 透水性

岩石允许水透过的性能称为岩石的透水性。岩石的透水性能主要取决于岩石空隙的大小连通衡量岩石透水性的数量指标为渗透系数，渗透系数越大，岩石的透水性越强。我们以松散岩石为例，分析一个理想孔隙通道中水的运动情况。图11-5表示圆管状孔隙通道的纵断面，孔隙的边缘上分布着在寻常条件下不运动的结合水，其余部分是重力水。由于附着于隙壁的结合水层对于重力水，以及重力水质点之间存在着摩擦阻力，最近边缘的重力水流速趋于零，中心部分流速最大。由此可得出：孔隙直径越小，结合水所占据的无效空间越大，实际渗流断面就越小；同时，孔隙直径越小，可能达到的最大流速越小。因此孔隙直径越小，透水性就越差。当孔隙直径小于两倍结合水层厚度时，在寻常条件下就不透水。

如果我们把松散岩石中的全部孔隙通道概化为一束相互平行的等径圆管（见图11-6），则不难推知：当孔隙度一定而孔隙直径越大，则圆管通道的数量越少，但有效渗流断面越大，透水能力就越强；反之，孔隙直径越小，透水能力就越弱。由此可见，决定透水性好坏的主要因素是孔隙大小。只有在孔隙大小相等的前提下，孔隙度才对岩石的透水性起作用，孔隙度越大，透水性越好。

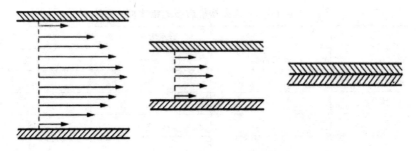

图11-5　理想圆管状孔隙中重力水流速分布

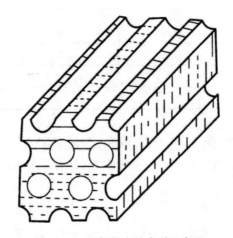

图11-6　理想化空隙介质示意图

　　然而，实际的孔隙通道并不是直径均一的圆管，而是直径变化、断面形状复杂的管道系统。岩石透水能力并不取决于平均孔隙直径，而在很大程度不是直线的，而是曲折的。孔隙通道越弯曲，水质点实际流程就越长，克服摩擦阻力所消耗的能量就越大。

　　颗粒分选性，除了影响孔隙大小，还决定着孔隙通道沿程直径的变化和曲折性，因此，分选程度对于松散岩石透水性的影响，往往要超过孔隙度。

三、有效应力原理与松散岩土压密

1. 有效应力原理

　　太沙基（TerZaghi，1925）所提出的有效应力原理可以帮助我们分析地下水位变动情况下岩石有效应力的变化以及由此引起的松散岩石压密问题。

　　为使分析简单，我们假定所讨论的是松散沉积物质构成的饱水砂层，取任一水平单元面积AB（或取饱水砂层顶面的A′B′水平单元面积）（见图11-7），则作用在所研究的单元面积上的总应力P为该单元之上松散岩石脅架与水的重量之和。

此总应力由砂层骨架（固体颗粒）与水共同承受。水所承受的应力相当于孔隙水压力u：

$$u = \gamma_\omega h$$

式中：γ_ω——水的容重；

　　　 h——AB平面上水的测压管高度。

孔隙水压力u可理解为AB平面处水对上覆地层的浮托力。由于这种浮托力的存在，使实际作用于砂层骨架（颗粒）上的应力小于总应力。实际作用于砂层骨架上的应力，称作有效应力P_z。

由于AB平面处应力处于平衡状态，总应力等于孔隙水压力及有效应力之和。故得：

$$P = u + P_z$$

$$P_z = P - u$$

有效应力等于总应力减去孔隙水压力，这就是著名的太沙基有效应力原理。

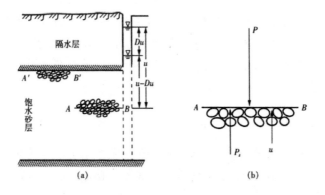

图11-7　有效应力与松散岩石压密示意图

2. **地下水位变动引起的岩土压密**

为了分析简便，我们假设整个含水砂层充满水，且水位下降后其测压管高度仍高出饱水砂层顶面。在这种情况下，当由于抽水而引起测压管高度降低时，可近似地认为总应力P不变，孔隙水压力降低$\triangle u$相应地有效应力增加$\triangle P_z$。即原先由水承受的应力，由于水头降低，浮托力减少，而部分地转由砂层骨架（颗粒本身）承担：

$$P_z + \triangle P_a = P - (u - \triangle u)$$

砂层是通过颗粒的接触点承受应力的。孔隙水压力降低，有效应力增加，颗粒发生位移，排列更为紧密，颗粒的接触面积增加，孔隙度降低，砂层受到压密。与此同时，砂层中的水则因减压而有少量膨胀。砂层因孔隙水压力下降而压密，待孔隙水压力恢复后，砂层大体上仍能恢复原状。砂砾类岩土基本上呈弹性；但是，如果同样的压密发生于黏性土中，则由于黏性土释水压时结构发生了不可逆的变化，即使孔隙水压力复原，黏性土基本上仍保持其压密状态。黏性土以塑性变形为主。

抽水引起地下水位下降，松散岩石将被压密，从而其孔隙度、给水度、渗透系数等参数均将变小。对于黏性土来说，这种参数值的降低是不可逆的。

第二节　包气带与饱水带

我们在松散砂层中挖井，可以发现各种形式的水有一定的分布区间。刚挖井时，土层看上去是干燥的，其实在空隙中已有气态水，颗粒周围已吸附有结合水。向下挖，土层变得潮湿、颜色发暗，说明已出现毛细水。再向下，土的颜色变得更深更潮湿，毛细水逐渐增多，但井中仍无水，这是因为毛细水的弯液面阻止毛细水流入井中。继续向下挖，不需多久，水便开始渗入井中，出现地下水面，这就是重力水。从出现笔力水面开始，以下为饱水带，土层的所有空隙都充满了水分，以上称为包气带，空隙中以气态水和结合水为主。

一、包气带

包气带自上而下可分为土壤水带、中间带和毛细水带。包气带顶部植物根系发育与微生物活动的带为土壤层，其中含有土壤水。土壤富含有机质，具有团粒结构，能以毛细水形式大量保持水分。包气带底部由地下水面支持的毛细水构成毛细水带。毛细水带的高度与岩性有关。毛细水带的下部也是饱水的，但因受毛细负压压强小于大气压强，故毛细饱中。包气带厚度较大时，在土壤水带与毛细水带之间还存在中间带。若中间带由粗细不同的岩性构成时，在细粒层中可含有成层的悬挂毛细水。细粒层之上局部还可滞留重力水。包气带自上而下可分为三带，具体内容见表11-4。

包气带水来源于大气降水的入渗，地表水体的渗漏，由地下水面通过毛细上升输送的水，以及地下水蒸发形成的气态水。包气带的赋存与运移受毛细力与重力的共同影响。重力使水分下移；毛细力则将水分输向空隙细小与含水量较低的部位，在蒸发影响下，毛细力常常将水分由包气带下部输向上部。在雨季，包气带水以下渗为主；雨后，浅表的包气带水以蒸发与植物蒸腾形式向大气圈排泄，一定深度以下的包气带水则继续下渗补给饱水带。

表11-4　包气带的组成

名称	内容
土壤水带	位于包气带顶部的是植物根系活动带，含土壤水，其含量大小可用土壤含水量 W 表示。土壤含水量是土壤中含水体积 Vn 和土壤总体积 V 之比，W=Vn/V 可以小数或百分数表示。若土壤具膨胀性，其含水量随含水体积的变化而变化。包气带内的土壤含水量除在雨季降水量较大或农作物灌溉期可暂时性饱和外，大多数时间内处于不饱和状态。只有在补给期水分达到饱和后方能在重力作用下向下部不饱和层运移，直到地下水面，使水位升高；土壤由于含有较多有机质，具团粒结构，滞留有结合水和毛细水。土壤水带的深度，对应于植物根系所及深度，一般不超过数米，但高大乔木根部的排气孔深度可达十余米
中间带	中间带又称过渡带。介于土壤水带和毛细水带之间，其厚度变化很大，从零米直到几百米。如地下水面埋深较浅，距地表只有几米，土壤水带可延伸到地面时，不存在中间带；如果地下水面埋藏深，则在土壤水带和毛细带之间存在中间带，地下水面的埋深越大，中间带的厚度也越大
毛细水带	由于空气和水界面上的表面张力作用，水可沿地下水面上升形成支持毛细水，在包气带底部构成毛细水带。毛细水带下部饱水，但由于毛细力形成而呈现负压，其压强小于大气压强。由于毛细带内颗粒大小不同，毛细上升最大高度各处不同，因此毛细水带的上缘常具不规则的形状

包气带的含水量及其水盐运动受气象因素影响极为显著。另外，天然以及人工植被也对其起很大作用。人类生活与生产对包气带水质的影响已经越来越强烈。包气带又是饱水带与大气圈、地表水圈联系必经的通道。饱水带通过包气带获得大气降水和地表水的补给，又通过包气带蒸发与蒸腾排泄到大气圈。因此，研究包气带水盐的形成及其运动规律对阐明饱水带水的形成具有重要意义。

二、饱水带

地下水面以下为饱水带，饱水带岩石空隙全部为液态水所充满，既有重力水也有结合水。饱水带内渗透系数 K 是一个常数，不随压力水头变化，地下水连续分布，能传递静水压力，能连续运动。

第三节　含水层和隔水层

地下水面以下是饱水带，饱水带的岩层空隙中充满了水，开发利用地下水或排除地下水，主要都是针对饱水带而言的。饱水带的岩层，根据其给出与透过水的能力，划分为含水层及隔水层。所谓含水层，是指能够给出并透过相当数量水的岩层。含水层不但储存有水，而且水可以在其中运移。因此，含水层应是空隙发育的具有良好给水性和强透水性的岩层。如各种砂土、砾石、裂隙和溶穴发育的坚硬岩石。

隔水层是指那些不能给出并透过水的岩层，或者这些岩层给出与透过的水数量是微不足道的。因此，隔水层具有良好的持水性，而其给水性和透水性均不良，如黏土、页岩和岩等。

在实际工作中划分含水层与隔水层时，不仅要根据是否能透过并给水，而且要考虑岩层所给出的水的数量是否满足开采利用的实际需要，或者是否对工程设施构成危害。含水层和隔水层的划分是相对的，并不存在截然的界限或绝对的定量标志。从某种意义上讲，含水层和隔水层是相比较而存在的。

含水层首先应该是透水层，是透水层中位于地下水位以下经常为地下水所饱和的部分，上部未饱和部分则是透水不含水层。故一个透水层可以是含水层，如冲积砂砾含水层；也可以是透水不含水层，如坡积亚砂土层；还可以是一部分位于水面以下的是含水层，另一部分位于水面以上为透水不含水层（见图11-8）。

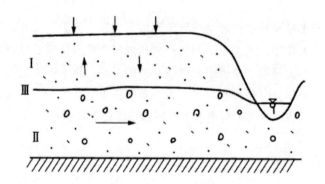

图11-8　透水层与含水层示意图

由上可知，含水层的形成应具备一定的条件：

一、岩层具有储存重力水的空间

这里所指的主要是各类空隙，即松散岩石的孔隙，坚硬岩石的裂隙和溶穴等。岩石的空隙越大，数量越多，连通性越好，储存和通过的重力水就越多，越有利于形成含水层。如透水性强的砂砾石便是良好的含水层；坚硬砂岩的孔隙虽不发育，但发育构造裂隙和风化裂隙，裂隙成为其主要的储水空间，所以砂岩是含水层。河南驻马店一带的黏土，因为裂隙发育含有地下水，成为当地农业灌溉的供水水源，在这里黏土也是含水层。

二、具备储存地下水的地质结构

具有空隙的岩层还必须有一定的地质构造条件才能储存水。如图11-8所示，河流冲积层由下部砂砾层和上部细砂层组成。二者都具有良好的透水性，上部砂层接受大气降水补给后要向下渗透到砾石，本身成为包气带，成为透水不含水层；下部砾石层接受来自上部砂层水的补给后，在向下渗透过程中遇下伏的不透水黏土层的阻隔而聚积、储存起来成为含水层。因此，一个含水层的形成必须要有透水层和不透水层组合在一起，才能形成含水地质。含水地质结构有两种基本形式：

（1）透水—含水—隔水形式：如大部分松散沉积物和基岩裸露地区，透水层大面积出露地表，接受补给后，沿空隙往下渗透，到隔水层或裂隙不发育的基岩面，便在透水的空隙中积聚、储存起来形成含水层，其上未饱水的部分成为透水不含水层。

（2）隔水—含水—隔水形式。如透水岩层大部分为隔水层覆盖，仅在其出露地表的局部范围内方可接受补给，由于下伏有不透水层，水充满整个透水岩层，常具承压性。如山前平原或冲积平原深部的砂砾石透水层、煤系地层中裂隙、溶穴发育的坚硬基岩等均为这种类型的含水层。

三、具有充足的补给水源

一个含水层的形成除了有储容水的空间和储存水的地质条件以外，还应该有一定的补给条件，方对供水和排水具有一定的实际意义。首先形成含水层的透水岩层应部分地或全部地出露地表以便接受大气降水和地表水的补给；或在顶底的隔水或罕水断裂等通道，通过这些通道，可以得到其他含水层补给。充足的补给来源、丰富的补给量是决定含水层水量大小和保证程度的重要因素。否则该岩层充其量只是一个透水的岩层而不能形成含水层。

含水层与隔水层只是相对而言，并不存在截然的界限，二者是通过比较而存在的。如河床冲积相粗砂层中夹粉砂层，粉砂层由于透水性小，可视为相对隔水层；

但是该粉砂层若夹在黏土中，粉砂层因其透水性较大则成为含水层，黏土层作为隔水层。由此可见，同样是粉砂层在不同地质条件下可能具有不同的含水意义。含水层的相对性也表现在所给出的水是否具有实际价值，即是否能满足开采利用的实际需要或是否对采矿等工程造成危害。如南方广泛分布的红色砂泥岩，涌水量较小，若与砂砾层孔隙水或灰岩岩溶水相比，由于水量太小对供水与煤矿充水不具实际意义，可视作隔水层，但对广大分散缺水的农村来说在红层中打井取水既可解决生活供水，也可作为一部分灌溉水源，成为有意义的含水层，如湖南、川中、浙江某些盆地中的红层地下水是生活和灌溉用水的主要水源。

含水层的相对性还表现在含水层与隔水层之间可以互相转化。如黏土，通常情况下是良好的隔水层，但在地下深处较大的水头差作用下，当其水头梯度大于起始水力坡度，也可能发生越流补给，透过并给出一定数量的水而成为含水层。在北方煤矿区，在奥陶系灰岩和太原组薄层灰岩间，隔有数十层本溪组和太原组的砂页岩和铝土页岩，通常由于断层闭合或被充填而不导水，故在天然状态下是良好的隔水层。随着矿井疏干排水，薄层灰岩水位大幅度下降，与奥陶系灰岩水之间形成了很大的水头差，奥灰水不断冲刷和突破断裂裂隙，大量补给太原组薄层灰岩，太原组灰岩钻孔涌水量由开采前的 < 1L/s 增大到 100 ~ 150L/S，这些隔水层实际上已不起隔水作用。

从极端的意义上讲，自然界不存在没有空隙的岩层，因此实际上也不存在不含有水的岩层，关键在于所含的水的性质。空隙细小的岩层，含有的几乎全是结合水，结合水在寻常条件是不能移动的，这类岩层起着阻隔水通过的作用，所以是隔水层。空隙较大的岩层，主要含有重力水，在重力影响下能给出与透过水，就构成含水层。空隙越大，重力水所占的比例越大，水在空隙中运动时所受阻力越小，透水性便越好。所以，卵砾石、具有宽大的张开裂隙与溶穴的岩层，构成透水良好的含水层。

判断一个岩层是含水层还是隔水层时，必须仔细观察各种有关现象，并进行缜密分析，这样方能得出比较合乎实际的结论。例如，在一般情况下，黏土的孔隙极其微细，通常是隔水层，可是有些地方却从黏土中取得了数量可观的地下水。原因是这些黏土或者发育有干缩裂隙，或者发育有结构孔隙，或者有较多的虫孔与根孔。再如，某些种类的片麻岩往往只发育闭合裂隙，从整体上说属于隔水层；但是断层带却可构成良好的含水带。薄层状泥质与砂质或钙质互层的沉积岩，张开裂隙顺着砂质及钙质薄层发育。在这种情况下，顺层方向岩层是透水的，垂直层面方向上却是隔水的。这就是岩层透水性的各向异性。均一岩性的块状岩层，当构造裂隙沿着某一方向特别发育时，透水性也表现某种程度的各向异性。上述例子足以说明，根据实际情况对岩层透水性进行具体分析是何等必要。

含水层这一名称对松散岩石很适用。因为松散岩层常呈层状，在同一地层内可按岩性区分为不同单元，而在同一岩性单元中透水与给水能力比较均匀一致，地下水分布是呈层状得，对于裂隙基岩来说，地层中裂隙发育均匀时，地下水均匀分布于全含水层也是合适的。但当裂隙发育受局部构造因素控制，在同一地层中分布极不均匀时，同一岩层的透水与给水能力相差很大。例如当一条较大的断层穿越不同地层时，尽管岩性不同，断裂带却可能具有较为一致的透水与给水能力。这种情况下将其称为含水带更为合适。

岩溶的发育常限于具有一定岩性的可溶岩层中，从这个意义上讲，可以说是含水层；因为地下水确实分布于该层之中。但是，岩溶的发育极不均一，地下水主要赋存于以主要岩溶通道为中心的岩溶系统中，别的部分含水很少，实际上地下水并未遍布于某一层次中。对于含水的岩溶化地层说来，所谓含水层，实际上只说明在某一岩层中某些部位（岩溶系统中）可能含水，而并非在整个岩层中部含有水。因此，称之为岩溶含水系统更为恰当些。

实际工作中如按含水层的含义严格划分，尚不能满足生产的需要。为此需要有含水带、含水段、含水岩组、含水岩系的划分。

1. 含水带

含水带是指局部的、呈条带状分布的含水地段。在含水极不均匀的岩层中，如果简单地把它们划归为含水层或隔水层，显然是不符合实际的，特别是在裂隙或溶穴发育的基岩山区，应按裂隙、岩溶的发育和分布及含水情况，在平面上划分出含水地段——含水带。如穿越不同成因、岩性、时代的含水断裂破碎带，可划分为一个含水带。

2. 含水段

含水段是指同一厚度较大的含水层，按其含水程度在剖面上划分的区段。例如，华北一些地区的奥陶系石灰岩，厚度达几百米，而且其中没有很好的隔水层，从上部到下部有水力联系，可以划分为一个统一的含水层。但在生产实践中发现，该灰岩含水并不均匀，某些地段裂隙、岩溶比较发育，水量较大；有些地段裂隙、岩溶不发育，水量很小。因此，有必要进一步把它划分为强含水段、弱含水段或隔水段，这就为矿山排水和供水工程设计提供了可靠依据。

3. 含水岩组

把几个水文地质特征基本相同（或相似）且不受地层层位限制的含水层归并在一起，称为一个含水岩组。如我国北方晚古生代煤田，其中石河子组砂页岩互层，多达数十层，总厚度数百米，可将其归并为几个含水岩组。有些第四纪松散沉积物的砂层中，常夹有薄层黏性土（或呈透镜状），但其上下砂层之间有水力联系，有统一的地下水位，化学成分亦相近，可划归为一个含水岩组。

4. 含水岩系

在开展地区性的大范围的水文地质研究和编图时，往往将几个水文地质条件相近的含水岩组划为一含水岩系。同一含水岩系的几个含水岩组彼此之间可以有隔水层存在。如第四系含水岩系，基岩裂隙水含水岩系或岩溶水含水岩系等。

第四节　地下水的分类

地下水赋存于各种自然条件下，其形成条件不同，在埋藏、分布、运动、物理性质及化学成分等诸方面也各异。为了便于研究和利用地下水，人们通过分析，将某些基本特征相同的地下水加以归纳合并，划分成简明的类型，这就是地下水的分类。目前，地下水的分类原则和方法有许多种。考虑到地下水的埋藏条件和含水介质的类型对地下水水量、水质的时空分布有着决定意义，故这里所谓的地下水分类主要是按埋藏条件和含水介质类型的不同而划分的。

所谓地下水的埋藏条件，是指含水层在地质剖面中所处的部位及受隔水层（或弱透水）限制的情况。据此可将地下水分为包气带水（包括土壤水和上层滞水）、潜水和承压水。

按含水介质（空隙）的类型，可将地下水分为孔隙水、裂隙水及岩溶水。

依据上述两种分类可组合成如表11–5所列的九种复合类型的地下水。如孔隙潜水、裂水等。地下水埋藏和分布于地壳岩石中，因此岩石的成分和性质、岩石空隙的大小、形状及其成因等必然会影响到地下水的物理性质、化学成分、循环条件以及动态变化。为了充分利用和研究地下水资源，有必要对地下水进行科学的分类。

地下水分类的原则和方法很多，但总起来不外乎以下两种。一种是根据地下水的某一特征进行分类；另一种则是综合考虑地下水的若干特征进行分类。前一种如按起源不同，可将地下水分为渗入水、凝结水、初生水和埋藏水；按矿化程度不同，可分为淡水、微咸水、咸水、盐水及油水。此外还可按照地下水的温度、气体成分、运动性质以及动态变化等特征进行分类。这些分类的优点是：简单、明确、便于从某一角度去认识和研究地下水。缺点是不够全面。综合考虑若干特征进行分类，则可以避免上述缺点。

表11-5　地下水分类表

含水介质 埋藏条件	孔隙水	裂隙水	岩溶水
包气带水	松散沉积物中的土壤水；存在局部隔水层上的季节性重力水（上层滞水）、过路重力水及悬挂毛细水	裸露裂隙岩层中存在的季节性重力水及毛细水	裸露岩溶化岩层上部岩溶通道中存在的季节性重力水
潜水	各种松散沉积物浅部的水	裸露于地表的各类裂隙岩层中的水	裸露于地表的岩溶化岩层中的水
承压水	松散沉积物构成的山间盆地、自流斜地及堆积平原深部的水	构造盆地、向斜、单斜或断裂带裂隙岩层中的水	构造盆地、向斜、单斜或断裂带岩溶化岩层中的水

第五节　不同埋藏条件的地下水

按地下水的埋藏条件划分为上层滞水、潜水、承压水三类。

一、上层滞水

上层滞水是存在于包气带中，局部隔水层之上的重力水。上层滞水的形成主包气带岩性的组合，以及地形和地质构造特征。一般地形平坦、低凹，或地质构造（平缓地层及向斜）有利于汇集地下水的地区，地表岩石透水性好，包气带中又存在一定范围的隔水层，有补给水入渗时，就易形成上层滞水。

松散沉积层、裂隙岩层及可溶性岩层中都可埋藏有上层滞水。但由于其水量不大，且季节变化强烈，一般在雨季水量大些，可做小型供水水源，而到旱季水量减少，甚至干枯。上层滞水的补给区和分布区一致，由当地接受降水或地表水入渗补给，以蒸发或向隔水底板边缘进行侧向散流排泄。上层滞水一般矿化度较低，由于直接与地表相通，水质易受污染。

二、潜水

1. 潜水的埋藏条件和特征

潜水是埋藏于地表以下、第一个稳定隔水层以上、具有自由水面的含水层中的重力水（见图11-9）。潜水一般埋藏于松散沉积物的孔隙中，以及裸露基岩的裂隙、溶穴中。

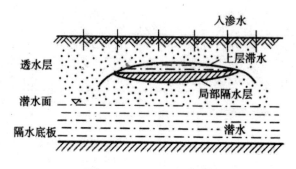

图 11-9　上层滞水示意图

潜水的自由表面称为潜水面。潜水面至地面的垂直距离称为潜水的埋藏深度（T）。潜水面上任一点的标高称该点的潜水位（H）。潜水面至隔水底板的垂直距离称潜水含水层的厚度（h），它是随潜水面的变化而变化的。

潜水的埋藏条件决定了潜水的以下特征：

潜水具有自由水面。因顶部没有连续的隔水层，潜水面不承受静水压力，是一个仅承受大气压力作用的自由表面，故为无压水。潜水在重力作用下，由高水位向低水位流动。在潜水面以下局部地区存在隔水层时，可造成潜水的局部承压现象；潜水因无隔水顶板，大气降水、地表水等可以通过包气带直接渗入补给潜水。故潜水的分布区和补给区经常是一致的；潜水的水位、水量、水质等动态变化与气象水文、地形等因素密切相关。因此，其动态变化有明显的季节性、地区性。如降雨季节含水层获得补给，水位上升，含水层变厚，埋深变浅，水量增大，水质变淡。干旱季节排泄量大于补给量，水位下降，含水层变薄、埋深加大。湿润气候、地形切割强烈时，易形成矿化度低的淡水；干旱气候、低平地形时，常形成咸水；潜水易受人为因素的污染。因顶部没有连续隔水层且埋藏一般较浅，污染物易随入渗水流进入含水层，影响水质；潜水因埋藏浅，补给来源充沛，水量较丰富，易于开发利用，是重要的供水水源。

2. 潜水面的形状及其表示方法

（1）潜水面的形状及其影响因素

潜水面的形状是潜水的重要特征之一，它一方面反映外界因素对潜水的影响；另一方面也反映潜水的特点，如流向、水力坡度等。

潜水在重力作用下从高处向低处流动，称潜水流。在潜水流的渗透途径上，任意两点的水位差与该两点间的距离之比，称为该处的水力坡度（梯度）。

一般情况下，潜水面是呈向排泄区倾斜的曲面。潜水面的形状和水力坡度受地形地貌，含水层的透水性、厚度变化及隔水底板起伏，气象水文因素和人为因素等的影响。

潜水面的起伏和地表的起伏大体一致，但较地形平缓。一般潜水的水力坡度很小，平原区常为千分之几或更小，山区可达百分之几或更大。这是因为不同地区的水文网发育程度和切割程度不同，潜水的排泄条件也不同，排泄条件好的，潜水面坡度就大，反之则小。古凹地中埋藏的潜水，潜水面可以是水平的，当潜水不能溢出古凹地时则成为潜水湖，能溢出时变为潜水流。如山东张夏河谷盆地中，在干旱季节潜水就成潜水湖，而雨季补给充沛时就转化为潜水流。

当含水层变厚，透水性变好时，水力坡度也随之变小，潜水面平缓。反之，水力坡度变大，潜水面变陡。

隔水底板凹陷处含水层变厚，潜水面变缓；隔水底板隆起处，潜水流受阻，含水层变薄，潜水面突起，甚至接近地表或溢出地表形成泉。

在河流的上游地段，水文网下切至含水层时，潜水补给河水，潜水面向河流或冲沟倾斜；在河流的下游地段，河水位高于潜水，河水补给潜水，潜水面便倾向于含水层。在河间地带，潜水面的形状取决于两河水位的关系，可以形成分水岭；也可以向一方倾斜，由高水位河流向低水位河流渗透。人为因素的影响可急剧地改变潜水面形状。如集中开采区可形成中心水位下降数十米的降落漏斗。水库回水使地下水水位大幅度升高，不仅改变潜水面形状而且可改变补排关系。

（2）潜水面的表示方法和意义

潜水面的形状和特征在图上通常有两种表示方法：水文地质剖面图和等水位线图。

水文地质剖面图是在具有代表性的剖面线上，按一定比例尺，根据水文地质调查所获得的地形、地质及水文地质资料绘制而成。该图上不仅要表示含水层、隔水层的岩性和厚度的变化情况以及各层的层位关系等地质情况，还应把各水文地质点（钻孔、井、泉等）的位置、水量和水质标于图上，并标上各水文地质点同一时期的水位，连出潜水的水位线。水文地质剖面图可以反映出潜水面形状和地形、隔水底板、含水层厚度及岩性等关系（见图11-10）。

潜水等水位线图，就是潜水面的等高线图。它是在一定比例尺的平面图上（通常以地形等高线图作底图），按一定的水位间隔（等间距），将某一时期潜水位相同的各点连接成线，这就是水位等高线（见图11-11）。由于潜水位是随时间而变化的，所以在编制潜水等水位线图时，必须利用同一时期的水位资料。具体编制方法与地形等高线图的编制方法相仿。

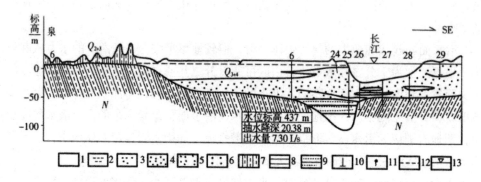

图 11-10　南京市附近水文地质剖面图

1—黏土；2—砂土；3—中砂；4—粗砂；5—砂砾；6—砾石；7—粉质黏土；8—砂岩及页岩；

9—砾岩夹薄层砂岩；10—钻孔；11—泉；12—地下水水位线；13—地表水水位

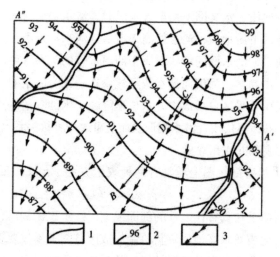

图 11-11　利用等水位线图求解潜水流向及水力坡度

1—等水位线；2—潜水为标高，（m）；3—地下水流向

根据等水位线图可以解决以下几个方面的实际问题。

1. 确定潜水的流向

潜水流向始终是沿着潜水面坡度最大的方向流动，即沿垂直等水位线的方向由高水位向低水位运动（图11-11箭头所示）。

2. 确定潜水面的水力坡度

相邻两条等水位线的水位差除以其水平距离即为潜水面坡度，当潜水面坡度不大时，可视为潜水的水力坡度（梯度）。按此定义，图11-11上两点间的平均水力坡度为

$$I_{AB}=（H_a-H_b）/AB=（91.0-90.0）/900=0.0011$$

式中：I_{AB}为A，B间的水力坡度；H_a，H_b为A，B两点的水位高程（m）；AB为A，B两点间距离（m）。

3. 判断潜水和地表水的补排关系

在标有河水位的潜水等水位线图上，根据图中地下水的流向，就能确定潜水与地表水的补排关系。

4. 确定潜水埋藏深度

等水位线与地形等高线相交之点，二者的高程之差，即为该点潜水的埋藏深度。根据各点的埋藏深度，将埋藏深度相同的点连成等线，可以绘出潜水埋藏深度图。

5. 确定泉水出露位置和沼泽化范围

地形等高线与潜水等水位线标高相等且相交的地点，为泉水出露点，或是与潜水有联系的湖、沼等地表水体。

6. 推断含水层岩性或厚度的变化

当地形坡度无明显变化，而等水位线变密处，表征该处含水层透水性能变差，或含水层厚度变小。反之，等水位线变稀的地方，则可能是含水层透水性变好或厚度增大的地方。

7. 确定含水层厚度

当已知隔水底板高程时，可用潜水位高程减去隔水底板高程，即得该点含水层厚度。

8. 作为布置引水工程设施的依据

取水工程最好布置在潜水流汇合的地区，或潜水集中排泄的地段。取水建筑物排列方向一般应垂直地下水流向，即与等水位线相一致。

综上所述，潜水的基本特点是与大气圈及地表水圈联系密切，积极参与水循环。产生此特点的根本原因是其埋藏特征——位置浅，上部无连续隔水层。

三、承压水（自流水）

1. 承压水的特征和埋藏条件

（1）承压水的基本特征

充满于两个稳定隔水层（弱透水层）之间的含水层中的重力水，称为承压水（见图11-12）。当这种含水层中未被水充满时，其性质与潜水相似，称为无压层间

水。承压含水层上部的隔水层（弱透水层）称为隔水顶板。下部的隔水层（弱透水层）称为隔水底板。顶底板之间的距离称为含水层厚度（M）。钻孔（井）未揭穿隔水顶板则见不到承压水，当隔水顶板被钻孔打穿后，在静水压力作用下，含水层中的水便上升到隔水顶板以上某一高度，最终稳定下来。此时的水位称稳定水位。钻孔或井中稳定水位的高程称含水层在该点的承压水位或测压水位（H_2）。地面至承压水位的垂直距离称为承压水位埋藏深度（H）。隔水顶板底面的高程称为承压水的初见水位（H_1），即揭穿顶板时见到的水面。隔水顶板底面到承压水位之间的垂直距离称为承压水头或承压高度（h）。承压水位高出地表高程时，承压水被揭穿后便可喷出地表而自流。各点承压水位连成的面便是承压水位面。

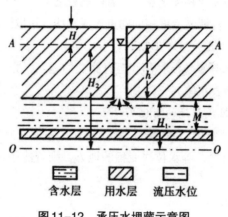

图 11-12　承压水埋藏示意图

由于承压水有隔水顶板，因而它具有与潜水不同的一系列特征。

承压水具有承压性：当钻孔揭露承压含水层时，在静水压力的作用下，初见水位与稳定水位不一致（见图11-12），稳定水位高于初见水位。

承压水的补给区和分布区不一致：因为承压水具有隔水顶板，因而大气降水及地表水只能在补给区进行补给，故承压水补给区常小于其分布区。补给区位于地形较高的含水层出露的位置，排泄区位于地形较补给区低的位置。

承压水的动态变化不显著：承压水因受隔水顶板的限制，它与大气圈、地表水圈联系较差，只有在承压区两端出露于地表的非承压区进行补排。因此，承压水的动态变化受气象（气候）和水文因素影响较小，其动态比较稳定。同时，由于其补给区总是小于承压区的分布，故承压水的资源不像潜水那样容易得到补充和恢复。但当其分布范围及厚度较大时，往往具有良好的多年调节性能。

承压水的化学成分一般比较复杂：同潜水相似，承压水主要来源于现代大气降水与地表水的入渗。但是，由于承压水的埋藏条件使其与外界的联系受到限制，其化学成分随循环交替条件的不同而变化较大。与外界联系越密切，参加水循环越积极，其水质常为含盐量低的淡水，反之，则水的含盐量就高。如在大型构造盆地的同一含水层内，可以出现低矿化的淡水和高矿化的卤水，以及某些稀有元素或高温热水，水质变化比较复杂。

承压含水层的厚度，一般不随补排量的增减而变化：潜水获得补给或进行排泄时，随着水量增加或减少，潜水位抬高或降低，含水层厚度加大或变薄。承压水接受补给时，由于隔水顶板的限制，不是通过增加含水层厚度来容纳水量。补给时测压水位上升，一方面，由于压强增大含水层中水的密度加大；另一方面，由于空隙水压力增大，含水层骨架有效应力降低，发生回弹，孔隙度增大（含水层厚度仅有少量的增加）。排泄时，测压水位降低，减少的水量则表现为含水层中水的密度变小及骨架孔隙度减小。也就是说，承压含水层水量增减（补排）时，其测压水位亦因之而升降，但含水层的厚度则不发生显著变化。

承压水一般不易受污染：由于有隔水顶板的隔离，承压水一般不易受污染，但一旦污染后则很难净化。因此，利用承压水作供水水源时，应注意水源地的卫生防护。

（2）承压水的埋藏条件

承压水的形成首先取决于地质构造。在适宜地质构造条件下，无论是孔隙水、裂隙水或岩溶水均能形成承压水。不同构造条件下，承压水的埋藏类型也不同。承压水主要埋藏于大的向斜构造、单斜构造中。向斜构造构成向斜盆地蓄水构造，称为承压盆地。单斜构造构成单斜蓄水构造，称为承压斜地。

①承压盆地

承压盆地按其水文地质特征可分为三个组成部分：补给区、承压区和排泄区。从图中可以看出，在承压区上游，位置较高处含水层出露的范围称为补给区。补给区没有隔水顶板，具有潜水性质，它直接受降水或其他水源的入渗补给，水循环交替条件好，常为淡水。含水层有隔水顶板的地区称为承压区，此处地下水具有承压水的一切特征。在承压区下游，位置较低处含水层出露的范围称为排泄区。排泄区地下水常以上升泉的形式排泄，流量较稳定，矿化度一般较高，常有温泉出露。

承压盆地在不同深度上有时可有几个承压含水层，它们各自有不同的承压水位。当地形与蓄水构造一致时，称为正地形。此时，下部含水层的承压水位高于含水层的承压水位；反之，当地形与蓄水构造不一致时，称为负地形，此时，下部含水层的承压水位低于上部含水层的承压水位。水位高低不同，可造成含水层之间通过弱透水层或断层等通路而发生水力联系，形成含水间的补给关系，高水位含水层的水补给低水位含水层。

②承压斜地

承压斜地的形成可以有三种不同情况：一种是单斜含水层被断层所截形成的承压斜地；另一种是含水层岩性发生相变或尖灭形成承压斜地；第三种是单斜含水岩层被侵入岩体阻截形成的承压斜地。

A.单斜含水层被断层所截形成的承压斜地。单斜含水层的上部出露地表，成为承压含水层的补给区，含水层下部为断层所切。若断层导水，则含水层之间可以通过断层发生水力联系。在断层出露位置较低处，承压水可通过断层以泉的形式排泄于地表，成为排泄区。此时，补给区与排泄区位于承压区两侧，与承压盆地相似。

倘若断层不导水，水沿含水层向下流动，遇断层而受阻后形成回流，在含水层露头区地形较低处以泉的形式排出地表，形成排泄区。此时，地下水的补给区与排泄区在同一侧，承压区在另一侧。显然露头区附近地下水循环交替条件较好，深处则差。如果承压斜地延伸较深时，下端含水层中的地下水往往处于停滞状态，使矿化度较高。

B.含水层岩性发生相变或尖灭形成的承压斜地。含水层上部出露地表，其下在某一深度岩相发生变化，由透水层变为不透水层而使含水层尖灭。这类承压斜地的情况与上述不导水渐层所形成的承压斜地情况相似。

C.单斜含水层被侵入岩体阻截形成的承压斜地。各种侵入岩体，当它们侵入透水性很强的单斜含水岩层中，并处于地下水的下游时，由于它们起到阻水的作用，可形成承压斜地。如济南承压斜地，为寒武系、奥陶系灰岩组成的一向北倾斜的单斜构造。南部千佛山一带灰岩广泛出露，形成承压水的补给区，地下水沿顺层发育的溶穴向北流动，至济南城一带，深部受到闪长岩体的阻截和覆盖，表层又被第四系透水性弱的黏性土覆盖，形成承压水的承压区和排泄区，济南市区有108个泉排泄，故有泉城之称。

其他，如基岩断裂破碎带的裂隙随深度的增大而闭合，或裂隙被充填等情况，均可形成承压斜地。

承压盆地和承压斜地在我国分布比较广泛。根据地质年代和岩性的不同，可分为两类：一类是第四系松散沉积物构成的承压盆地和承压斜地，它们广泛存在于山间盆地和山前平原中；另一类是由坚硬基岩构成的承压盆地和承压斜地。如北方的淄博盆地、井陉盆地、沁水盆地、开平盆地等就是寒武—奥陶系石灰岩上覆石炭—二叠系砂页岩及第四系堆积物而构成的承压水盆地。广东的雷州半岛以及新疆等地的许多山间盆地都属于这类向斜盆地。较为典型的大型承压盆地是四川盆地，盆地中部分布侏罗—白垩系砂页岩，向四周依次出露古生界岩层。主要含水层为侏罗系砂岩裂隙水、三叠系嘉陵江组灰岩及二叠系长兴组灰岩和茅口组灰岩的岩溶水，有的地段可出现自流水。

2. 承压水等水压线图

承压水的等水压线图，就是承压水测压水位面的等高线图。它是反映承压水特征的一种基本图件。可以根据若干个井孔中，同一时期测得的某一承压含水层的水位资料绘制。其绘制方法与绘制潜水等水位线图相同。等水压线图，可以反映承压水面（测压水位面）的起伏情况。承压水面与潜水面不同之处，在于潜水面是一个实际存在的面，而承压水面是一个虚构的面，这个面可以与地形极不吻合，甚至高于地表（正水头区），只有当钻孔揭露承压含水层时，才能测得。因此，等水压线图通常要附以含水层顶板等高线。

在同一个承压盆地中，可以有几个承压含水层，每个含水层分别有其补给区和排泄区，因此就有各不相同的测压水位面，当然它们的等水压线图也各不相同。

由于承压含水层的埋藏深度比较大，因此要得到不同含水层的测压水位，必然要增加很多勘测工作量，必须考虑到绘制此图的必要性。

利用等水压线图可以解决以下实际问题。

确定承压水的流向：承压水的流向垂直于等水压线，由高水位向低水位运动。

确定承压水的水力坡度、判断含水层岩性和厚度的变化：承压水水力坡度的确定与潜水一致。承压水与潜水相似，测压水面的变化与岩性和含水层厚度变化有关。此处不再重述。

确定承压水位埋藏深度：地面高程减去相应点的承压水位即可。承压水位埋藏深度越小，开采利用就越方便。该值是负值时，水便自流（喷出）涌出地表。据此可选择开采承压水的地点。该值是正值时，为非自流区。

确定承压含水层的埋藏深度：用地面高程减去相应点含水层顶板高程即得。了解承压含水层的埋藏深度情况，有助于选择地下工程的位置和开采承压水的地点。

确定承压水水头值的大小：承压水位减去相应点含水层顶板高程，即为承压水水头值。根据承压水水头，可以预测开挖基坑、洞室和矿山坑道时的水压力。

可以确定潜水与承压水间的相互关系：将等水压线与潜水等水位线绘在一张纸上，根据它们之间的相互关系，可以判断二者间是否有水力联系。如在潜水含水层厚度与透水性变化不大的地段，出现潜水等水位线隆起或凹陷的现象，可初步判断此地段承压水与潜水可能通过"天窗"或导水断裂产生了水力联系。

上述按地下水的埋藏条件分为包气带水、潜水和承压水三种类型。根据它们在自然界中经常存在的空间部位，编绘的上层滞水、潜水和承压水理想模式图，应当指出，该理想模式图只能反映三类地下水在空间上的埋藏关系，具有人为性。实际上，自然界中水文地质条件是复杂多变的，各类地下水经常处于相互联系转化中。不同地区，各类地下水往往是单独出现，或两种、两种以上的地下水类型同时并存。它们之间有时有水力联系或相互补给关系。在工作中，要根据实际情况，结合当地的地质、水文地质条件，总结不同地区地下水类型模式及各类地下水的特征是十分重要的。

3. 潜水与承压水的相互转化

在自然与人为条件下，潜水与承压水经常处于相互转化之中。显然，除构造封闭条件下与外界没有联系的承压含水层外，所有承压水最终都是由潜水转化而来；或由补给区的潜水测向流入，或通过弱透水层接受潜水的补给。

对于孔隙含水系统，承压水与潜水的转化更为频繁。孔隙含水系统中不存在严格意义上的隔水层，只有作为弱透水层的黏性土层。山前倾斜平原，缺乏连续的厚度较大的黏性土层，分布着潜水；进入平原后，作为弱透水层的黏性土层与砂层交互分布。浅部发育潜水（赋存于砂土与黏性土层中），深部分布着由山前倾斜平原潜水补给形成的承压水。由于承压水水头高，在此通过弱透水层补给其上的潜水。因此，在这类孔隙含水系统中，天然条件下，存在着山前倾斜平原潜水转化为平原承压水，最后又转化平原潜水的过程。

天然条件下，平原潜水同时接受来自上部降水入渗补给及来自下部承压水越流补给。随着深度加大，降水补给的份额减少，承压水补给的比例加大。同时，黏性土层也向下逐渐增多。因此，含水层的承压性是自上而下逐渐加强的。换句话说，平原潜水与承压水的转化是自上而下逐渐发生的，两者的界限不是截然分明的。开采平原深部承压水后其水位低于潜水时，潜水便反过来成为承压水的补给源。

基岩组成的自流斜地中，由于断层不导水，天然条件下，潜水及与其相邻的承压水通过共同的排泄区以泉的形式排泄。含水层深部的承压水则基本上是停滞的。如果在含水层的承压部分打井取水，井周围测压水位下降，潜水便全部转化为承压水由开采排泄了。由此可见，作为分类，潜水和承压水的界限是十分明确的，但是，自然界中的复杂情况远非简单的分类所能包容，实际情况下往往存在着各种过渡与转化的状态，切忌用绝对的固定不变的观点去分析水文地质问题。

第十二章　地下水运动的基本规律

地下水在岩石空隙中的运动称为渗透。由于岩石的空隙形状、大小和连通程度的变化，因而地下水在这些空隙中的运动是十分复杂的，要掌握地下水在每个实际空隙通道中水流运动的特征是不可能的，同时也无必要。于是，人们用一种假想的水流去代替岩石空隙中运动的真实水流的方法来研究水在岩石空隙中的运动。这种假想的水流，一是认为它是连续地充满整个岩石空间（包括空隙空间和岩石骨架占据的空间）；二是不考虑实际流动途径的迂回曲折，只考虑地下水的流向，这种假想的水流称为渗流。为了使渗流符合渗透的真实情况，它必须满足以下条件：

渗流通过任一过水断面的流量等于通过该断面的实际渗透流量；渗流在任一过水断面的水头等于实际渗透水流在同一断面的水头；渗流在运动中所受到的阻力等于实际渗透水流所受的阻力。

发生渗流的区域称为渗流区或渗流场。渗透流速（渗透速度或渗流速度）（u）、渗流（q）、水头（h）等这些描述渗流场特征的物理量，称为渗流的运动要素。

由于岩石的空隙在一般情况下都很细小，且空隙通道又迂回曲折，因而地下水在其中流动过程中受到的阻力很大，所以地下水的流动远比地表水流动缓慢。

地下水在岩石空隙中渗透时，有两种流态：层流和紊流。水流质点做有秩序的、互不混杂的流动，称为层流。地下水在岩石狭小空隙中流动时，重力水受介质的吸引力较大，水的质点排列较有秩序，故做层流运动。水流质点无秩序地、互相混杂地流动，称为紊流运动。做紊流运动时，水流所受阻力比层流状态大，消耗的能量较多。地下水在宽大的空隙岩石中流动时，水的流速较大，容易呈紊流运动。

水在渗流场内运动，各个运动要素不随时间改变时，称为稳定流。运动要素随时间变化的水流运动，称为非稳定流。严格地讲，地下水运动都属于非稳定流。但是为了便于分析计算，可以将某些运动要素变化微小的渗流，近似地看作稳定流。

地下水运动的空间变化类型有一维流、平面流和空间流。渗流场中任意点的速度变化只与空间坐标的一个方向有关时，称为一维流或线状流。渗流场中任意点的速度变化与空间坐标的两个方向有关时，称为平面运动或二维流运动。渗流场中任意点的速度变化与空间坐标的三个方向有关时，称为空间流或三维流运动。

第一节　重力水运动的基本规律

一、线性渗透定律——达西定律

1852 ~ 1855年，法国水力学家达西（Darcy）通过大量的实验，得到线性渗透基本定律。实验是在装有砂的圆筒中进行的（见图12-1）。水由筒的上端加入，渗流经过砂柱，由下端流出。上游用溢水设备控制水位，使实验过程中水头始终保持不变。在圆筒的上下端各设一根测压管，分别测定上下两个过水断面的水头。下端出口处设管嘴以测定流量。

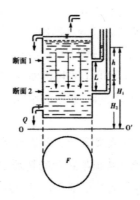

图12-1　达西试验示意图

根据实验结果，得到达西公式：

$$Q=KF（h/L）=KFI$$

式中：Q——渗透流量（出口处流量即为通过砂柱各断面的流量）；

　　　F——过水断面（在实验中相当于砂柱横断面积）；

　　　h——水头损失，（$h=H_1-H_2$，即上下游过水断面的水头差）；

　　　I——水力坡度（相当于h/L，即水头差除以渗透长度）；

　　　K——渗透系数。

从水力学已知，通过某一端面的流量Q等于流速V与过水断面F的乘积，即

$$Q=FV$$

或V=Q/F。据上面式子，达西定律也可以另一种形式表达：

$$V=Q/F=KI$$

式中：V称作断面的流速。

接下来来探讨上式中各项的物理含义。

（1）渗透流速V：在上面引用水力学中的公式Q=FV时，式中的过水断面F系指砂柱的横断面积。在该横断面积中，包括砂颗粒所占据的面积及孔隙所占据的面积，而水流实际通过的过水断面面积F_1为孔隙所占据的面积（见图12-2），故：

$$F_1=FP$$

式中：P为空隙度。

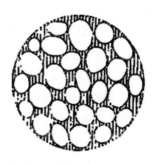

图12-2　过水断面（F）与实际过水断面（F_1）

注：斜阴影部分为过水断面，直阴影部分为实际过水断面。

由此可知，V并非实际流速，而是假设水流通过整个断面F时的流速。如令通过实际过水断面F_1时的实际流速为u，则

$$Q=F_1u$$

比较上述公式，可得：

$$Q=FV=F_1u$$

而$F_1=FP$，故

FV=FPu，即

$$V=Pu$$

岩石的空隙度总是小于1的，故渗透流速始终小于实际流速。

考虑到空隙表面结合水的存在，渗透流速V与实际流速u的关系应表达为：

$$V=\mu u$$

式中：μ为给水度。对于大空隙岩石，给水度μ与空隙度P在数值上很相近。细小空隙的岩石则两者相差很远，必须采用上式。

在分析地下水运动时，比如应用实际流速，则必须获得空隙断面积F_1，而后者

不易求得，应用起来很不方便。引入渗透流速V可以解决这一困难。但是，我们必须记住，渗透流速V并不是地下水实际的流速，而是设想地下水通过整个过水断面（包括岩石骨架与空隙在内）时所具有的虚拟的流速。

（2）水力坡度I：水力坡度为沿渗透途径的水头损失与相应渗透途径长度的比值。水在空隙中运动时，受到隙壁以及水质点自身的摩擦阻力，克服这些阻力保持一定流速，就要消耗机械能，从而出现水头损失。所以，水力坡度可以理解为水流通过某一长度渗透途径时，为克服摩擦阻力，保持一定流速所耗失的以水头形式表现的机械能。在利用I=（H_1-H_2）/L=h/L这一公式确定水力坡度时，应当注意，水头差h与渗透长度L必须对应。

（3）渗透系数K：从达西定律V=KI可以看出，水力坡度I是无因次的，故渗透系数K的因次与渗透速度V相同，一般采用米/昼夜或厘米/秒为单位。令I=1，则V=K，意即渗透系数为水力坡度等于1时的渗透流速。水力坡度为一定值时，渗透系数越大，渗透流速就越大；渗透流速为一定值时，渗透系数越大，水力坡度越小。由此可见，渗透系数可定量说明岩石的渗透性能。渗透系数越大，岩石的透水能力越强。在空隙连通的前提下渗透系数与岩石中空隙的大小多少有关。

渗透系数对于渗流计算有着重要意义，一般通过实验室或野外现场试验测定，此外也可用经验公式来计算。后者可靠性较差。

前已提及，水流在岩石空隙中运动，需要克服隙壁及水质点之间的摩擦阻力；所以，渗透系数不仅与岩石的空隙性质有关，还与水的某些物理性质有关。如果我们假想黏滞性不同的两种液体在同一岩石中运动，则黏滞性大的液体渗透系数就会小于黏滞性小的液体。通常情况下，研究地下水的运动时，由于水的物理性质变化不大，可以忽略，而把渗透系数看成单纯说明岩石渗透性能的参数。但在特殊条件下，如在研究温热水运动时，由于温度增加使水的黏滞性显著降低，就不能加以忽略了。松散岩石渗透系数的常见值可参见表12-1。

表12-1　松散岩石渗透参数参考值

松散岩石名称	渗透系数（m/d）	松散岩石名称	渗透系数（m/d）
亚黏土	0.001 ~ 0.10	中砂	5.0 ~ 20.0
亚砂土	0.10 ~ 0.50	粗砂	20.0 ~ 50.0
粉砂	0.50 ~ 1.0	砾石	50.0 ~ 150.0
细砂	1.0 ~ 5.0	卵石	100.0 ~ 500.0

在达西定律中，渗透速度与水力坡度的一次方成正比，为线性关系，这是层流运动的普遍定律。达西定律不仅适用于松散岩石，也适用于裂隙岩石及岩溶化岩石，只要水流属于层流运动即可。自然界地下水的运动，大多数属于层流状态，因而达西定律应用十分广泛。

但有人根据试验结果认为，一部分地下水层流运动不服从达西定律，关于这方面内容可参阅地质出版社1979年出版的，由薛禹群、朱学愚编著的《地下水动力学》。达西定律是由砂质土体实验得到的，后来推广应用于其他土体，如黏土和具有细裂隙的岩石等。进一步的研究表明，在某些条件下，渗透并不一定符合达西定律，因此在实际工作中我们还要注意达西定律的适用范围。

大量试验表明，当渗透速度较小时，渗透的沿程水头损失与流速的一次方成正比。在一般情况下，砂土、黏土中的渗透速度很小，其渗流可以看作一种水流流线互相平行的流动——层流，渗流运动规律符合达西定律，渗透速度v与水力梯度i的关系可在v-i坐标系中表示成一条直线，如图12-3（a）所示。粗颗粒土（如砾、卵石等）的试验结果如图12-3（b）所示，由于其孔隙很大，当水力梯度较小时，流速不大，渗流可认为是层流，v-i关系成线性变化，达西定律仍然适用；当水力梯度较大时，流速增大，渗流将过渡为不规则的相互混杂的流动形式紊流，这时关系呈非线性变化，达西定律不再适用。

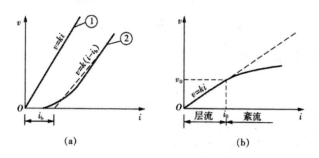

图12-3　细粒土与粗粒土的v-i关系

二、非线性渗透定律

地下水在较大的空隙中运动，且其流速相当大时，水流呈紊流运动，运动规律服从紊流运动规律，即

$$V=KI^{1/2}$$

此时渗透流速与水力坡度的平方根成正比，故称非线性渗透定律。

当地下水运动呈混合流（层流向紊流的过渡）状态时，则符合下式：

$$v=KI^{1/m}$$

式中：m介于1～2之间。

三、达西定律应用举例

1. 地下水天然流量计算

如图12-4所示，有一潜水含水层由均质的砂层组成，隔水底板水平，在平面上水流呈稳定的剖面平面流动。砂层中的渗流属层流，可根据达西定律写出流量方程。从图中可知，潜水浸润曲线为一下降曲线，各点的水力坡度都不相同。

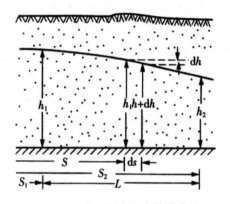

图12-4　水平隔水层上的潜水流

故以微分形式表示如下：

$$I = -\frac{dh}{ds}$$

式中：ds——渗透途径上无限小长度；

dh——长度上的水头差，见图12-4。

严格说来，ds应是弧形线段，因水力坡度很小，故可近似地以水平轴上的投影表示。沿水流方向，ds的值增加，为正值；dh值减少，为负值，而水力坡度应为正值，故式前加一负号。由于水流在平面上互相平行，故可取单位宽度的水流代表整个断面上水流。单位宽度水流断面积为h·1=h（h为含水层厚度。注意，此处h是变数）。单位宽度渗透流量以q表示，则得：

$$q = -Kh\frac{dh}{ds}$$

式中：q、K 为常数，其他均为变数。分离变数，得：

$$\frac{q}{K}ds = -hdh$$

由断面 1 至断面 2 对上式进行积分：

$$\frac{q}{K}\int_{s1}^{s2} ds = -\int_{h1}^{h2} hdh\,。$$

得

$$\frac{q}{K}(S_2 - S_1) = \frac{h_1^2 - h_2^2}{2}$$

令 $S_2 - S_1 = L$ 则得：

$$q = K\frac{h_1^2 - h_2^2}{2L}$$

上式也可改写为：

$$q = K \cdot \frac{h_1 + h_2}{2} \cdot \frac{h_1 - h_2}{L}$$

式中 $\frac{h_1 + h_2}{2}$ 为 1、2 断面之间含水层平均厚度；$\frac{h_1 - h_2}{2}$ 为 1、2 断面间平均水力坡度。

如水流宽度为 B，整个过水断面上的流量为 Q，平均水力坡度为 I，含水层平均厚度为 h，整个过水断面面积以 F 表示之，则得：

$$Q = KBhI = KFI$$

2. 井流计算

在井孔中，由于人工抽水使井中水位低于周围水位，形成一个漏斗状的水面，称为降落漏斗。此时，地下水沿径向从周围流向井中，我们称之为井流或径向流。在生产实际中，经常需要对一定条件下的井流作出定量评价。

1863 年，法国裴布依（J.Dupuit）首先应用达西定律对这种井流问题进行了计算。裴布依假设地下水的渗流场满足下列条件（如图 12-5）：

（1）潜水含水层的几何形状为一圆柱体，周围是定水头的补给边界；

（2）含水层为均质，原始水位水平，隔水底板水平；

（3）在圆形含水层的中心位置分布有一抽水井，该井揭穿整个含水层，达到隔水底板（完整井），并以一定的流量进行抽水。

在抽水过程中，降落漏斗不断加深和扩大，逐渐扩展到含水层之外的圆形补给边界，于是外部水便向含水层发生补给，当单位时间内补给量与抽水量达到平衡时，井流便处于稳定状态。

渗流场的坐标系统是这样规定的：取水平隔水底板为基准面，以井轴作为纵坐标轴（h轴）；沿隔水底板方向作为水平坐标轴（r轴）；以井轴为原点，向外为正（见图12-5）。

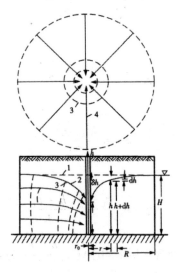

图12-5 裘布依井流条件示意图

1—天然水头线；2—降落漏斗；3—等水头线；4—流线

我们先讨论一下渗流场内过水断面和水力坡度的特点。

如图12-5所示，井流的流线均为向下弯曲的曲线。因此，过水断面是一个以井轴为中心的旋转曲面。为了便于求解，裘布依假设井中水位降深不大，过水断面就可近似地视为一圆柱面。于是，渗流场内任一过水断面面积便可表示为

$$\omega = 2\pi rh$$

式中：r ——以井轴为中心的圆柱面半径；

h ——与井轴距离为r的含水层厚度。

渗流场的水力坡度是r的函数，即I=f（r）。则有

$$I = \frac{dh}{dr}$$

式中：dh、dr含义见图12-5。

于是，渗流场内通过任一过水断面的流量即为

$$Q = 2\pi rhK\frac{dh}{dr}$$

分离变量并积分

$$Q = \int_{r0}^{R}\frac{1}{r}dr = 2\pi k\int_{h0}^{H}hdh$$

$$Q\ln\frac{R}{r_0} = \pi K(H^2 - h^2_0)$$

$$Q = \frac{\pi K(H^2 - h^2_0)}{\ln\dfrac{R}{r_0}} = 1.366K\frac{H^2 - h^2_0}{\lg\dfrac{R}{r_0}}$$

这就是潜水含水层稳定井流公式，称为裘布依公式。

式中：Q ——通过任一过水断面的渗透流量，它等于抽水井流量，也等于外围补给量（L^3T^{-1}）；

　　　H ——潜水含水层抽水前的原始水位（L）；

　　　ho ——抽水井中的水位（L）；

　　　R ——井轴至补给边界的距离，称为补给半径（L）；

　　　ro ——抽水井的半径（L）。

承压条件下的稳定井流公式为

$$Q = \frac{2\pi K(H - h_0)}{\dfrac{R}{r_0}} = 2.73\frac{KMSo}{\lg\dfrac{R}{r_0}}$$

式中：M ——承压含水层厚度（L）；

　　　So ——抽水井中的水位降深（L）；其他符号同前。

　　　裘布依公式的出现，对推动地下水定量研究起了重要作用。不过公式所要求的圆形定水头边界条件在自然界中很少见到，因此，裘布依方程在应用上常会遇到困难，为了解决这一问题，德国工程师蒂姆（A.Theim）提出用"影响半径"替代裘布依模型的补给半径。蒂姆所定义的影响半径是指在无限含水层中，从抽水井中心到实际上已观测不出地下水位下降处的水平距离（见图12-6）。他认为在此距离之外，地下水基本上不受抽水的影响。这样就引出包含影响半径（见图12-6）的蒂姆公式（表达形式与裘布依公式一样，其中的"R"改换为蒂姆提出的影响半径即可）。

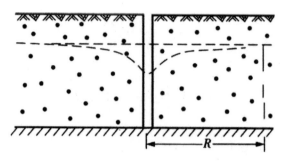

图12-6　无限含水层中的无压井流

　　达西公式不仅适用于地下水的稳定层流运动，也适用于非稳定层流运动。1935年，美国学者泰斯（C.V.Theis）以达西定律为基础，利用热传导理论提出了地下水非稳定井流的计算公式，称为泰斯公式。其推导过程的假设条件是：含水层是均质、各向同性和等厚的；无垂直渗流；井流为层流；抽水井为完整井；水头下降引起水从储存量中的释放是瞬时完成的；抽水前地下水位是水平的；抽水井的井径无限小且是定流量抽水；含水层侧向无限延伸。

　　泰斯公式的表达形式为：

$$Q = \frac{4\pi TS}{W(u)}$$

$$Q = \frac{2\pi K(2H - S)S}{W(u)} \quad （潜水）$$

$$u = \frac{r^2}{4at}$$

式中：S ——观测井水位降深（L）；

　　　Q ——定流量抽水井的流量（L^3T^{-1}）；

　　T=KM ——含水层的导水系数（L^2T^{-1}）；

　　　K ——含水层渗透系数（LT^{-1}），M——含水层厚度（L）；

W（u）——井函数（可根据u值查表求得）；

　　　r ——抽水井中心至观测井距离（L）；

　　　a ——含水层的导压系数（L^2T^{-1}）；

　　　t ——抽水持续时间（T）；

　　　H ——承压含水层初始水位（L）。

　　泰斯公式的应用条件看起来似乎难以满足，但实践证明，这并不影响公式的实用性。故泰斯公式被广泛用于解决地下水开采（或排水）、动态预报、水资源评价及矿坑涌水量预测等问题。在我国自20世纪70年代以来逐渐被推广应用。

3. 运用达西定律分析问题

达西定律不仅可以应用于对地下水的定量计算，还可用于分析水文地质问题。在此举几个实例来说明。

例一，水库防渗问题的分析：

图12-7中A表示水库的纵断面，水库坝下为透水的砂层，在坝的上下游水头差的作用下库水必将沿坝下发生渗漏。其渗漏量大小服从达西定律，即

$$Q = K\omega I = K\frac{H_1 - H_2}{l}\omega$$

式中：Q ——坝下渗漏量（L^3T^{-1}）;

H_1、H_2 ——坝上、下游水位（L）;

　　L ——坝下渗透途径长度（图中箭头线所示）（L）;

　　K ——砂土渗透系数（LT^{-1}）;

　　ω ——坝下过水断面面积（L^2）。

现在考虑一下，通过哪些途径能减少水库的渗漏。

分析达西公式可知，Q的大小取决于K、ω和I的大小，若能设法使K、ω和I变小，则Q随之变小；若K、ω和I其中一个等于零，Q亦等于零。为此，可采取下列两种措施：

（1）在坝下用隔水材料（通常是黏土）设置"心墙"（见图12-7中的B），其作用是减小过水断面，增长渗透途径。如砂层厚度不大，可使心墙直接与隔水底板相接，则过水断面面积为零，达到完全防渗的目的。

（2）在坝的上游或下游铺设防渗层。其作用是增加渗透途径，如图12-7中的B。铺设防渗层（见图12-7中的B）后，其渗透途径长度大于铺设前（见图12-7中的A），水头差不变，则水力坡度变小，渗漏量变小。

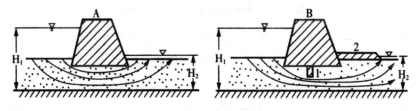

图12-7　水库渗漏示意图

例二，画地下水位线：

在绘制水文地质剖面图时，必须画出地下水位线。问题是怎样才能使画出的水位线符合实际情况。多打些钻孔或直接揭露地下水面固然可靠，但成本较高。因此，如何用最小的勘探量，合理地画出地下水位线，就要进行科学分析。

图12-8表示隔水底板水平的均质潜水含水层，沿流向分布有1、2两口井，水位分别为h_1、h_2。地下水流动为与剖面平行的稳定流。现设通过两井过水断面的单宽流量为q，则有

$$q_1 = Kh_1I_1$$
$$q_2 = Kh_2I_2$$

在无入渗、蒸发及人为因素影响情况下，根据水流连续性原理可知：

$$q_1 = q_2$$

则
$$h_1I_1 = h_2I_2 = C（常数）$$

因$h_1 > h_2$，所以$I_2 > I_1$。

由于从1井到2井，含水层厚度h逐渐变小，故水力坡度I必然是逐渐增大。这就说明，此条件下通过1、2两井的水位所画出的浸润曲线（潜水面）必须是一条曲率逐渐增大的凸型下降曲线，而不可画成直线或其他形状。

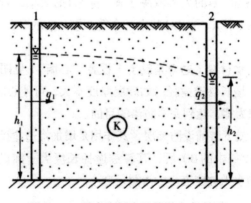

图12-8　隔水底板水平的潜水含水层

图12-9表示隔水底板倾斜的潜水含水层，其他条件与上图相同。由分析可知，两孔之间的浸润曲线是曲率逐渐变小的凹型下降曲线。

例三，地下分水岭的位置：

图12-10表示河间地块中分布有均质、隔水底板水平的潜水含水层。两河水位相等。现分析地下分水岭的位置应在何处。

我们先假定地下分水岭是在靠近甲河的位置。

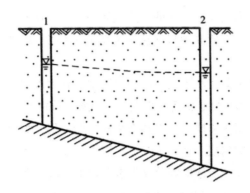

图 12-9 隔水底板倾斜的潜水含水层

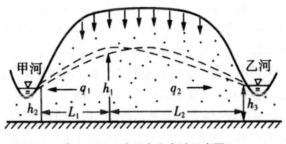

图 12-10 地下水分水岭示意图

设分水岭左侧流向甲河的平均单宽渗透流量为 q_1，右侧流向乙河平均单宽渗透流量为 q_2。

根据式（4-10）得：

$$q_1 = K\,(h_1 + h_2/2) \cdot (h_1 + h_2)/L_1$$

$$q_2 = K\,(h_1 + h_3/2) \cdot (h_1 - h_3)/L_2$$

因 $h_1 = h_2$ 及 $L_2 > L_1$，所以 $q_1 > q_2$。

于是在雨季，当入渗补给量大于径流排泄量时，地下水位普遍上升，但因 $q_1 > q_2$，所以分水岭左侧水位上升慢，右侧上升快，地下分水岭要向右移动；在旱季，地下水处于消耗过程，水位普遍下降。同理，因 $q_1 > q_2$，所以左侧水位下降快，右侧下降慢，地下分水岭亦同样向右移动。

如果假设地下水分岭是在靠近乙河的一侧，则按上述同样的方法可以证明：分水岭必将向左移动。综上，可以得出结论：在此种条件下，地下分水岭的位置必定是在沟河之间的中心部位。

自然界的岩层，由于成因不同和环境差异，以及后期所遭受的破坏程度不同等原因，它们的透水性质是千变万化的，这就使地下水的运动复杂化。对岩层的透水性必须加以简化，否则在研究中将遇到无法克服的困难。因此，按岩层透水性能不同，进行如下分类：

（1）按岩层渗透系数大小不同，可分为透水层和隔水层。透水层又可分为强透水层和弱透水层。强透水层是指透水性强，即渗透系数较大的岩层，如粗砂、中砂、砂卵石、砾石层等。弱透水层是指渗透系数较小的岩层，如亚砂土、亚黏土等。隔水层是指那些不透水的岩层，如黏土、泥炭层等。在自然条件下，岩层的结构和分布是错综复杂的。因此，上述的划分并没有严格的界限，而是相对而言。如细砂与砂卵石层、砾石层组合在一起时，则可将细砂层定为弱透水层；如果细砂和亚黏土结合在一起时，细砂层则可定为强透水层。又如当地表的亚黏土层覆盖在砂砾石层之上，研究砂砾石层中地下水的运动时，可将亚黏土视为相对隔水层，但研究砂砾石层的补给来源时，在一定条件下，需要将亚黏土作为弱透水层来考虑。

（2）按渗透系数随空间位置变化程度不同，含水层可分为均质含水层和非均质含水层。在均质含水层中，渗透系数不随坐标位置变化而变化，是个常数。非均质含水层的渗透系数则随坐标位置变化而变化，是个变数。

严格地讲，自然界所有含水层都是非均质的。因为组成含水层的岩石颗粒形状、大小、分选程度和岩层中发育的片理、层理，以及节理和裂隙等等，在空间分布很不均匀，所以说渗透系数也不可能是不变的常数。通常在渗透系数随空间变化不大时，按均质岩层处理。由此对实际工程计算所引起的误差并不大，但却大大地简化了理论研究。

（3）按渗透系数是否随渗流方向改变，将含水层分为各向同性和各向异性。各向同性含水层是指岩层中各点的渗透系数与渗流方向无关，即在同一点不同方向上的渗透系数均相等（$K_X = K_Y = K_Z$）。而各向异性的含水层是指岩层中同一点的渗透系数随渗透方向不同而不同，即在同一点不同方向上的渗透系数是不等的（$K_X \neq K_Y \neq K_Z$）。

均质含水层有各向同性和各向异性。如厚层的比较均匀的砂层就是均质各向同性的，因为它的渗透系数在不同位置上和在同一位置的不同方向上都接近同一常数，而黄土是均质各向异性的，因为黄土层发育有柱状节理，垂向的渗透系数大于其他方向的渗透系数。如图12-11所示。

非均质含水层也有各向同性和各向异性的区别。如洪积砂砾石层或多级阶地组成的含水层，其渗透系数往往沿水流方向显著变小，但在某一位置上与方向无关，这种岩层就是非匀质各向同性，如图12-12（a）所示。而薄层的层状岩层是非匀质各向异性的含水层，如图 12-12（b）所示。

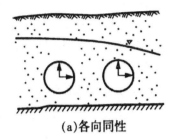

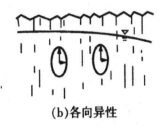

(a)各向同性　　　　　　　　　　　(b)各向异性

图 12-11　均质含水量

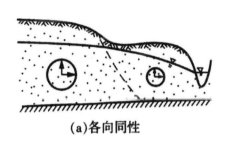

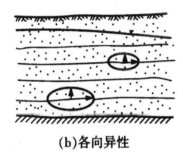

(a)各向同性　　　　　　　　　　　(b)各向异性

图 12-12　非均质含水层示意图

第二节　结合水运动的基本规律

一、结合水运动的基本规律

结合水是一种在力学性质上介于固体与液体之间的异常液体。强结合水的力学性质更近于固体，不能流动。我们在这里所讨论的结合水，指的是弱结合水。结合水在运动时采取层流运动的形式。但与理想液体不同，它不服从牛顿的内摩擦定律。必须有外力克服结合水所具有的抗剪强度 τ_0 后才能产生流动。

黏性土中结合水的渗透规律，在 I-V 直角坐标系中，是一条通过原点的向 I 轴凸出的曲线（见图 12-13）。这条曲线的任一段近于直线的部分，可以用 A.A·罗戴的近似表达式表示：

$$V=K（1-I_0）$$

式中，I_0 为起始水力坡度，其他符号意义同前。起始水力坡度 I_0 的含义是，克服结合水的抗剪强度，使之发生流动所必须具有的水力坡度。

但是，上述说法只适于粗略地分析与解决问题，是不够严格的。从图12–13可以看出，表征结合水运动规律的曲线是通过坐标原点的。这就是说，只要有水力坡度，结合水就会发生运动。只不过，当水力坡度未超过起始水力坡度I_0时，结合水的渗透速度V非常微小，只有通过精密测量才能觉察罢了。因此，严格地说，起始水力坡度I_0乃是结合水发生明显渗流时用于克服其抗剪强度的那部分水力坡度。在一般情况下，利用近似公式V=K（$I–I_0$）说明结合水的运动比较方便，并且也能够满足研究的精度要求。

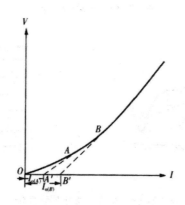

图12–13　结合水的运动规律示意图

前面已经提到，重力水在某一指定岩石中渗流时，只要水的物理性质不变化，渗透系数K就是常数。可是，结合水在某一指定黏性土中渗透时，实际上K却并不是一个定值，用于克服结合水抗剪强度的那部分水力坡度I'。也不是定值，两者都随I的增大而增大。为了说明这个问题，我们先来讨论结合水抗剪强度的分布。

存在于细小颗粒之间的结合水各部分的抗剪强度并不相等。距颗粒表面近的，受颗粒的吸引力大，抗剪强度大；距颗粒表面远的，位于孔隙中心部位的结合水，抗剪强度较小。并且，靠近土粒表面，变化较快；离土粒表面远，变化较慢（见图12–14）。因此，当水力坡度较小时，能够克服的抗剪强度比较小，只有孔隙中心r_0值较小的那一部分结合水发生运动。随着水力坡度加大，τ_0值较大的结合水也参与运动。显然，随着I增大，实际发生渗透的孔隙断面也随之加大。我们把实际发生渗透的那部分孔隙称作"渗孔"（有效孔隙），其平均直径D_0为渗孔径；相应地，渗孔体积占土体积的百分比以渗孔率（有效孔隙率）P_0表示之，以区别于孔隙度P。实际上，结合水的抗剪强度还受土粒形状、大小、矿物成分、水的pH、水中离子成分和浓度、水的温度等一系列因素的影响。但是，距颗粒表面的距离是影响结合水抗剪强度的主要因素。

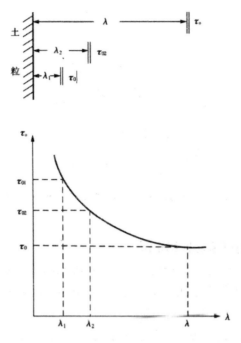

图12-14　结合水抗剪轻度 τ_0 与颗粒表面距离 λ 的关系

在同一块黏性土中，随着水力坡度 I 增加，渗孔径 d_o 及渗孔率 P。加大。因而，渗孔部分结合水的平均抗剪强度也变大，用于克服结合水抗剪强度的那部分水力坡度 I′。实际上也有所加大。显然，在这种情况下，渗透系数 K 也随水力坡度 I 的增大而变大。

从图12-13可以看出，当 I 较小时，I=I_A 时，A点的切线截距OA′〔代表 I_0（A）〕较小，斜率（代表 K）也较小；I 加大到到 I=I_B 时，B点的切线截距OB′及斜率均随之加大。由此可见，严格地说来，结合水的运动规律（V、K、I、I_0 的关系）只能用 I-V 曲线才能准确地表达。

从图12-13还可以看出，随着 I 加大，K 及 I′$_0$ 越来越趋于某一定值，I-V 曲线很接近直线了。原因是，当 I 加大，d_o 增大到相当大时，再使 d_o 增大，τ_0 值就要增加很多。因此，I 值越大时，Z 值有一增量，d_o 和 τ_0 的增长越小，越趋近于定值，K 及 I_0 值便趋于定值。在这种情况下，利用公式 V=K（I-I_0）来分析问题，与实际情况的出入就很小了。

在天然条件下，将岩性不同的黏性土相比较，则颗粒越大，孔隙直径D_0越大，起始水力坡度I_0越小，渗透系数K越大（如图12-15）。

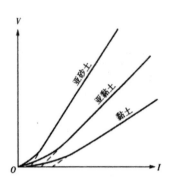

图12-15　不同黏性土中结合水的I-V曲线示意图

二、结合水运动规律实际应用举例

过去曾经认为，黏性土，特别是不具有大孔隙的黏土，是良好的隔水层，是不透水的。但是，实际工作中往往发现与这一传统观点相矛盾的现象。如果运用结合水运动规律的理论去分析，这些问题便迎刃而解了。

（1）黏性土中的越流渗透。两个相邻含水层之间存在黏性土"隔水层"时，垂直黏性土层面单位面积上的渗透量，可以利用$V=K（I-I_0）$近似求出。

如图12-16，水由A点向B点渗透，黏性土层厚度L即为渗透途径长度，A点的水头为H_1，B点的水头为H_2，黏性土垂直层面方向的渗透系数为K，则得：

$$V = K(\frac{H_1 - H_2}{L} I_o)$$

当黏性土厚度较大，黏性土层两边的含水层水头差较小时，则$I < I_0$，$V=0$，不发生渗透。含水层水头差较大，黏性土层厚度较小，则$I > I_0$，$V > 0$，开始发生渗透。黏性土层越薄，透水能力越大，含水层水头差越大，则渗透量就越大。这种通过黏性土"隔水层"发生的渗透叫作越流。越流渗透可以在任意两个相邻的含水层以及含水层与地表水体之间发生。

（2）黏性土中的水位，在野外往往可以遇到这样的现象：在黏性土中掘井时，由地表向下，土由干燥变为湿润；更向下土完全饱水，但在井中并不见水，这是在毛细带中；再往下，井中开始出现自由水面。如果我们在此时停止挖井，观测水位变化，就可以发现水位一直保持在某一高度上（初见水位）。按照传统的说法，这就是潜水面了［如图12-17（a）］。继续将井加深并观测稳定水位，可以看到水位随井深加大［图12-17（b）、（c）、（d）］，稳定水位高于初见水位，按传统的概念，这似乎又是承压水了。

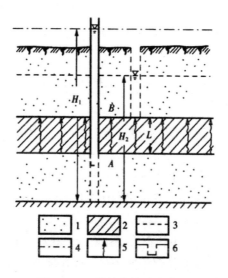

图12-16　黏性土的越流渗透
1—砂（透水层）；2—黏性层（半隔水层）；3—潜水面；4—承压含水层测压水面；
5—越流渗透；6—井，虚线部分为滤水管

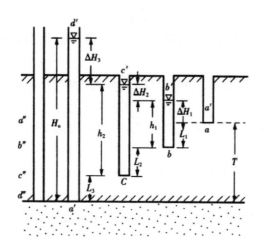

图12-17　黏性土中挖井水位随深度加大而抬高

这种奇怪的现象是由结合水运动特点引起的。图12-17所示的情况，黏性土是均质的，不具有大的孔隙。图12–17中右边4个井，分别代表图左边的井打到a''、b''、c''、d''时的情况。井打到深度a上，井底出现极薄的水层，到b处，井深增加了L_1。其稳定水位b'比井深a时的水位a'，高出井深再增加L_2，达到c处，稳定水位c'又比井深b时的水位b'高出ΔH_2；井深再加大L_3，到达下伏含水层顶板d处，则井中稳定水位d'即为含水层的测压水位H_0，高出c'为ΔH_3。经验证明，水位抬高值与井深加大值之间有如下关系：

$$\frac{\Delta H_1}{L_1} = \frac{\Delta H_2}{L_2} = \frac{\Delta H_3}{L_3} = \frac{\Delta H_1 + \Delta H_2}{L_1 + L_2} = \cdots = 常数$$

左侧井中任意两点的水力坡度均可计算，如$d''c''$之间的水力坡度$I_{d''c''}$为：

$$I_{d''c''} = H_0 - (h_2 + h_3)/L_3$$

如以L代表任意一点高出下伏含水层顶板的距离，以h代表该点的压力水头高度，以H_0代表由顶板起算的下伏含水层测压水位高度，则可得普遍式：

$$I = H_0 - (h + L)/L$$

黏性土层中的水显然是由下伏含水层补给的。既然井中各孔水位都是稳定水位，如果忽略微小的蒸发，就没有任何排泄去路，也就是说，井中水位稳定后，下伏含水层不再有水向黏性土层渗透，即

$$V = K(I - I_0) = 0$$

K不可能为零，因此，此时必定：

$$I = I_0$$

在野外观测黏性土中不同井深的稳定水位，利用上式，即可求得起始水力坡度I_0。

如以T代表初见水位距下伏含水层顶板的距离，则可得：

$$T = H_0/(I_0 + 1)$$

从上式可知，下伏含水层测压水位越高，则初见水位也越高。当上覆黏性土岩性不同时，即使下伏承压含水层测压水位各处相等，由于不同岩性的黏性土I_0不等，初见水位也会有起伏：黏土的初见水位低，亚黏土较高，亚砂土更高。

在这种情况下，黏性土层既是隔水层，又是含水层。其中的水，既具有承压水的特点（初见水位与稳定水位不一致），又有潜水的性质（有自由水面），性质比较特殊。张忠胤建议将此情况下黏性土中含水部分称为"黏性土含水带"，以别于通常的含水层。实际上，在自然条件下，包括黏土在内的黏性土，往往还具有结构孔隙及虫孔、根孔、裂隙等较大的空隙，因此，不同程度地含有一部分重力水。单纯用

结合水的运动规律去说明黏性土中的水文地质现象，可能与实际情况有所出入。但是，如果因袭传统的观点，以重力水运动规律去说明黏性土中的水文地质现象，肯定是不合适的。对于这类问题，还需要进一步加以研究。

对于结合水，过去主要从土壤学或土质学的角度出发加以研究，而且，着重研究的是包气带水，很少从水文地质角度研究饱水带结合水的运动规律。张忠胤在其近年所著《关于"结合水动力学"问题》一文中，较为系统地提出并阐述了这方面的一些问题。此节主要参照该文写成。由于这方面的研究还不够成熟，因此，在此引述的一些观点，属于探讨性质，其目的在于对这一问题引起重视，以促进今后进一步的研究。

第三节　饱水黏性土中水的运动规律

不少研究者曾进行了饱水黏性土的室内渗透试验，并得出了不同的结果（Knfilek，1969；Miller et al.，1963；Olsen，1966）。根据这些试验结果，黏性土渗透流速v与水力梯度I主要存在三种关系：

（1）v-I关系为通过原点的直线，服从达西定律［如图12-18（a）］；

（2）v-I曲线不通过原点，水力梯度小于某一值h时无渗透；大于I_0时，起初为一向I轴凸出的曲线，然后转为直线［图12-18（b）］；

（3）v-I曲线通过原点，I小时曲线向I轴凸出，I大时为直线［图12-18（c）］。

迄今为止，较多学者认为，黏性土（包括相当致密的黏土在内）中的渗透，通常仍服从达西定律。例如，奥尔逊（Olsen，1966）曾用高岭土做渗透试验，加压固结使高岭土孔隙度从58.8%降到22.5%，施加水力梯度I=0.2～40，结果得出v-I关系为一通过原点的直线。他解释说，这是因为高岭土颗粒表面的结合水层厚度相当于20～40个水分子，仅占孔隙平均直径的2.5%～3.5%，所以对渗透影响不大；对于颗粒极其细小的黏土，尤其是膨润土，结合水则有可能占据全部或大部分孔隙，从而呈现非达西定律的渗透。

偏离达西定律的试验结果大多如图12-18（c）所示，我们据此来分析结合水的运动规律。曲线通过原点，说明只要施加微小的水力梯度，结合水就会流动，但此时的渗透流速v十分微小。随着I加大，曲线斜率（表征渗透系数K）逐渐增大，然后趋于定值。

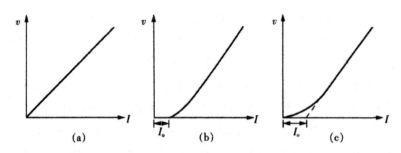

图12-18　饱水黏性土渗透试验的各类v-I关系曲线

张忠胤把K趋于定值以前的渗流称作隐渗流，而把K趋于定值以后的渗流称为显渗流。他认为，结合水的抗剪强度随着离颗粒表面距离的加大而降低；施加的水力梯度很小时，只有孔隙中心抗剪强度较小的那部分结合水发生运动；随着I增大，参与流动的结合水层厚度加大，即对水流动有效的孔隙断面扩大，因此，隐渗流阶段的K值是I的函数；由于内层结合水的抗剪强度随着靠近颗粒表面而迅速增大，当I进一步增大时，参与流动的结合水的厚度没有明显扩大，此时，K即趋于定值（张忠胤，1980）。

对于图12-18（c）的v-I曲线，可从直线部分引一切线交于I轴，截距I_0称为起始水力梯度。v-I曲线的直线部分可用罗查的近似表达式表示：

$$v=K（I—I_0）$$

结合水是一种非牛顿流体，是性质介于固体与液体之间的异常液体，外力必须克服其抗剪强度方能使其流动；饱水黏性土渗透试验实验要求比较高，稍不注意就会产生各种实验误差，得出虚假的结果。因此，不能认为黏性土的渗透特性及结合水的运动规律目前已经得出了定论。

第四节　毛细现象与包气带水的运动

一、毛细现象的实质

将细小的玻璃管插入水中，水会在管中上升到一定高度才停止，这便是固、液、气三相界面上产生的毛细现象。

毛细现象的产生，与表面张力有关。我们知道，任何液体都有力图缩小其表面的趋势。一个液滴总是力求成为球状是同一容积的液体表面最小的形状。由此说明，液体表层犹如蒙盖着一层拉紧的弹性薄膜，表层分子彼此拉得很紧。设想在液面上画一根长度为l的线段，此线段两边的液面，以一定的力f相互吸引，力的作用方向平行于液面而与此线段垂直，大小与线段长度l成正比，即f=al。a称为表面张力系数，单位为dyn/cm（ldyn=10^{-3}N）。

由于表面张力的作用，弯曲的液面将对液面以内的液体产生附加表面压力，而这一附加表面压力总是指向液体表面的曲率中心方向：凸起的弯液面，对液面内侧的液体，附加一个正的表面压力；凹进该面内侧的&体，附加一个负的表面压力（参见图12-20）。

我们试来分析附加表面压力是如何引起的。为了方便起见，设想切取一个半径为尺的半圆球形液面（见图12-19）。显然，在此液面的圆周状边线上都存在着指向液层内部的表面张力；其合力为a·2πR，垂直于面积为πR^{2}的投影圆面。由此，表面张力所引起的附加表面压力Pa为：

$$P_a = \frac{a \cdot 2\pi R}{\pi R^2} = \frac{2 \cdot a}{R}$$

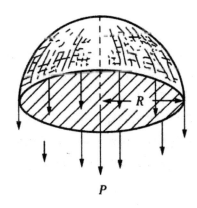

图12-19 半圆球状凸形弯液面产生的附加表面压力

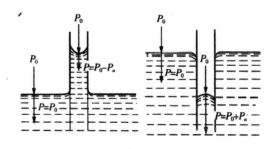

图12-20 弯液面形状与表面压力的关系示意图

因此，此时弯液面下的液体实际承受到的表面压力（以下简称实际表面压力）：

$$P=P_O+P_a$$

式中：P_0为大气压力。

实际上，任何形状的弯液面所产生的附加表面压力 Pa 都可以用拉普拉斯方程式表示：

$$P_a = a(\frac{1}{R_1} + \frac{1}{R_2})$$

式中：a——表面张力系数；

R_1、R_2——液体表面的两个主要曲率半径。

当液面为凸形时，附加表面压力是正的。此时，实际表面压力 $P=P_O+P_a$；如液面为凹形时，附加表面压力是负的，故实际表面压力 $P=P_O-P_a$。平的液面，不产生附加表面压力，故实际表面压力 $P=P_O$（见图12-20）。

当 $R_1=R_2$ 时，$P_a = \frac{2a}{R}$，与上面的式子完全相同。上式乃是拉普拉斯方程式的特殊形式。

拉普拉斯方程式的含义是：弯曲的液面将产生一个指向液面凹侧的附加表面压力，附加表面压力与表面张力系数成正比，与表面的曲率半径成反比。

现在，我们回过头来讨论毛细现象。如图12-21所示，将半径为厂的毛细管插入水中，毛细管中的水形成凹进的弯液面，并向上升起，到达一定高度才停止。由于管壁上形成结合水，故水能够完全湿润管壁，弯液面的边缘与管壁平行；当毛细管足够细时，弯液面接近于凹进的半圆球形面。根据上式，此处 $R_1=R_2=r$，故得：

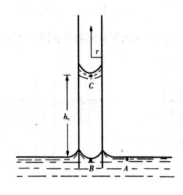

图12-21　毛细现象示意图

$$P_a = \frac{2a}{r}, 或 P_a = \frac{4a}{D}$$

式中：D——毛细圆管直径。

二、毛细负压

凹形弯液面产生的附加压强P_c，是个负压强，称为毛细压强。凹形弯液面的水，由于表面张力的作用，要比平的液面小一个相当于P_c的压强；或者说，凹形弯液面下的水存在一个相当于P_c的真空值。为了说明这点，我们可以做一个简单的实验：使两个玻璃圆球保持一定间隙，然后向此间隙滴水，可看到两个圆球在接触处形成孔角毛细水，并立即贴紧（见图12-22）。加水的砂比干燥的砂更为密实，也是毛细负压强作用的结果。

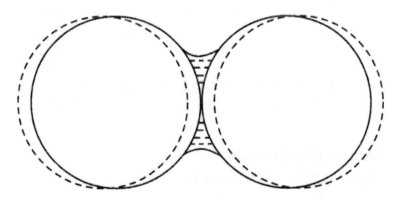

图12-22 分离的圆球（虚线）因滴水形成孔角毛细水而贴紧（实线）

为了应用方便，我们将附加表面压力P_c换算为以米为单位的水柱高度，并以专门符号h_c表示之。则

$$h_c = \frac{P_c}{\rho g} = \frac{4a}{\rho g D} \approx \frac{0.03}{D}$$

式中 ρ ——水的密度，等于$1g/cm^3$；

　　g ——重力加速度，等于$981cm/s^2$；

　　a ——表面张力系数，等于$74dyn/cm$（即$74 \times 10^{-3}N/m$）；

　　D ——毛细管直径，单位为mm。

上式称为茹林公式。

h_c为毛细压力水头（毛细压头），是一个负的压力水头。就像在饱水带用测压管测定压力水头（测压高度）一样，可以用张力计测定包气带的毛细压力水头（见图12-23）。张力计是一端带有陶土多孔杯的充水弯管，多孔杯充水后透水而不透气。将此多孔杯插入土中，经过一定时间，张力计中的水与土中的水达到水力平衡，在弯管开口部分显示一个稳定的水位。由此水位到放置多孔杯处的垂直距离就是毛细压头 h_c，从图12-23可以看出它是一个负的压力水头，因此习惯上称为毛细负压。

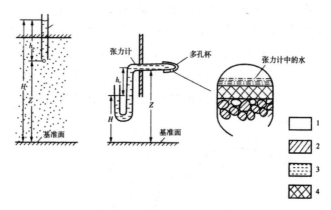

图12-23　饱水带和包气带的压力测定（贝尔，1985）
a—饱水带；6—包气带；1—空气；2—颗粒；3—水，4—多孔薄片

三、毛细上升高度与悬挂毛细水

饱水带中任意一点的水头值H可表示为：

$$H = Z + h_p$$

而包气带中任一点的水头值H则为：

$$H = Z - h_c$$

两式中：Z——由指定基准面算起的位置高度（位置水头）；

　　　　h_p——测压高度（压力水头）；

　　　　h_c——毛细负压（由毛细力引起的负的压力水头）。

若取潜水面为基准，则潜水面处任一点饱水带水头值为：

$$H = Z + h_p = 0(Z = 0, h_p = 0)$$

若包气带支持毛细水的弯液面位于潜水面处（见图12-21中点B），则该点上支持毛细水的水头值为：

$$H = Z - h_p = 0 = -h_c$$

即比周围潜水面水头低h_c，则在此水头差驱动下，支持毛细水将上升。当支持毛细水弯液面上升到h_c处时，弯液面处（见图12-21中点C）的水头为：

$$H = Z - h_c = h_c - h_c = 0$$

此时支持毛细水带的水头与潜水面上重力水水头相等，支持毛细水的弯液面即停留于潜水面的上h_c处而不再上升。最大毛细上升高度即为h_c。据上面式自，最大毛细上升高＆与毛细管直径成反比。因此，颗粒细小的土，最大毛细上升高度也大（见表12-2）。

表12-2　土的最大毛细上升高度

土砂	最大毛细上升高度（cm）
粗砂	2 ~ 5
中砂	12 ~ 5
细砂	35 ~ 70
粉砂	70 ~ 150
黏性土	> 200 > 400

指向液面凹侧的箭头表示毛细力，由于水柱重心向下的箭头表示重力，线段长度代表力的大小在上层颗粒细而下层颗粒粗的层状土中，细粒层中可形成悬挂毛细水。此时，悬挂毛细水的上下端均出现弯液面，下端的弯液面可以是凸的、平的或凹的。毛细力与重力的平衡如图12-24所示。

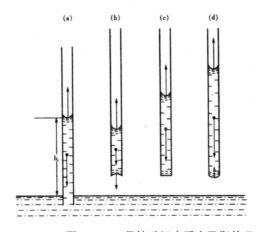

图12-24　悬挂毛细水受力平衡状况

四、包气带水水分分布及运动

地表以下与地下水面以上，岩石空隙没有充满水，包含有空气，该带称为包气带。包气带中的水包括土壤水和上层滞水。

土壤水是位于地表附近干土壤层中的水，主要为结合水和毛细水。它主要靠降水入渗，水汽的凝结及潜水补给。大气降水向下渗透，必须通过土壤层，这时渗透水的一部分就保持在土壤层里，成为所谓田间持水量（即土壤层中最大悬挂毛细水含量），多余部分呈重力水下渗补给潜水。土壤水主要消耗于蒸发和植物蒸腾。土壤水的动态变化受气候的控制，故季节变化明显。当潜水位浅时，土壤中的毛细水可以是支持毛细水，在气候干燥、地下水大量蒸发时，盐分不断积累在土壤表面，可使土壤盐渍化。气候潮湿多雨，土壤透水性不良，潜水位接近地表的地区可以形成沼泽。当地下水位较深时，这部分毛细水多为悬挂毛细水。土壤水对供水无意义，但对植物生长有重要作用。

上层滞水是存在于包气带中，局部隔水层之上的重力水。上层滞水的形成主要决定于包气带岩性的组合，以及地形和地质构造特征。一般地形平坦，低凹或地质构造（平缓地层及向斜）有利汇集地下水的地区，地表岩石透水性好，包气带中又存在一定范围的隔水层，有补给水入渗时，就易形成上层滞水。

松散沉积层、裂隙岩层及可溶性岩层中都可埋藏有上层滞水。但由于其水量不大，且季节变化强烈，一般在雨季水量大些，可做小型供水水源，而到旱季水量减少，甚至干枯。上层滞水的补给区和分布区一致，自当地接受降水或地表水入渗补给，以蒸发或向隔水底板边缘进行侧向散流排泄。上层滞水一般矿化度较低，由于直接与地表相通，水质易受污染。

在理想条件下，即包气带由均质土构成，无蒸发与下渗，包气带水水分分布稳定时，含水量的垂向分布如图12-25（c）所示。由地表向下某一深度内含水量为一定值，相当于残留含水量（Wc）。构成残留含水量的包括结合水、孔隙毛细水与部分悬挂毛细水［参见图12-25（a）放大图1］，是反抗重力保持于土中的最大持水度。这部分水与其下的支持毛细水及潜水不发生水力联系。由此往下，进入支持毛细水带，含水量随着接近潜水面而增高［参见图12-25（a）放大图2］。在潜水面之上有一个含水量饱和（体积含水量等于孔隙度）的带，称为毛细饱和带（见图12-25）。支持毛细水带是在毛细力作用下，水分从潜水面上升形成的，因此它与潜水面有密切水力联系，随潜水面变动而变动。为什么此带中含水量逐渐增加以至达到饱和呢？这是因为土中的孔隙实际上是由大小不一的孔隙通道构成的网络［见图12-25（b）］，细小的孔隙通道毛细上升高度大，较宽大的孔隙通道毛细上升高度小。最宽大的孔隙通道也被支持毛细水充满的范围，便是毛细饱和带（见图12-25）。

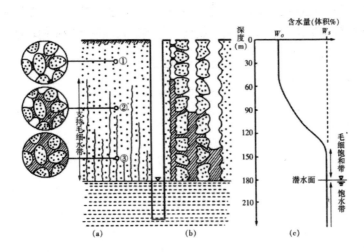

图12-25　均质土包气带水分布示意图

毛细饱和带与饱水带虽然都被水所饱和，但是前者是在表面张力的支持下才饱水的，所以也称作张力饱和带。井打到毛细饱和带时，由于表面张力的作用，并没有水流入井内，必须打到潜水面以下井中才会出水。包气带中毛细负压随着含水量的变小而负值变大。这是因为，随着含水量降低，毛细水退缩到孔隙更加细小处，弯液面的曲率增大（曲率半径变小），造成毛细负压的负值更大。因此，毛细负压是含水量的函数：

$$h_c = h_c（W）$$

饱水带中，任一特定的均质土层，渗透系数K是常数。但在包气带中，渗透系数K随含水量降低而迅速变小，K也是含水量的函数：

$$K = K（W）$$

原因是：（1）含水量降低，实际过水断面随之减少；

（2）含水量降低，水流实际流动途径的弯曲程度增加；

（3）含水量降低，水流在更窄小的孔角通道及孔隙中流动，阻力增加。由于上述原因，渗透系数与含水量呈非线性关系。

包气带水的非饱和流动，仍可用达西定律描述。作一维垂直下渗运动时，渗透流速可表示为：

$$V_z = K(W)\frac{\partial H}{\partial Z}$$

降水入渗补给均质包气带，在地表形成一极薄水层（其厚度可忽略），则当活塞式下渗水的前锋到达深度Z处时，位置水头为–Z（取地面为基准，向上为正），前锋处弯液面造成的毛细压力水头为–h_c，则任一时刻的入渗速率即垂向渗透流速为：

$$V_t = K\frac{h_c + Z}{Z}$$

第十三章 地下水的化学成分及其形成

第一节 基础知识

水是良好的溶剂。地下水与地介质长期作用，从岩石圈（这是主要的）、大气圈和地表水圈获得各种物质成分，成为成分复杂的溶液。地壳实际上是一个巨大的天然实验室，在不同的自然地理——地质环境中，温度、压力以及氧化还原条件都是变化的。地下水溶液经受各种化学的、物理化学的和生物化学的作用，成分不断发生变化，从而形成了具有不同化学成分的地下水。因而地下水的化学成分是地下水与环境——自然地理、地质背景以及人类活动长期相互作用的产物。一个地区地下水的化学面貌，反映了该地区地下水的历史演变。研究地下水的化学成分，可以帮助我们回溯一个地区的水文地质历史，阐明地下水的起源与形成。

为各种实际目的利用地下水，都对水质有一定要求（例如，饮用水要求不含对人体有害的物质，锅炉用水要求硬度低），为此要进行水质评价。含大量盐类（NaCl）或富集某些稀散元素（Br、I、B、Sr等）的地下水是宝贵的工业原料；某些具有特殊物理性质与化学成分的水具有医疗意义。这两种情况下，地下水是宝贵的液体矿产，需要查明有关组分的富集规律。围绕盐矿、油田以及金属矿床，往往形成特定化学元素的分散晕圈，后者可以作为找矿标志。污染物在地下水中散布，同样也会形成晕圈。这就需要查明有关物质的迁移、分散规律，确定矿床或污染源的位置。

地下水中化学元素迁移、集聚与分散的规律，是水文地质学的分支——水文地球化学的研究内容。这一研究地下水水质演变的学科，与研究地下水水量变化的学科——地下水动力学一起，构成了水文地质学的理论基础。地下水中元素迁移不能脱离水的流动，因此水文地球化学的研究必须与地下水运动的研究紧密结合。地下水水质的演变具有时间上继承的特点，自然地理与地质发展历史给予地下水的化学面貌以深刻影响。因此，不能从纯化学角度，孤立、静止地研究地下水的化学成分及其形成，而必须从水与环境长期相互作用的角度出发，去揭示地下水化学演变的内在依据与规律。

研究地下水的水化学，在解决一系列水文地质理论时也有很大作用。起源与补给不同的地下水，具有不同的化学特征。含水层的水交替强度常在其化学成分中有所反映。比较不同含水层或含水层与地表水体的化学成分，可以帮助确定其间的水力联系。水是地壳中元素迁移、富集的强大动力，研究成矿过程中地下水的作用，对阐明成矿机理、完善与丰富成矿理论，有很大意义。不能从纯化学的角度静止地去研究地下水化学成分及其形成，必须结合自然地理这一地质背景，从水与环境长期相互作用的观点出发去进行研究。新的研究地下水水化学的学科分支——水文地球化学，它同地下水动力学一样，是水文地质学的基础理论。目前这一分支在理论上还不够成熟，还不能很好地解决一些实际问题。因此，完善与发展水文地球化学的基本理论，是水文地质学发展中的一个重要任务。

第二节　地下水的化学特征

地下水中含有各种气体、离子、胶体物质、有机质以及微生物等。自然界中存在的元素，绝大多数已在地下水中发现，但是，只有少数是含量较多的常见元素。这些常见元素，或者是地壳中含量较高，且在水中具有一定溶解度的，如O_2、Ca、Mg、Na、K等；或者是地壳中含量并不很大，但是溶解度相当大的，如Cl；某些元素，如Si、Fe等，虽然在地壳中含量很大，但由于其溶于水的能力很弱，所以，在地下水中的含量一般并不高。

一、地下水中主要气体成分

地下水中常见气体成分有O_2、N_2、CO_2及H_2S等。一般情况下，地下水中气体含量不高，每公升水中只有几毫克到几十毫克。但是，气体成分能够很好地反映地球化学环境；同时，某些气体的含量会影响盐类在水中的溶解度以及其他化学反应。

1. 氧（O_2），氮（N_2）

地下水中的氧气和氮气主要来源于大气。它们随同大气降水及地表水补给地下水，以入渗补给为主，与大气圈关系密切的地下水中含O_2及N_2较多。

溶解氧含量越多，说明地下水所处的地球化学环境越有利于氧化作用进行。O_2

的化学性质远比N_2活泼，所以在较封闭的环境中，O_2将耗尽而只留下N_2。因此，N_2的单独存在，通常可说明地下水起源于大气并处于还原环境。空气中的惰性气体（A、Kr、Xe）与N_2的比例恒定，即（A+Kr+Xe）/N_2=0.0118。当比例等于此数，说明N_2是大气起源的；小于此数，则表明水中含有生物起源或变质起源的N_2。

2. 硫化氢（H_2S）

地下水中出现硫化氢其意义恰好与O_2相反，说明处于缺氧的还原环境。在与大气较为隔绝的环境中，当有有机质存在时，由于微生物的作用，SO_4^{2-}将还原生成H_2S。因此，H_2S一般出现于封闭地质构造的地下水，如油田水中。

3. 二氧化碳（CO_2）

地下水中的二氧化碳主要有两个来源。一种由有机物的氧化（植物的呼吸作用及有机质残骸的发酵作用）形成。这种作用发生于大气、土壤及地表水中，生成的CO_2随同水一起入渗补给地下水。浅部地下水中主要含有这种成因的CO_2；另一种是深部变质造成的。含碳酸盐类的岩石，在深部高温影响下，分解生成CO_2，即

$$CaCO_3 \xrightarrow{400℃} CaO + CO_2$$

地下水中含CO_2越多，其溶解碳酸盐岩与对结晶岩进行风化作用的能力便越强。随着近代工业的发展，大气中人为产生的CO_2显著增加，特别在某些集中的工业区，补给地下水的降水中CO_2含量往往格外高。

二、地下水中主要离子成分

地下水中分布最广、含量较多的离子共7种，即氯离子（Cl^-）、硫酸根离子（SO_4^{2-}）、重碳酸根离子（HCO_3^-）、钠离子（Na^+）、钾离子（K^+）、钙离子（Ca^{2+}）及镁离子（Mg^{2+}）。

一般情况下，随着总矿化度（含盐量）的变化，地下水中占主要地位的离子成分也随之发生变化。低矿化水中常以HCO_3^-及Ca^{2+}、Mg^{2+}为主；高矿化水则以Cl^-及Na^+为主，中等矿化的地下水中，阴离子常以SO_4^{2-}为主，主要阳离子则可以是Na^+，也可以是Ca^{2+}。

地下水的矿化度与离子成分间之所以往往具有这种对应关系，主要是因为水中盐类的溶解度不同。总的来说，氯盐的溶解度最大，硫酸盐次之，碳酸盐较小，钙的硫酸盐，特别是钙、镁的碳酸盐溶解度最小。随着矿化度增大，钙、镁的碳酸盐首先达到饱和并沉淀析出，继续增大时，钙的硫酸盐也饱和析出，因此，高矿化水中以易溶的氯和钠占优势。

1. 氯离子（Cl⁻）

氯离子在地下水中广泛分布，但在低矿化水中一般含量仅数毫克/升到数十毫克/升，高矿化水中可达数克/升乃至数百克/升以上。

地下水中的Cl⁻主要有以下几种来源：（1）来自沉积岩中所含岩盐或其他氯化物的溶解；（2）来自岩浆岩中含氯矿物（氯磷灰石Ca（PO₄）Cl、方钠石NaAlSiO₄NaCl）的风化溶解；（3）来自海水补给地下水，或者来自海面的风将细沫状的海水带到陆地，均使地下水中Cl⁻增多；（4）来自火山喷发物的溶滤；（5）人为污染：工业、生活污水及粪便中含有大量Cl⁻。因此，居民点附近矿化度不高的地下水中，如发现Cr的含量超过寻常，则说明已受到污染。

氯离子不为植物及细菌所摄取，不被土粒表面吸附，氯盐溶解度大，不易沉淀析出，因此，它的含量随着矿化度增长而不断增加。Cl⁻的含量常用来代替总矿化度，以说明地下水的矿化程度。

2. 硫酸根离子（SO_4^{2-}）

在高矿化水中，硫酸根离子的含量仅次于Cl⁻，可达数克/升，个别达数十克/升，在低矿化水中，一般含量仅数毫克/升到数百毫克/升；中等矿化的水中，SO_4^{2-}常成为含量最多的阴离子。

地下水中的SO_4^{2-}来自含石膏（$CaSO_4 \cdot 2H_2O$）或其他硫酸盐的沉积岩的溶解，以及来自硫化物的氧化，例如：

$$2FeS_2 + 7O_2 + 2H_2O \rightarrow 2FeSO_4 + 4H^+ + 2SO_4^{2-}$$

（黄铁矿）

煤系地层常含有很多黄铁矿，因此流经这类地层的地下水往往以SO_4^{2-}为主，金属硫化物矿床附近的地下水也常以SO_4^{2-}为主。

SO_4^{2-}远不如Cl⁻含量高，也不如Cl⁻来得稳定。这是由于作为SO_4^{2-}主要来源的$CaSO_4$溶解度较小，限制了SO_4^{2-}在水中的含量；此外，在还原环境中，SO_4^{2-}将被还原为H_2S及S。

3. 重碳酸根离子（HCO_3^-）

地下水中的重碳酸根离子，来自含碳酸盐沉积岩：

$$CaCO_3 + H_2O + CO_2 \rightarrow 2HCO_3^- + Ca^{2+}$$

$$MgCO_3 + H_2O + CO_2 \rightarrow 2HCO_3^- + Mg^{2+}$$

$CaCO_3$和$MgCO_3$是难溶于水的，当水中有CO_2存在时，才有一定数量溶解于水，水中HCO_3^-的含量取决于与CO_2含量的平衡关系。

岩浆岩与变质岩地区，HCO_3^-主要来自铝硅酸盐矿物的风化溶解，如：

$$Na_2Al_2Si_6O_{16} + 2CO_2 + 3H_2O \rightarrow 2HCO_3^- + 2Na^+ + H_4Al_2Si_2O_9 + 4SiO_2$$

（钠长石）

$$CaO \cdot 2AlO_3 \cdot 4SiO_2 + 2CO_2 + 5H_2O \rightarrow 2HCO_3^- + Ca^{2+} + 2H_4Al_2Si_2O_9$$

（钙长石）

地下水中HCO_3^-的含量一般不超过1克/升，HCO_3^-几乎总是低矿化水的主要阴离子成分。

4. 钠离子（Na^+）

钠离子在低矿化水中的含量一般很低，仅数毫克/升到数十毫克/升，但在高矿化水中则必定是主要的阳离子，其含量最高时可达数十克/升。

Na^+来自沉积岩中岩盐及其他钠盐的溶解。在岩浆岩和变质岩地区则来自含钠矿物的风化溶解。酸性岩浆岩中有大量含钠矿物，如钠长石；因此，在CO_2和H_2O的参与下，将形成低矿化的以Na^+及HCO_3^-为主的地下水。由于Na_2CO_3的溶解度比较大，故当阳离子以Na^+为主时，水中HCO_3^-的含量可超过与Ca^{2+}伴生时的上限。

5. 钾离子（K^+）

钾离子的来源以及在地下水中的分布特点，都与钠相近。它来自含钾盐的沉积岩的溶解，以及岩浆岩、变质岩中含钾矿物的风化溶解。在低矿化水中含量甚微，而在高矿化水中较多。虽然在地壳中钾的含量与钠相近，钾盐的溶解度也相当大。但是，在地下水中K^+的含量要比Na^+少得多，这是因为K^+大量地参与形成不溶于水的次生矿物（水云母、蒙脱石、绢云母），并为植物所摄取。由于K^+的性质与Na^+相近，含量少，分析比较费事，所以，一般研究地下水化学成分，将K^+归并到Na^+中，不另区分。

6. 钙离子（Ca^{2+}）

钙是低矿化地下水中的主要阳离子，含量一般不超过数百毫克/升。在高矿化水中，由于阴离子主要是Cl^-，而$CaCl_2$的溶解度相当大，故Ca^{2+}的绝对含量显著增大，但通常仍远低于Na^+。

地下水中的Ca^{2+}来源于碳酸盐类沉积物及含石膏沉积物的溶解，以及岩浆岩、变质岩中含钙矿物的风化溶解。

7. 镁离子（Mg^{2+}）

镁的来源及其在地下水中的分布与钙相近。来源于含镁的碳酸盐类沉积（白云岩、泥灰岩），此外，还来自岩浆岩、变质岩中含镁矿物的风化溶解，如：

$$(Mg \cdot Fe)_2 SiO_4 + 2H_2O + 2CO_2 \rightarrow FeCO_3 + MgCO_3 + Si(OH)_4$$

$$MgCO_3 + H_2O + CO_2 \rightarrow Mg^{2+} + 2HCO_3^-$$

Mg^{2+}在低矿化水中含量通常较Ca^{2+}少，在高矿化水中则少于Na^+，通常不成为地下水中的主要离子。这是由于地壳组成中Mg^{2+}比较少，同时，镁易被岩土吸附及被植物摄取的缘故。

三、地下水中的其他成分

除了上述常见的大量出现的组分，地下水中通常还存在微量组分，如Br、I、F、B、Sr、Ba等。这些微量组分常可能说明地下水的形成环境，同时对人体健康有着明显影响。

地下水中还有未离解的化合物构成的胶体，其中分布最广的是$Fe(OH)_2$、$Al(OH)_2$、及SiO_2。这些都是很难以离子状态溶解于水的化合物，但以胶体方式出现时，在地下水中的含量可以大大提高。例如，SiO_2虽然极难溶解，但可以以胶体方式出现，在矿化度很低的水中往往占有不可忽视的比例。

有机质是以碳、氢、氧为主的高分子化合物，经常以胶体方式存在于地下水中。大量有机质的存在，有利于还原作用；地下水中还存在各种微生物。例如，在氧化环境中存在硫细菌、铁细菌等喜氧细菌；在还原环境中存在脱硫酸细菌、脱氧细菌等。这些微生物一方面可以指示地下水的环境，另一方面对地下水化学成分的形成与变化起着很大作用。污染水中的致病细菌，将会影响人体健康。

四、地下水的总矿化度及化学成分表示式

地下水中所含各种离子、分子与化合物的总量称为总矿化度，以每公升中所含克数（克/升）表示。为了便于比较不同地下水的矿化程度，习惯上以105℃～110℃时将水蒸干所得的干涸残余物总量来表征总矿化度。也可以将分析所得阴阳离子含量相加，求得理论干涸残余物值。因为在蒸干时有将近一半的HCO_3^-分解生成CO_2及只H_2O而逸失。所以，阴阳离子相加时，HCO_3^-只取重量的半数。

为了简明地反映水的化学特点，可采用化学成分表示式，即库尔洛夫式。将阴阳离子分别标示在横线上下，均按毫克当量百分数自大而小顺序排列，小于10%的离子不予表示。横线前依次表示气体成分、特殊成分及矿化度（以字母M为代号），三者单位均为g/L，梯线后以字母t为代号表示摄氏计的水温。如：

$$H^3SiO^8{}_{0.07}H^2S_{0.21}M_{3.27}\frac{Cl_{84.8}SO^4{}_{14.3}}{Na_{71.6}Ca_{27.8}}t\,℃$$

第三节　地下水化学成分的形成作用

地下水主要来源于大气降水，然后是河水、湖水及海水。这些水在进入含水层以前，已经含有某些物质，在与岩土接触后，化学成分又进一步演变。地下水化学成分的形成作用主要有以下几种。

一、溶滤作用

在水与岩土相互作用下，岩土中一部分物质转入地下水中，这就是溶滤作用。溶滤作用的结果，岩土失去一部分可溶物质，地下水则补充了新的组分。

水是由一个带负电的氧离子和两个带正电的氢离子组成的。出于氧和氢分布不对称。在接近氧离子一端形成负极，氢离子一端形成正极，成为偶极分子。盐类与水接触时，组成结晶格架的离子，被水分子带相反电荷的一端所吸引；当水分子对离子的引力足以克服结晶格架中离子间的引力时，盐类结晶格架遭到破坏，离子进入水中，这就是水溶解盐类的过程。

实际上，当盐类与水溶液接触时，同时发生两种作用：溶解作用与结晶作用；前者使离子由结晶格架转入水中，而后者使离子由溶液中固着于晶体格架上。随着转入溶液的盐类离子增加，溶液浓度加大，水分子吸附结晶格架上的离子的能力减弱，溶解作用变慢，而溶液中的离子附着于晶体表面的机会增加，结晶作用加快。当单位时间内溶解与析出的盐量相等时，溶液达到饱和。这时，溶液中盐类含量即为该盐类的溶解度。

左侧为水的极化分子吸引结晶格架中的离子，右侧表示结晶格架破坏，离子溶入水中不同盐类，结晶格架中离子间的吸引力不同，因此，便具有不同的溶解度。

随着温度上升，结晶格架内离子的振荡运动加剧，相互间引力削弱，水的极化分子便易于从结晶格架上将离子拉开，因此，溶解度便变大。但是，某些盐类（如Na_2SO_4）有例外，由于其结晶水含量发生变化，故随温度上升溶解度反而降低。

水的流动状况也将影响溶解作用。转入溶液的离子如果停留在盐类晶体附近，则晶体周围溶液很快达到饱和，而使溶解作用停止。如果水不流动，离子仅通过扩散作用从浓度大的地方移向浓度小处，速度是很缓慢的。因此水流动越迅速，则盐类溶解速度越快。

地下水与同时含有氯化物、硫酸盐及碳酸盐的岩石接触时，溶解度最大的氯化物溶解速度最快；然后是硫酸盐，而碳酸盐最慢。这样，随着溶滤作用的进行，岩土中易溶盐类淋失得较为充分，迅速减少；难溶盐类淋失较慢，仍大量遗留。因此，溶滤作用继续进行时，所能溶滤的主要是难溶盐类，而地下水也就成为以难溶的 HCO_3^- 及 Ca^{2+}、Mg^{2+} 为主的低矿化水了。

结晶岩石主要由各种难溶的铝硅酸盐（长石角闪石、辉石等）组成，水中含 O_2 及 CO_2 时，方能促其风化分解，并部分溶入水中。因此，在有利于 O_2 及 CO_2 入渗的浅部及构造破碎带，溶滤作用较为发育。由于结晶岩不易溶解，而且水通过裂隙与岩石接触，作用面积较颗粒状的沉积岩为小。因此，结晶岩中的地下水矿化度一般都比较低。气候越是潮湿多雨，地形切割越强，岩层的透水性越好，则地下水的径流越强烈，与地下水接触的岩土所经受的溶滤就越充分，其中所包含的可溶盐类淋失得越多，这样，地下水的矿化度也就越低，水中难溶盐类的相对含量也就越高。

二、浓缩作用

干旱、半干旱地区的平原，埋藏不深的地下水，蒸发比较强烈。随着水分蒸发，地下水溶液逐渐浓缩，矿化度增高；与此同时，溶解度较小的盐类在水中达到饱和而相继沉淀析出。因此，经过蒸发浓缩以后，无论是地下水的总含盐量，还是含盐类型，都将发生变化。

一般情况下，小于lg/L的低矿化水是重碳酸盐水，第二位阴离子往往是 SO_4^{2-}，Cl^- 的含量最小，阳离子则以 Ca^{2+} 为主，然后是 Mg^{2+}。随着蒸发作用进行，溶液浓缩，溶解度小的钙、镁的碳酸盐部分析出，SO_4^{2-} 及 Na^+ 逐渐上升为主要成分，形成硫酸盐水。随后，继续浓缩，水中硫酸盐浓度达到饱和析出，便形成以 Cl^-、Na^+ 为主的氯化物水，矿化度上升到数克/升，数十克/升、最高达300g/L以上。

蒸发浓缩作用的影响深度一般是不大的，但在十分干旱的气候条件下，即使埋藏深度数十米的潜水，也能受到蒸发浓缩。在这种情况下，地下水的蒸发并不是通过毛细作用上升到地表而发生的。而是气态的水分子从深部不断逸出的结果（当然，蒸发强度要小得多）。有人认为，蒸发浓缩作用可以达到更深，即使是埋藏在地下几千米深的承压水，也可以在地热影响下产生深部蒸发而浓缩，并以此来解释深部高矿化水的成因。深部蒸发无疑是存在的，但它究竟能起到多大作用，这个问题至今还不清楚。

三、脱碳酸作用

水中CO_2的溶解度是受环境的温度和压力控制的。温度升高，压力降低，CO_2的溶解度减小，一部分CO_2便成为游离CO_2从水中逸出，这便是脱碳酸作用。脱碳酸的结果，使得地下水中HCO_3^-及Ca^{2+}、Mg^{2+}减少，矿化度降低，pH变小：

$$Ca^{2+} + 2HCO_3^- \rightarrow CO_2 \uparrow + H_2O + CaCO_3 \downarrow$$

$$Mg^{2+} + 2HCO_3^- \rightarrow CO_2 \uparrow + H_2O + MgCO_3 \downarrow$$

深部地下水上升形成的泉，往往在泉口形成钙化，这就是脱碳酸作用的结果。温度较高的深层地下水，阳离子通常以Na^+为主，这也与脱碳酸作用使Ca^{2+}、Mg^{2+}从水中析出有关。

四、脱硫酸作用

在还原环境中，当有机质存在时，脱硫酸细菌能使SO_4^{2-}还原为H_2S：

$$SO_4^{2-} + 2C + 2H_2O \rightarrow H_2S + 2HCO_3^-$$

结果使地下水中SO_4^{2-}减少以至消失，HCO_3^-增加，pH变大。封闭的地质构造，如储油构造，是产生脱硫酸作用的有利环境。因此，油田水中SO_4^{2-}往往含的很少，H_2S含量增多。这一特征可以作为寻找油田的辅助标志。

五、阳离子交替吸附作用

土壤及某些岩石的胶体颗粒表面带有负电荷，能够吸附阳离子。一定条件下，颗粒将吸附地下水中某些阳离子，而将其原来吸附的部分阳离子转为地下水中的组分，这便是阳离子交替吸附作用。

不同的阳离子，其吸附于岩土表面的能力不同，按吸附能力，自大而小顺序为：$H^+ > Fe^{3+} > Al^{3+} > Ca^{2+} > Mg^{2+} > K^+ > Na^+$，离子价越高，离子半径越小，吸附能力越大。因此，三价三离子较二价离子吸附能力大，H^+由于其离子半径很小，故吸附能力最大。

当含Ca^{2+}为主的地下水，进入主要吸附有Na^+的岩土时，水中的Ca^{2+}便置换岩土所吸附的一部分Na^+，使地下水中Na^+增多而Ca^{2+}减少。地下水中某种离子的相对浓度增大，则该种离子的交替吸附能力（置换岩土所吸附的离子的能力）就随之增大。例如，当地下水中以Na^+为主，而岩土中原来吸附有较多的Ca^{2+}，那么，水中的Na^+将反过来置换岩土吸附的部分Ca^{2+}。海水侵入陆相沉积物时，就是这种情况。

显然，阳离子交替吸附作用的规模取决于岩土的吸附能力；而后者决定于岩土的比表面积。颗粒越细，比表面积越大，交替吸附作用的规模也就越大。因此，黏土及黏土岩类最容易发生交替吸附作用，而在致密的结晶岩中，实际上不发生这种作用。

六、混合作用

成分不同的两种水汇合在一起，形成化学成分与原来两者都不相同的地下水，这便是混合作用。海滨、湖畔或河边，地表水往往混入地下水中。深层地下水补给浅部含水层时，则发生两种地下水的混合。

混合作用的结果，可能发生化学反应而形成化学类型完全不同的地下水。例如，当以 SO_4^{2-}、Na^+ 为主的地下水，与 HCO_3^-、Ca^{2+} 水混合时：

$$Ca(HCO_3)_2 + Na_2SO_4 \rightarrow CaSO_4 \downarrow +2NaHCO$$

石膏沉淀析出，便形成了以 HCO_3^- 及 Na^+ 为主的地下水。

两种水的混合也可能不产生明显的化学反应。例如，当高矿化的氯化钠型海水混入低矿化的重碳酸钙镁型地下水中，基本上不产生化学反应。这种情况下，混合水的矿化度与化学类型取决于参与混合的两种水的成分及其混合比例。开发滨海地区的矿床时，往往可以发现，随着采矿深度加大，矿坑水由原来的低矿化重碳酸钙镁水或硫酸盐水，转变为矿化度较高的氯化钠型水，这很可能是海水入侵的标志。通过计算可以有把握地判断是否确有海水侵入，以及浸入海水占矿坑水的百分比。

七、人类活动在地下水化学成分形成中的作用

随着社会生产力的发展，人类活动对地下水化学成分的影响越来越大。这种影响表现在两个方面：一种是人类的工农业生产及日常生活使地下水发生污染；另一种是人类通过生产活动改变了地下水的形成条件，从而使其化学成分发生相应变化。

工业废水、废气与废渣以及农业上大量使用化学肥料，使地下水中富集了天然水中本来含量甚微的一些有害元素，如酸、氰、汞、砷、锌、铅、铬、锰、钼、亚硝酸、一氧化碳等。由于这种影响越来越大，近年来建立了环境水文地质学以专门探讨解决有关问题。

人类生产活动通过影响地下水的形成而改变其化学成分，既可起消极的作用，也可起积极的作用。在一定的水文地质条件下，滨海地区过度开发地下水可能引起海水入侵、污染淡水的地下水。不合理的打井采水可使咸水含水层中的水进入淡水含水层，破坏地下淡水资源。干旱及半干旱地区不合理的灌溉使浅层地下水位上升

造成大面积次生盐渍化，最终将使浅层地下水变咸而无法用于灌溉。兴修水库、合理地修筑灌溉渠道，则使地下水获得补充的淡水资源而水质变好。浅层分布地下咸水的干旱半干旱地区，通过挖渠打井，改变地下水的径流排泄条件，就可使原来向咸化方向发展的地下水逐步淡化。人类利用改造自然的能力在迅速提高，越来越有必要防止人类活动对地下水化学成分的不利影响，积极发挥有利作用。

第四节　地下水化学成分的基本成因类型

地下水根据其化学成分的形成可划分为几个基本类型，即溶滤水、沉积水、再生水与初生水。溶滤水的化学成分由溶滤岩土获得；沉积水则是沉积物形成时或随后进入空隙，并在封闭的地质构造条件下封存下来的水，它的化学成分主要来源于形成沉积物的水体；再生水则是岩石受到高温变质作用时，从矿物结构中分离出来的水；初生水是直接由岩浆析出的水。后两者的化学成分来源于岩浆。

一、溶滤水

富含CO_2与O_2的渗入成因的地下水，溶滤它所流经的岩土而获得其主要化学成分，这种水称之为溶滤水。

溶滤水的成分受到岩性、气候、地貌等因素的影响。岩土中可溶成分的溶解，这是溶滤水化学成分的基本来源。

除凝结水外，渗入补给地下的大气降水和地表水本身都具有一定的化学成分。大气降水看来似乎是相当纯净的，实际上它的成分也并不简单。大气降水中的化学成分来源于大气的基本组成（O_2、N_2、CO_2、惰性气体等），溅扬到空中的海水滴，风扬卷起来的尘埃，大气放电过程形成的化合物（氧化氮）等，而在工业集中区则还有工厂排出的烟尘。大部分地区大气降水的矿化度很低（每升水中仅含盐类几到几十毫克），多为重碳酸型水，并且饱含O_2、N_2、CO_2等气体成分。河水的化学成分变化大些。潮湿地区一般矿化度为几十毫克/升，多为重碳酸钙型水。而在极端干旱的地区，矿化度可能达到数克/升之多，为硫酸盐或氯化物水，河水不同程度地含有大气起源的气体成分。

地下水所流经的岩土对溶滤水化学成分有一定影响。在含盐地层沉积区，地下水中往往以Cl^-、Na^+为主。有石膏沉积的地区，水中SO_4^{2-}与Ca^{2+}较多。石灰岩、白云岩等碳酸盐沉积区的地下水，必定是以HCO_3^-、Ca^{2+}、Mg^{2+}为其主要成分。酸性岩浆岩地区的地下水，大多为HCO_3—Na型水。基性岩浆岩地区的地下水常富含Mg^{2+}。煤系地层分布区及金属矿床附近常常形成硫酸盐水。

但是，如果简单地断定，地下水流经什么样的岩土，就必定具有何种化学成分，那就把问题简单化了。发生溶滤时，岩土的组分按其地球化学特性，迁移能力各不相同，因而溶滤作用显示出阶段性。在潮湿气候条件下，即使是原来含有多量易溶盐类的沉积物，经过长期充分洗蚀，易迁移的离子大量淋失，作用继续进行，所能溶滤的主要是难于迁移的碳酸盐类了。因此，在潮湿气候长期影响下，虽然其原来地层中所含的组分极不相同，最终在浅表部分都可能出现低矿化重碳酸钙镁型地下水，并且，极其难溶的硅酸在水中将占相当比重。反之，干旱气候下的平原地区，由于强烈蒸发的影响，不论其岩性组成如何，浅部地下水最终总会形成矿化度很高的氯化钠型水。气候是决定地壳表元素迁移的重要因素，就大范围来说，溶滤水的化学成分首先反映了气候的深刻影响。潮湿气候下多形成低矿化的、以难溶离子为主的地下水，干旱气候下则形成高矿化的、以易溶离子为主的地下水。

地形对溶滤作用的影响，是通过改变地下水径流条件而起作用的。切割强烈的山区，地下水径流条件好，水交替迅速，岩层中的易流组分不断被淋滤并由地下径流带走，同时，地下水在岩层中停留时间短，常形成低矿化的以难溶离子为主的地下水。地势低平的地方，地下径流微弱，水交替缓慢，溶滤作用不发育，岩土中易溶盐类保存较多，水与岩土接触时间长，因此，地下水矿化度及易溶离子含量都较高。

自南而北地下水矿化度变大，这显示了气候分带的影响，降水量正是由南向北逐渐减少的。由山前向海边地下水矿化度逐渐变大，说明山前的岩性地貌条件有利于发育溶滤作用，而滨海地区则受海潮浸渍，且地势低、岩性细，大陆盐化作用发育。黄河以北的冲积平原中，浅层地下水矿化度呈条带状变化，与河流沉积的岩性地貌分带一致；地形较高，沉积物较粗的河道带，溶滤作用较强，地下水矿化度低；河间地带，岩性细，地势低，盐化作用为主，地下水矿化度较大。

在各种因素综合影响下，潜水的化学类型也显示分带性。大范围的水化学分带，主要受气候控制。在地貌岩性影响下，沿着地下径流方向也显示分带性。干旱地区的山间盆地，这种分带表现得最为完整典型。例如，新疆吐鲁番盆地，从盆地边缘的洪积扇顶部，到盆地中心的藏丁湖，大致可分为三个水化学带。第一带是重碳酸盐水带，以HCO_3^-及Ca^{2+}为主，矿化度在$0.25 \sim 1g/L$；第二带是硫酸盐水带，阴离子以SO_4^{2-}为主，阳离子则以Ca^{2+}为主，向下缘渐转为以Na^+为主，矿化度为$1 \sim 3g/L$，下缘增大到$12g/L$；第三带是氯化物水带，以Cl^-、Na^+为主，矿化度一般为$30g/L$左右，到藏丁湖畔则接近300g/L。半干旱的华北平原的潜水，由山前冲积洪积扇到滨海，虽然有些地方也可分为重碳酸盐水、硫酸盐水及氯化物水三个水带，但是大部分地方缺乏中间的硫酸盐水带，而出现过渡性的重碳酸盐—氯化物及氯化物—重碳酸盐水带。很有可能，这种分带是半干旱半湿润气候下溶滤作用的典型分带。但是目前对它的形成机理尚未弄清。

掌握溶滤水的这种分带规律，不但能帮助我们根据不同水质情况利用地下水，而且能帮助我们深入地理解地下水的形成过程。例如，在山东半岛近海一侧广泛分布有矿化度小于1g/L的重碳酸盐—氯化物型地下水，这种水甚至一直分布到某些山区。低矿化水中出现大量的易溶离子Cl^-，尤其是一直分布到山区，这是很特别的。经过研究认为，很有可能水中大量的Cl^-源于海水，是来自海面的季风及季风降水将海水细滴吹扬到环海陆地的结果。

干旱半干旱的平原下部或盆地中心，蒸发浓缩作用十分发育，往往可以形成矿化度高达数十克/升以至数百克/升的氯化钠型水。这种情况下，虽然地下水中的盐类主要来自溶滤，但是，在蒸发浓缩过程中，随着矿化度升高，难溶盐类沉淀析出，地下水的化学类型已经发生了根本的改变。因此，这种类型的潜水也称作大陆盐化潜水，以区别于单纯溶滤作用形成的矿化度较低以难溶离子为主的溶滤潜水。

承压水有一部分属于溶滤水。与大气圈联系比较密切的承压水，如堆积平原和盆地浅部松散沉积物中的水，以及具有一定构造开启性的基岩中的水，即属于溶滤水。构造开启性好，透水性强的承压含水层，水交替强烈，溶滤作用发育，就形成低矿化的重碳酸盐水；而在径流条件差、水交替弱的承压含水层中则形成矿化度较高的硫酸盐以至氯化物水。在同一承压含水层中，越是接近补给区，水交替越强，溶滤越充分；向深部，水交替及溶滤作用变弱。因此，同一承压含水层由补给区向下，也可以呈现矿化度由低到高，离子成分由难溶离子为主到易溶离子为主的水带；而在典型的情况下清楚地表现为重碳酸盐、硫酸盐及氯化物水带。

一般说来，溶滤作用在地壳浅表发育。但是，有时开启性断裂可以深达数千米，这种情况下溶滤作用也能在深处进行。许多温泉水的化学成分可以证明这一点。与近期火山活动无关的温泉，多半是矿化度很低的重碳酸盐水，少数是硫酸盐水。在高温影响下，发生脱硫酸作用，促使Ca^{2+}、Mg^{2+}沉淀析出，而钠盐的溶解度却随温度显著增大，因而温泉水中阳离子几乎总是Na^+占绝对优势。高温下硅酸溶解度提高，所以它在热水中的含量比较高。温泉水中经常含有大量氮气，表明它来源大气降水。滨海地区的温泉水质比较特殊，有时是矿化度数克/升的氯化钠型水，这时其主要化学成分并非来自溶滤，而是海水混入所致。

二、沉积水

沉积水是指与沉积物大体同时生成的古地下水。

在封闭的地质结构中，各类沉积物都有可能将沉积时所包含的水分长期埋藏保存下来，因此沉积水又称埋藏水。

不同水体的沉积物（海相的、河相的、湖相的），具有不同的原始化学成分。在漫长的地质时期中，又经受一系列复杂的变化。这些变化还没有弄得很清楚，至今研究得比较多的是海相淤泥沉积中的水。

海相淤泥沉积物的特点是：孔隙度、含水量和比表面积都相当大，通常含有机质和各种微生物，属于缺氧的地球化学环境。因此，有利于各种生物化学和物理化学作用的进行。

海水的平均化学成分是矿化度35g/L的氯化钠水，即

$$(M_{35}\frac{Cl90}{Na_{77}Mg_{18}}, \frac{r_{Na}}{r_{cl}}=0.85, \frac{Cl}{Br}=29.3)$$

上式中r为毫克当量的代号，$\frac{r_{Na}}{r_{Cl}}$，即Na与Cl毫克当量比值，后面的$\frac{Cl}{Br}$为重量比值。

与海水相比较，海相淤泥所形成的沉积水一般有以下几个特点：

（1）矿化度很高，最高可达300g/L；（2）硫酸根离子减少以至消失；（3）钙的相对含量明显增大，钠减少，$\frac{r_{Na}}{r_{Cl}}<0.85$；（4）富集溴、碘，尤其是碘的含量显著增加，$\frac{Cl}{Br}$变小；（5）出现硫化氢、甲烷、铵、氮；（6）pH增高。

对于海相沉积水矿化度的增大有不同的解释。有的人认为是海水在泻湖中蒸发浓缩所致，也有的人认为是沉积物经构造沉降后，在高温影响下深部蒸发作用的结果。

生物化学作用在改变海相淤泥水原始化学成分上影响最大，其中脱硫酸作用是最重要最广泛的一种。脱硫酸作用使SO_4^{2-}减少乃至消失，出现H_2S，HCO_3^-增加，水的pH提高。

HCO_3^-增加与pH提高，使部分碳酸钙和碳酸镁沉淀析出，水中Ca^{2+}、Mg^{2+}减少。由于Ca^{2+}、Mg^{2+}减少，水与岩土颗粒间阳离子吸附平衡遭到破坏，岩土吸附的部分Ca^{2+}转入溶液，溶液中部分Na^+为岩土吸附。有人认为，正是这种沉积后期的阳离子

交替吸附作用使水溶液的 $\dfrac{r_{Na}}{r_{Cl}}$ 降低，成为氯化物—钠—钙型水。

其他的生物化学作用还有细胞的分解、蛋白质分解及脱硝酸作用等，其结果产生甲烷、铵、氮等。生物遗骸中原来含有较多的溴及碘，在有机物分解时富集于水中，使 $\dfrac{Cl}{Br}$ 降低。

关于钙的增多，虽然都认为是阳离子交替吸附作用的结果。但是，布涅耶夫明确地指出，这种作用不是在沉积后期发生的，而是在浅海盆地中就完成了。当河流将吸附大量 Ca^{2+} 的黏土携带入海时，与富含钠的海水相遇，产生下列交替反应：

$$NaCl+Ca（吸附）\rightarrow CaCl_2+2Na（吸附）$$

海相淤泥在成岩过程中受到上覆岩层压力而密实时，其中所含的水，一部分被挤压进入孔隙较大的相邻岩层，构成后生沉积水；另一部分仍保留于淤泥层中，这便是同生沉积水。

埋藏在地层中的海相淤泥沉积水，在经历若干时期以后，由于地壳运动而被剥蚀出露于地表，或者由于开启性构造断裂使其与外界连通。这时，从含水层揭露部分开始，溶滤水逐渐排除原有的沉积水。低矿化的富含 O_2 及 CO_2 的渗入水，使原有的水受到显著淡化，并开始溶解岩层中的盐类，原有的阳离子吸附平衡破坏而产生新的交替吸附作用，氧化作用重新发生。如果构造的开启程度好，经过长期入渗淋滤，沉积水可以完全排走，而为溶滤水所替换。在构造开启性不十分好时，则在补给区分布低矿化的以难溶离子为主的溶滤水，较深处则出现溶滤水和沉积水的混合，而在深部仍为高矿化的以易溶离子为主的沉积水。

三、内生水

早在21世纪初，曾把温热地下水看作岩浆分异的产物。后来发现，在大多数情况下，温泉是大气降水渗入到深部加热后重新升到地表形成的。近些年来，某些学者通过对地热系统的热均衡分析得出，仅靠水渗入深部获得的热量无法解释某些高温水的出现，认为应有10%～30%的来自地球深部层圈的高热流体的加入。这样，源自地球深部层圈的内生水说又逐渐为人们所重视，有人认为，深部高矿化卤水的化学成分也显示了内生水的影响。

内生水的典型化学特征至今并不完全清楚。前苏联某些花岗岩中包裹体溶液为矿化度100～200g/L的氯化钠型水。冰岛玄武岩区的热蒸汽凝成的水，是矿化度1～2g/L的 HS^-—HCO_2^-—Na^+ 水，含有大量的 SiO_2 与 CO_2。

内生水的研究至今还很不成熟，但由于它涉及水文地质学乃至地质学的一系列重大理论问题，因此，今后水文地质学的研究领域将向地球深部层圈扩展，更加重视内生水的研究。

第五节　地下水的温度

地壳表层有两个热能来源：一个是太阳的辐射，另一是来自地球内部的热流。根据受热源影响的情况，地壳表层可分为变温带、常温带及增温带。

变温带是受太阳辐射影响的地表极薄的带。由于太阳辐射能的周期变化，本带呈现地温的昼夜变化和季节变化。地温的昼夜变化只影响地表以下 1 ~ 2m 深。变温带的下限深度一般为 15 ~ 30m。此深度上地温年变化小于 0.1℃。

变温带以下是一个厚度极小的常温带。地温一般比当地年平均气温高出 1℃ ~ 2℃。在粗略计算时，可将当地的多年平均气温作为常温带地温。

常温带以下，地温受地球内热影响。通常随深度加大而有规律地升高，这便是增温带。增温带中的地温变化可用地温梯度表示。地温梯度是指每增加单位深度时地温的增值，一般以℃ /100m 为单位。

地下水的温度受其赋存与循环处所的地温控制。处于变温带中的浅埋地下水显示微小的水温季节变化。常温带的地下水水温与当地年平均气温很接近，这两带的地下水，常给人以"冬暖夏凉"的感觉。增温带的地下水随其赋存与循环深度的加大而提高，成为热水甚至蒸汽。如西藏羊八井的钻孔，获得温度为 160℃ 的热水与蒸汽，已知年平均气温（t）、年常温带深度（h）、地温梯度（r）时，可概略计算某一深度（H）的地下水水温（T），即：

$$T=t（H-h）r$$

同样，利用地下水水温（T），可以推算其大致循环深度（H），即：

$$H = \frac{T-t}{r} + h$$

地温梯度的平均值约为 3℃ /100m。通常变化于 1.5℃ /100m ~ 4℃ /100m，但个别新火山活动区可以很高。如西藏羊八井的地温梯度为 300℃ /100m。

第六节　地下水化学成分研究方法

地下水化学成分的研究包括两个方面的内容：一方面是确定地下水中各种离子、分子、气体及有机质的含量及其相互关系，为此要进行有关的化验分析；另一方面是研究地下水化学成分的形成，即经过资料系统整理，找出地下水化学成分的变化规律，及其与形成环境（自然地理的、地质的、人类活动的）之间的内在联系；在研究一个地区的地下水化学成分形成时，不仅要分析当前的环境条件，还应追溯环境的演变历史，即分析地区的自然地理、地质发展史。

一、地下水化学成分分析内容

地下水化学成分的分析是研究的基础。工作目的与要求不同，分析项目与精度也不相同。在一般水文地质调查中，区分为简分析和全分析，为了配合专门任务，则进行专项分析。

简分析用于了解区域地下水化学成分的概貌，这种分析可在野外利用专门的水质分析箱就地进行。简分析项目少，精度要求低，简便快速，成本不高，技术上容易掌握。分析项目除物理性质（温度、颜色、透明度、嗅味、味道等）外，还应定量分析以下各项：HCO_3^-、SO_4^{2-}、Cl^-、Ca^{2+}、总硬度、pH。通过计算可求得水中各主要离子含量及总矿化度。定性分析的项目则不固定，较经常的有 NO_3^-、NO_2^-、NH_4^+、Fe^{2+}、Fe^{3+}、H_2S 耗氧量等。分析这些项目是为了初步了解水质是否适于生活饮用。

全分析项目较多，要求精度高。通常在简分析的基础上选择有代表性的水样进行全分析，以较全面地了解地下水化学成分，并对简分析结果进行检核。全分析并非分析水中的全部成分，一般定量分析以下各项：：HCO_3^-、SO_4^{2-}、Cl^-、CO_3^{2-}、NO_3^-、NO_2^-、Ca^{2+}、Mg^{2+}、K^+、Na^+、NH_4^+、Fe^{2+}、Fe^{3+}、H_2S、CO_2、耗氧量、pH 及干涸残余物。

结合不同任务而进行的专项分析，应根据具体任务要求确定分析项目。

某些专门性的研究，则还需要详细分析水中的气体成分（如矿水研究）、各种稀有分散元素（如卤水研究）或金属元素（如水化学找矿）、微生物（油田水研究）等。

水分析的结果，对离子、胶体物质及干涸残余物均以每升水中所含的克数（克/升）或毫克数（毫克/升）表示。为了反映多种离子成分的相互关系和相对数量，还用每升水中的毫克当量数（毫克当量/升）及毫克当量百分数（毫克当量%）表示。

　　用一种小柱状图可以简单明了地反映水样的化学特性。柱状图以毫克当量百分数表示离子含量，左侧自下而上按碱性由强到弱依次表示阳离子含量，右侧按酸性自下而上表示阴离子，有时在柱状图底下可注明总矿化度（克/升）。如图13-1所示的水样，具有较高的暂时硬度，不宜作为锅炉用水，含少量的 $NaHCO_3$，用于灌溉时应注意其不利影响。水的矿化度低，含 $NaCl$ 少，是良好的饮用水。

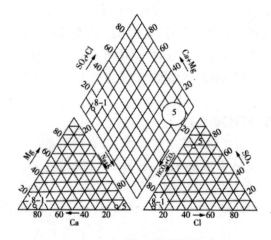

图13-1　派珀三线图解

　　在进行地下水的化学分析的同时，必须对有关的地表水体（河、湖、海及水库、主要渠道）取样分析。因为地表水体可能是地下水的补给来源，或者是排泄去路。前一种情况下，地表水的成分将影响地下水；后一种情况下，地表水反映了地下水化学变化的最终结果。对于作为地下水主要补给来源的大气降水的化学成分，至今一直很少注意，原因是它所含物质数量很少。但是，必须看到，在某些情况下，不考虑大气降水的成分，就不能正确地阐明地下水化学成分的形成。

二、研究地下水化学成分形成时对岩土的分析

　　为了弄清岩土对地下水化学成分的影响，只研究其矿物组成或化学成分那是不够的，十分重要的是测定其可溶盐含量，研究岩土中所包含的结合水的化学成分，以及对岩土的吸附离子成分进行研究。

　　沉积的岩土中包含有结合水及重力水。在成岩过程中，以及经受构造变动时，重力水可能被替换；结合水以及因禁于孔隙中的重力水（被孔隙边角结合水包围而不能自由移动的重力水）的一部分，受压挤出流入周围空隙较大的岩层中，转为自

由流动的重力水；另一部分则仍然保留于岩土中。这部分保留下来的水，虽然会由于扩散作用而与周围地下水发生化学成分的交换，但是，由于扩散作用十分缓慢，即使经历漫长的地质历史时期，基本上仍然反映沉积当时的化学面貌。因此，查明这部分水的化学成分，与含水层中现有的重力水的成分进行对比，可以判断含水层中的水究竟是溶滤水还是沉积水，以及含水层中沉积水被替换的程度。这对于确定地下水的成因以及资源性质（易于恢复的或不可恢复的）都有很大意义。用浸出液法（水渍出液法）获得的分析结果，往往不能反映真实情况，因为在浸渍冲淡岩土时，岩土中部分易溶盐类也转入水中。为了克服这一缺点，可采用压出液法，即用专门仪器对原状土样加以远超过其上覆地层载荷的压力，将外层结合水以及囚禁重力水压出进行分析。

三、化学元素间比例系数在研究地下水化学成分形成中的意义

一些物理化学性质相近的元素（元素周期表中同族或同类的相邻元素），往往具有一定共生关系，利用其比例系数（重量比值）可帮助判断地下水的成因。

$\dfrac{Cl}{Br}$ 系数：氯与溴化学性质相当近似，但是溴化物的溶解度比氯大。一般在大洋水中 $\dfrac{Cl}{Br}$ 系数接近300（局部海水有例外，如亚速海此比值＞2000）。海水浓缩时，NaCl沉淀，残余海洋水中Br相对浓集。因此，一般高矿化水，$\dfrac{Cl}{Br}$ ＞300的地下水为富溴的残余海洋水的沉积水，$\dfrac{Cl}{Br}$ ＜300则为贫溴的含盐地层溶滤水。

$\dfrac{Br}{I}$ 系数：Br与I同属卤族元素。在一般地下水中此系数很小，正常海洋水 $\dfrac{Br}{I}$ 系数接近1300。由于I在海生生物体中浓集，因此，含有大量有机残骸的海相淤泥沉积水中含碘大为增加，$\dfrac{Br}{I}$ 系数低的水往往是海相沉积水。

$\dfrac{Ca}{Sr}$ 系数：海水浓缩盐类沉淀时，含锶的天青石（$SrSO_4$）的沉淀次序在石膏（$CaSO_4 \cdot 2H_2O$）和硬石膏（$CaSO_4$）之前，而晚于碳酸钙和碳酸镁。因此，溶滤碳酸盐类沉积岩所形成的地下水，$\dfrac{Ca}{Sr}$ 系数较大，接近200，而在海水及与海水有关的

沉积水中，$\dfrac{Ca}{Sr}$ 较小，为 33。

除相近元素的比例系数外，通常还利用主要离子毫克当量数的比值来说明地下水化学成分的变化情况。这类系数如 $\dfrac{r_{Na}}{r_{Cl}}$、$\dfrac{r_{SO_4}}{r_{(SO_4+Cl)}}$ 等。

$\dfrac{r_{Na}}{r_{Cl}}$ 系数：标准海洋水平均值为 0.85；经过阳离子交替吸附作用的沉积水 < 0.85；岩盐溶滤形成的地下水接近于 1；一般地下水此值通常大于 1（因为 Na^+ 有其他来源，Cl 除 NaCl 外很少有其他来源）。

$\dfrac{r_{SO_4}}{r_{(SO_4+Cl)}}$ 系数：此系数可表征脱硫酸作用的发育程度，脱硫酸作用完全时，此系数为零，这个系数也叫作脱硫酸系数。

在实际工作中应用这些系数分析地下水化学成分形成与变化时，如果不加分析，公式化地套用，就可能得出完全错误的结论。因此，必须综合考虑各种水化学标志，并与地质水文地质条件结合起来分析。例如，仅仅根据 $\dfrac{Cl}{Br}$ 系数 > 300 一项就确定是岩盐地层溶滤水，那是不恰当的，局部的海水完全可以大于 300。又如，我国一些地方陆相起源的地下水，其 $\dfrac{r_{Na}}{r_{Cl}}$ 比值却与海水的比值十分接近。如果某处的地下水为高矿化的 Cl—Na 水，SO_4^{2-} 含量较高，且 $\dfrac{r_{Na}}{r_{Cl}}$ 接近 1，$\dfrac{Cl}{Br}$ 系数远超过 300，气体成分主要是大气起源的氮，而且具有一定地质依据，那么，认为它是岩盐地层溶滤水就比较有把握了。

四、地下水化学成分分类与图示方法

将地下水按化学成分分为不同类型，将便于我们掌握一个地区地下水化学成分变化规律。地下水化学成分的分类很多，在此仅举数种加以说明。

1. 舒卡列夫分类

前苏联舒卡列夫的分类（表 13–1），是根据地下水中六种主要离子（Na^+ 与 K^+ 合并为 Na^+）及矿化度划分的。将含量大于 25% 毫克当量的阴离子和阳离子进行组合，共分成 49 型水，每型以一个阿拉伯数字作为代号。按矿化度又划分为 4 组：A 组矿

化度小于1.5g/L，B组为1.5～10g/L，C组为10～40g/L，D组大于40g/L。

表13-1 舒卡列夫分类图表

超过25%毫克当量的离子	HCO₃	HCO₃+SO₄	HCO₃+SO₄+Cl	HCO₃+Cl	SO₄	SO₄+Cl	Cl
Ca	1	8	15	22	29	36	43
Ca+Mg	2	9	16	23	30	37	44
Mg	3	10	17	24	31	38	45
Na+Ca	4	11	18	25	32	39	46
Na+Ca+Mg	5	12	19	26	33	40	47
Na+Mg	6	13	20	27	34	41	48
Na	7	14	21	28	35	42	49

不同化学成分的水都可以用一个简单的符号代替，并赋予一定的形成特征。例如，1-A型即矿化度小于1.5g/L的HCO_3—Ca型水，是沉积岩地区典型的溶滤水，而49—D型则是矿化度大于40g/L的Cl—Na型水，可能是与海水及海相沉积有关的地下水，或者是大陆盐化潜水。如果水中大于25%毫克当量的阴离子或阳离子不止一种，则在命名时将含量大的放在前面。例如，SO_4—HCO_3—Ca—Na型水，即表明阴离子中SO_4^{2-}毫克当量数比HCO_3^-大，阳离子中Ca^{2+}大于Na^+。这种分类简明易懂，应用比较普遍，可以利用分类图表系统整理水分析资料。从图表的左上角向右下角大体与地下水总的矿化作用过程一致。缺点是以25%毫克当量作为划分水型的依据带有人为性。实际上，有时小于25%毫克当量的次要离子，也是很有意义的。然后在分类中，对大于25%毫克当量的离子未反映其大小的次序。因此反映水质变化不够细致。

2. 阿廖金天然水分类

舒卡列夫分类以含量较多的离子作为分类基础的；另一种分类法是以阴阳离子间含量对比关系为基础的。前苏联阿廖金的天然水分类，是将这两个原则结合起来考虑的。阿廖金分类是根据含量最多的阴离子划分为三大类，在每一大类中再根据主要的阳离子分为三组，然后再按阴阳离子含量的比例关系，分为四个型。如此共得27种水（图13-2）。

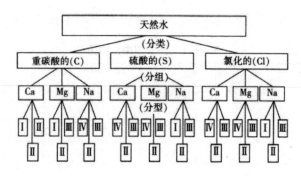

图13-2　阿廖金天然水分类图表

阿廖金分类法共分出四个型：，

Ⅰ第一型：$rHCO_3^- > r（Ca^{2+}+Mg^{2+}）$，即水中有多余的$HCO_3^-$与$Na^+$相应，此型标志着在富含$K^+$、$Na^+$的岩浆岩分布区进行溶滤作用的水，或是以$Ca^{2+}$与岩土所吸附的$Na^+$进行交替的水。在S类与Cl类的Ca及Mg组中没有此型。因为当阴离子中HCO_3^-处于次要地位，而Ca^{2+}、Mg^{2+}含量很多时，不可能形成此型水。

Ⅱ第二型：$rHCO_3^- < r（Ca^{2+}+Mg^{2+}）< r（HCO_3^-+SO_4^{2-}）$，此型标志着与沉积岩及其风化产物有关的天然水，其中包括循环深度不大的地下水。

Ⅲ第三型：$r（HCO_3^-+SO_4^{2-}）< r（Ca^{2+}+Mg^{2+}）$，或$rCl^- > rNa^+$，水中有多余的$Cl^-$与$Ca^{2+}$、$Mg^{2+}$相应，此型为高矿化天然水，其中包括经阳离子交替吸附作用而使成分大大改变的地下水。

Ⅳ第四型：$r（HCO_3^-）=0$，此型为酸性水，如矿坑水。显然，C类中不可能包括Ⅳ型。

按阿廖金分类划分的水类型可用符号代表，如$C_{Ⅱ}^{Ca}$表示C类Ca组Ⅱ型。

此分类是对所有天然水的分类，应用并不广泛，但其分类所考虑的原则对于研究地下水化学成分形成规律时是值得参考的。

3. 派珀三线图解

派珀（A.M.Piper）三线图解由两个三角形和一个菱形组成（图13-3），左下角三角形的三条边线分别代表阳离子中Na^++K^+、Ca^{2+}及Mg^{2+}的毫克当量百分数。右下角三角形表示阴离子Cl^-、SO_4^{2-}及HCO_3^-的毫克当量百分数。任一水样的阴阳离子的相对含量分别在两个三角形中以标号的圆圈表示，引线在菱形中得出的交点上以圆圈综合表示此水样的阴阳离子相对含量，按一定比例尺画的圆圈的大小表示矿化度。

落在菱形中不同区域的水样具有不同化学特征（图13-3）。1区碱土金属离子超过碱金属离子；2区碱大于碱土；3区弱酸根超过强酸根；4区强酸大于弱酸；5区碳酸盐硬度超过50%.；6区非碳酸盐硬度超过50%；7区碱及强酸为主；8区碱土及弱酸为主；9区任一对阴阳离子含量均不超过50%毫克当量百分数。

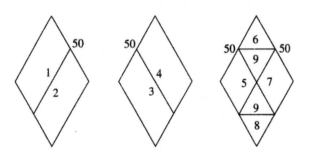

图13-3 派珀三线图解分区（Piper.1953）

这一图解的优点是不受人为影响，从菱形中可看出水样的一般化学特征，在三角形中可以看出各种离子的相对含量。将一个地区的水样标在图上，可以分析地下水化学成分的演变规律。

五、地下水水化学图

地下水水化学图用来反映地下水化学成分的变化及其规律性。它的图的形式表示地下水资源的质量指标，直接回答生产问题；与地质水文地质图对照分析，可以帮助分析地下水资源的形成。地下水水化学图一般包括以下三类：

1. 平面图

包括地下水化学成分类型分区图、各种离子等值线图、矿化度等值线图、比例系数（如 $\dfrac{r_{Na}}{r_{Cl}}$、$\dfrac{r_{Cl}}{r_{Br}}$ 等）等值线图、硬度等值线图、水质评价分区图（根据工作任务选择不同评价指标）等。这些图件都应按含水层分别编制。当受资料限制，且几个相邻含水层连通较好时，则可综合编图。但是，潜水含水层和承压水含水层必须分别编图。

2. 剖面图

当有足够的分层或分段取样的水质分析资料时，可编制地下水水化学剖面图，图类与平面图相同，但在剖面上一般应表示主要的地质水文地质内容。

3. 关系曲线图

这种图是为了寻求地下水化学成分变化的规律性。将要查明关系的两个因素分别以纵、横坐标表示，然后将各分析结果按坐标标点，作出各种关系曲线，如矿化度—离子含量关系曲线，不同离子之间的离子含量关系曲线，离子含量—深度关系曲线，离子比值—矿化度关系曲线，离子比值—深度关系曲线等。并不是在任何情况下都要做这些图，应根据工作任务及地区特点，有的放矢地选作某些能够说明问题的图件。

第十四章　地下水的补给、排泄与径流

补给与排泄是含水层与外界发生联系的两个作用过程。补给与排泄的方式及其强度，决定着含水层内部的径流，以及水量与水质的变化。这些变化在空间上的表现就是地下水的分布，在时间上的表现便是地下水的动态；而从补给与排泄的数量关系研究含水层水量及盐量的增减，便是地下水的均衡。只有对地下水的补给、排泄、径流建立起清晰的概念，才有可能正确地分析与评价地下水资源，采取合理有效的兴利防害措施。

第一节　地下水的补给

含水层或含水系统从外界获得水量的过程称作补给。补给除了获得水量，还获得一定盐量或热量，从而使含水层或含水系统的水化学与水温发生变化。补给获得水量，抬高地下水位，增加了势能，使地下水保持不停地流动。由于构造封闭，或由于气候干旱，地下水长期得不到补给，便将停滞而不流动；补给的研究包括补给来源、补给条件与补给量。地下水的补给来源有大气降水、地表水、凝结水，来自其他含水层或含水系统的水等。与人类活动有关的地下水补给有灌溉回归水、水库渗漏水，以及专门性的人工补给。

一、大气降水的补给

1. 大气降水的入渗过程与机制

松散沉积的包气带中含有土颗粒、空气和水。在这样的三相体系中，水的运动是相当复杂的。至今研究人员对降水入渗的机制还没有完全弄清楚。我们以松散沉积物为例，讨论降水入渗补给地下水。

降雨初期，如果土壤相当干燥，其吸收降水的能力则很强。重力、颗粒表面的吸引力以及细小孔隙中的毛细力，都力促水分渗入土层。渗入的水分被颗粒表面所吸引，形成结合水，被吸入细小的毛细空隙，形成悬挂毛细水。因此，雨季初期的降雨，几乎全部都保留于包气带中，很少甚至根本不补给地下水。

包气带中结合水及悬挂毛细水达到极限以后，土壤吸收降水的能力便显著下降。继续降雨，雨水在重力作用下，通过静水压力传递（包括通过气塞传递压力），降雨后几乎立即引起地下水位抬高。

目前认为，松散沉积物中的降水入渗存在活塞式与捷径式两种方式。

活塞式下渗：此方式是鲍得曼（Bodman）等人于1943～1944年，在对均质砂进行室内入渗模拟试验的基础上提出。简言之，这种入渗方式是入渗水的湿锋面整体向下推进，犹如活塞的运移。

在理想情况下，包气带水分趋于稳定，不下渗也无蒸发、蒸腾时，均质土包气带水分分布如图14-1（c）中所示。包气带上部保持残留含水量（W_o），一定深度以下，由于支持毛细水的存在，含水量大于并向下渐增，接近地下水面的毛细饱和带以及饱水带，含水量达到饱和含水量（W_s）。

实际情况下，只有在雨季过后包气带水分稳定时最接近此理想情况。雨季之前，由于旱季的土面蒸发与叶面蒸腾，包气带上部的含水量已低于残留含水量W_o，而造成所谓的水分亏缺［图14-1（a），(t_0)］。

雨季初期的降雨，首先要补足水分亏缺，多余的水分才能下渗［图14-1（b），(t_3、t_4)］。下渗水达到地下水面，使地下水储量增加，地下水位抬高［图14-1（c）］。

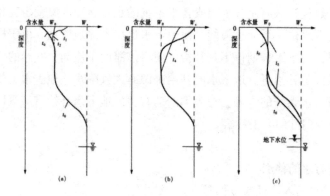

图14-1　降水入渗过程中包气带水分分布曲线
W_o—残留含水量；W_s—饱和含水量

就地表接受降雨入渗的能力而言，初期较大，逐渐变小趋于一个定值。降雨初期，由于表土干燥，毛细负压很大，毛细负压与重力共同使水下渗，此时包气带的入渗能力很强。随着降雨延续，湿锋面推进到地下一定深度，相对于重力水力梯度

（I=1），毛细水力梯度逐渐变小，入渗速率逐渐趋于某一定值。在降雨强度超过地表入渗能力时，便将产生地表坡流。

活塞式下渗是在理想的均质土中室内试验得出的。实际上，从微观的角度看，并不存在均质土。尤其是黏性土，除粒间孔隙与颗粒集合体内和颗粒集合体间的孔隙外，还存在根孔、虫孔与裂缝等大的孔隙通道。在黏性土中，捷径式入渗往往十分普遍。

捷径式下渗与活塞式下渗比较，主要有两点不同：

（1）活塞式下渗是"年龄较新"的水推动其下"年龄较老"的水，始终是"老"水先到达含水层；捷径式下渗时"新"水可以超前于"老"水达到含水层；

（2）对于捷径式下渗，入渗水不必全部补充包气带水分亏缺，即可下渗补给含水层。这两点对于分析污染物质在包气带的运移很有意义。

我们认为，在砂砾质土中主要为活塞式下渗，而在黏性土中则活塞式与捷径式下渗同时发生。

2. 影响降水补给的因素

影响降水补给的因素有降水性质、包气带的岩性与厚度、地形、植被等都影响大气降水对含水层的补给。

落到地面的降雨，归根结底有三个去向：转化为地表径流、腾发返回大气圈、下渗补给含水层。地面吸收降水的能力是有限的，强度超过入渗能力的那部分降雨便转化为地表径流。

渗入地面以下的水，不等于补给含水层的水。其中相当一部分将滞留于包气带中构成土壤水，通过土面蒸发与叶面蒸腾的方式从包气带水直接转化为大气水。以土壤水形式滞留于包气带并最终返回大气圈的水量相当大。我国华北平原总降水量有70%以上转化为土壤水。

土壤水的消耗（干旱季节以及雨季间歇期的蒸发与蒸腾）造成土壤水分亏缺，而降水必须补足全部水分亏缺（在捷径式下渗情况下降水必须补足水分亏缺的大部分）后方能补给地下水。由此可见，雨季滞留于包气带的那部分水量，相当于全年支持毛细带以上包气带水的蒸发蒸腾量。

入渗水补足水分亏缺后，其余部分继续下渗，达到含水层时，构成地下水的补给。因此，平原地区降水入渗补给地下水水量为：

$$q_x = X - D - \Delta S$$

式中：q_x ——降水入渗补给含水层的量；

　　　X ——年总降水量；

D——地表径流里；

ΔS——包气带水分滞留量，即水分亏缺。

以上各项均以水柱的毫米数表示。

令$q_x/x=a$，a称为降水入渗系数，即每年总降水量补给地下水的份额，常以小数表示。a通常变化于0.2 ~ 0.5国南玉岩溶地区a可高达0.8以上，西北极端干旱的间盆地则趋于零。

由于降水量中相当一部分要补足水分亏缺，因此年降水量过小时，能够补给地下水的有效降水量就很小；年降水量大则有利于补给地下水，a值较大。参见图14-2，该图中当潜水埋深为2.5m时，年降水量中约有350mm为无效降水量。

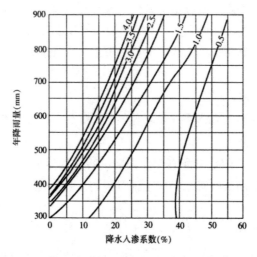

图14-2 降水入渗系数与年降水量、潜水埋深关系曲线

降水特征也影响a值的大小。间歇性的小雨很可能只湿润土壤表层而经由蒸发及蒸腾返回大气，不构成地下水的有效补给。过分集中的暴雨则又可能因降水强度超过地面入渗能力而部分转化为地表径流，使a值偏低。过地面入渗塵垄连细雨最有利于地下水的补给。

包气带渗透性好，有利于降水入渗补给。包气带厚度过大（潜水埋深过大），则包气带滞留的水分也大，不利于地下水的补给。但潜水埋藏过浅，毛细饱和带达到地面，也不利于降水入渗。当降水强度超过地面入渗速率时，地形坡度大会使地表坡流迅速流走，使地表径流增加。平缓与局部低洼的地势，有利于滞积表流，增加降水入渗的份额。

森林、草地可滞留地表坡流与保护土壤结构，这方面有利于降水入渗。但是浓密的植被，尤其是农作物，以蒸腾方式强烈消耗包气水，造成大量水分亏缺。尤其在气候干旱的地区，农作物复种指数的提高，会使降水补给地下水的份额明显降低。

我们应当注意，影响降水入渗补给地下水的因素是相互制约、互为条件的整体，不能孤立地割裂开来加以分析。例如，强烈岩溶化地区，即使地形陡峻，地下水位埋深达数百米，由于包气带渗透性极强，连续集中的暴雨也可以全部吸收，有时a值可达70% ~ 90%。又如，地下水位埋深较大的平原、盆地，经过长期干旱后，一般强度的降水不足以补偿水分亏缺。这时候，集中的暴雨反而可成为地下水的有效补给来源。

所有上述因素中，经常起主要作用的是降水量和包气带的岩性与厚度。

二、地表水的补给

地表水体包括河流、湖泊、海洋、水库等，都可补给地下水，现以河流为例进行分析。一般山地河流、河谷深切，河流水位常低于地下水位，故河流排泄地下水。

山前地带，河流堆积，地面高程较大，河流水位常高于地下水位，故河水补给地下水。大型河流的中下游，常由于河床堆积成为地上河（黄河），也是河水补给地下水。

河流与地下水之间的补给，取决于河流水位与地下水位的关系，这种关系沿着河流纵断面有所变化（图14-3）。山区河流深切，河流水位常年低于地下水位，起排泄地下水的作用［图14-3（a）］。进入山前，堆积作用加强，河床位置抬高，而地下水埋藏深度大，故河水经常补给地下水［图14-3（b）］。冲积平原上部，河水位与地下水位接近，汛期河水补给地下水，非汛期地下水补给河水［图14-3（c）］。到了冲积平原中下部，由于强烈的堆积，多形成所谓"地上河"，因此河水多半补给地下水［图14-3（d）］。

河流补给地下水时，补给量的大小取决于下列因素：河床的透水性、河流与地下水有联系部分的长度及河床湿周（浸水周界）、河水位与地下水位的高差、以及河床过水时间的长短。

河床透水性对补给地下水影响很大。岩溶发育地区往往整条河流转入地下。由卵砾石组成的山前洪积扇上缘，地表水呈辐射状散流，渗漏量相当大。当河床与下伏含水层之间存在隔水层时，尽管河水很多，对地下水的补给却很少。河道越是宽广，河水位越高，河床湿周便越长，越有利于补给地下水。

我国北方的河流大多是间歇性的，每年仅在一两个月的汛期中有水。汛前，河床以下的包气带含水不足，初汛来临，河水浸湿包气带，并垂直下渗；开始，河水与地下水并不相连，下渗水及地下水面凸起［图14-4（a）］。随着地下水面抬高，地表水与地下水连成一体，被抬高的地下水面向外扩展，河水渗漏量变小［图14-4（b）］。河水撤走后，地下水位趋平，使一定范围内地下水位普遍抬高［图14-4（c）］。应当注意，河水的渗漏量有一部分是消耗于补充包气带温度的r河流过水时间不长，且河床由细粒物质组成时，这部分水可占相当大的比例。这种情况下，不能简单地把河水渗漏量当作补给地下水的量。

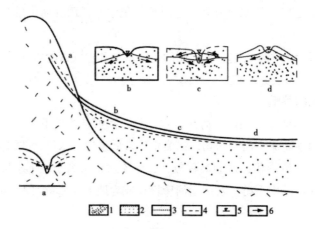

图14-3　地表水与地下水的补给关系

1—基岩；2—松散沉积物；3—地表水水位（纵剖面中）；
4—地下水位；5—地表水位（横剖面中）；6—补给方向

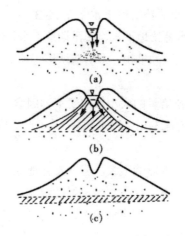

图14-4　河水补给引起地下水位抬高

1—原地下水位；2—抬高后地下水位；
3—地下水抬高部分；4—河水位；5—补给方向

地表水对地下水的补给，与大气降水不同：后者是面状补给，普遍而均匀；前者是线状补给，局限于地表水体的周边。地表水体附近的地下水，既接受降水补给，又接受地表水的补给，经开采后与地表水的高差加大，可使地下水得到更多的增补。因此，一般说来，河流附近的地下水比较丰富。

干旱地区的平原或盆地，降水稀少，对地下水补给往往微不足道。在这里，发源于山区的河流，或者由于高山冰雪融化，或者由于高山降水，水量比较充沛，因此常成为地下水主要的甚至是唯一的补给来源。如河西走廊的武威地区，地下水补给量的99%来自河水渗漏。

潜水和承压水含水层，接受降水及地表水补给的条件不同。潜水在整个含水层分布面积上都能直接接受补给，而承压水仅在含水层出露于地表或与地表连通处方能获得补给。因此，地质构造与地形的配合关系，对承压含水层的补给影响极大。含水层出露于地形高处，充其量只能得到出露范围（补给区）大气降水的补给［图14-5（a）］；出露于低处，则整个汇水范围内的降水都有可能汇集补充［图14-5（b）］。切穿承压含水层隔水顶板的导水断层，在有利的地形条件下，也能将大范围内的降水引入含水层［图14-5（c）］。汇水区的大小也影响潜水含水层接受补给［图14-5（d）］。

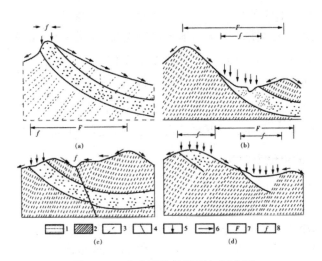

图14-5 含水层的补给区与汇水区

1—透水层；2—隔水层；3—断层；4—导水断层；5—降水；

6—地表径流方向；7—补给区；8—汇水区

三、大气降水及地表水补给地下水的水量确定

确定大气降水及地表水补给地下水的量，目前采用的方法，有的较为精确，但是比较繁杂，不易做到；有的较为简捷，但精度较差。在此主要介绍较为易行的几种方法。

一般，平原地区分别求降水及地表水对地下水的补给量，山区则统一求算。

1. 平原地区降水入渗量的确定

专门装备的地学渗透仪可用于测定降水入渗。根据所研究地区的情况，可在不同器皿中配置不同的包气带岩性剖面，并人为控制地下水位埋深，以便测得不同情况下的降水入渗量。还可以通过观察天然的地下水位变化幅度求降水入渗量。在不受开采及地表水影响、地下适流微弱的地方，选择包气带岩性及地下水位埋深有代表的地段，布置观测井，观测降水期间地下水位抬升值$\triangle h$，测定水位变幅带的给水度（饱和差）u。则降水入渗量$Q_x = u \cdot \triangle h \cdot F$，式中F为观测井所代表的地段的面积。

上述直接测定法比较精确，但工作量比较大，观测结果仅能说明观测年份的降水入渗量。因此，常依据实测资料计算降水入渗系数，利用已知关系外推。

降水入渗系数a是一年内降水入渗值q_x与降水量x的比值，即$a = (q_x/x)$，式中q_x及x均以水柱高度毫米数表示，故a是无名小数（或百分数）。

地中渗透仪可直接测得q_x，根据地下水位变幅$\triangle h$求q_x时，$q_x = u \cdot \triangle h$。利用不同年份的降水量（$x_1$，$x_2$，$x_3$……$x_n$）及降水入渗值$q_{x1}$，$q_{x2}$，$q_{x3}$……$q_{xn}$），可求得相应降水入渗系数a1，a2，a3……a4。得到x与a的关系曲线（图14-2）。此关系可应用于条件相近的地区，如某区多年平均降水量为$\bar{x}$，从曲线上可查得相应降水入渗系数$\bar{a}$，则多年平均降水补给地下水量为：$\bar{Q_x} = \bar{x} \cdot \bar{a} \cdot F \cdot 10^3$。式中F是面积，单位为平方公里，$\bar{Q_x}$的单位为立方米。

2. 平原地区地表水渗漏量的确定

最简单的情况下，可通过实测河流流量变化来确定。在预计河流发生渗漏的上下游各测一断面流量，分别为Q_1及Q_2，则地表水渗漏量$Q_d = Q_1 - Q_2$，此即为地表水补给地下水量。如涉及间歇性洪水，则消耗于包气带的水量占相当比例，误差较大。

为精确地测定地表水对地下水的补给量，可在垂直河流一侧打一排观测孔进行观测。补给量由两部分组成，一部分表现为地下水位抬升，即$q_1 = u \cdot \triangle h$；另一部分系地下径流量，即$q_2 = K\omega I$。总的地表水入渗补给量$Q_d = (q_1 + q_2) \cdot 2l$，式中l是渗漏河段长度。由于费工费事，此法一般很少采用。

3. 山区降水及河水入渗量的确定

大气水、地表水、地下水三者经常转换，单独求算大气降水入渗量，因地形和岩性复杂而难以实现。一般山区地下水埋深较大，蒸发作用可以忽略，故常依测得某一流域的地下水排泄量来代替大气降水入渗量。

（1）若该山地没有河水外排，只有泉或泉群排泄地下水，即可用所有泉水流量之和作为地下水的排泄量，即大气降水入渗补给地下水的量。

（2）干旱季节，常年流水河中没有地表径流注入，则河流中的流量皆由地下水提供，称之为基流量。该基流量就是流域内地下水的排泄量。即干旱季节河流的基流量就是大气降水入渗补给地下水的量（基流量可由测流法获得）。

（3）当流域内地下水分散排泄时，由于排泄点甚多，测起来很困难，则可用分割河水流量过程线的方法求得全年地下水的排泄量，以此代表大气降水补给地下水的量。其中最简单的方法是：流量过程线的直线分割法。具体方法如下：

在控制研究区域的河流断面上，定期测定河流流量，即可作出全年流量过程线，即流量随时间的变化曲线。

从流量过程线的起涨点A引水平线交退水段的B点，则AB线与时间轴所围定的部分就相当于地下水的排泄量，即剔除了由洪水期地表径流流入河中的水量，剩下的就是由地下水提供的基流量（大气降水入渗补给量，即$Q_基=Q_补$）。

山区的大气降水入渗系数是全年降水及地表水入渗总量与降水量的比值：

$$a = \frac{Q}{F \cdot x \cdot 1000}$$

式中：Q——大气降水及地表水入渗总量，可用全年泉水量或地下水泄流量代表（m^3）；

F——大气降水汇水面积（km^2）；

x——年降水量（mm）。

全区测定不方便时，可选择有代表性的地段，测得相应的Q、F、x值。然后再用a值，及全区的F、x值，反求全区的Q值，即$Q=x \cdot a \cdot F \cdot 1000$。

四、凝结水的补给

在某些地方，水汽的凝结对地下水补给有一定意义。

单位体积空气中实际所包含的气态水量叫作空气的绝对湿度，以g/m^3为单位。某一温度下，空气中可能容纳的最大的气态水量，称作饱和湿度，也以g/m^3为单位。饱和湿度是随温度而变的，温度越高，空气中所能容纳的气态水越多，饱和湿度便越大。

温度降低时，饱和湿度随之降低，温度降到一定程度，空气中的绝对湿度与饱和湿度相等，温度继续下降，超过饱和湿度的那一部分水汽便将凝结成水。这种由气态水转化为液态水的过程称作凝结作用。

夏季的白天，大气和土壤都吸热增温；到夜晚，土壤散热快而大气散热慢。地温降到一定程度，在土壤孔隙中水汽达到饱和，凝结成水滴，绝对湿度随之降低。由于此时气温较高，地面大气的绝对湿度较土中为大，水汽由大气向土壤孔隙运动。如此不断补充，不断凝结，当形成足够的液滴状水时，便下渗补给地下水。

一般情况下，凝结形成的水相当有限。但是，高山、沙漠等昼夜温差大的地方（撒哈拉大沙漠昼夜温差大于（50℃），凝结作用对地下水补给的作用不能忽视。据报道，我国内蒙古沙漠地带，在风成细沙中不同深度均有水汽凝结。

五、含水层之间的补给

在松散沉积物中，黏性土层构成半含水半隔水层。一方面含水层之间可通过黏性土层中的"天窗"发生联系。例如，冲积物中前后两期古河道叠置的地方，就可以构成这种天窗（图14-6）。即使没有"天窗"，当上下含水层有足够的水头差时，水头高的含水层可以通过半隔水层越流补给水头较低的一层（14-6）。当然，半隔水层越薄，隔水性能越弱，两层水头差越大，则越流补给量便越大。单位面积上的越流补给量是比较小的，但是由于其补给面积很大，因此总量是相当可观的。

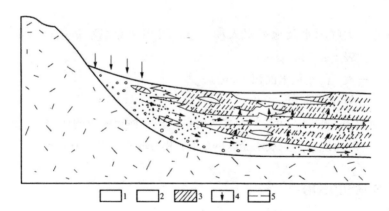

图14-6　松散沉积物中含水层间通过"天窗"及越流渗透发生水力联系
1—基岩；2—砂砾含水层；3—半含水半隔水层；4—降水补给；5—地下水流向

基岩构成的隔水层也可能有天窗。但在一般情况下，基岩隔水层比较稳定，隔水性能较好。因此，切穿隔水层的导水断层，往往是其主要补给通路（图14-7）。断层的导水能力越强（透水性好、宽度大、延伸远），含水层之间水头差越大，而距离越近，则补给量越大。

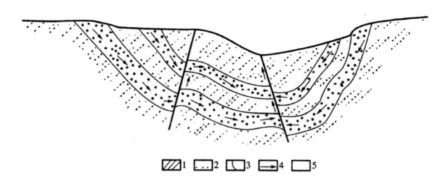

图14-7　含水层之间通过断层发生水力联系
1—隔水层；2—含水层；3—导水断层；4—地下水流向；5—泉

穿过数个含水层的采水孔，可以人为地使水头较高的含水层补给水头较低的一层。分层开采的钻孔，如果止水不良，也会使含水层发生水力联系。承压水与潜水之间也会互相产生补给。相邻含水层通过其间的弱透水层发生水量交换，称作越流。越流经常发生于松散沉积物中，黏性土层构成弱透水层。越流补给量的大小，也可用达西定律进行分析。相邻含水层之间水头差越大，弱透水层厚度越小而其垂向透水性越好，则单位面积越流量便越大。

传统上人们把隔水层绝对化，看作完全不透水的，直到21世纪40年代越流现象才被认识。但是，越流概念提出之后，人们仍然倾向于低估越流量。其实，尽管弱透水层的垂向渗透系数相当小（可能比含水层小若干数量级），但是，由于驱动越流的水力梯度往往比水平流动的大上2～3个数量级，产生越流的面积（全部弱透水层分布范围）更比含水层的过水断面大得多，对于松散沉积物构成的含水系统，越流补给量往往会大于含水层侧向流入量。对于松散沉积物中地下水水量与水质的形成，忽略越流往往无法正确加以解释。但是，迄今为止，对于越流现象的普遍性，对于越流的意义，仍然缺乏足够的认识。

查明含水层之间的补给关系及其联系程度是很有实际意义的。为供水目的利用某一含水层时，如果该含水层从其他含水层获得补给，则可开采利用的水量将有所增加。对此含水层排水时，如果不考虑这种联系，可能作出错误的排水设计，达不到预期的排水效果。

六、地下水的其他补给来源

除了上述补给来源，地下水还可从人类无意与有意的某些活动中得到补给。

地下水的其他补给来源，包括灌溉水、工业及生活废水的补给，以及专门的人工补给等。实际上，这些都属于人工补给，只不过前两者本意并不在于补充含水层的水量而已。

利用地表水灌溉农田时，渠道渗漏及田面渗漏常使浅层地下水获得大量补给。灌溉渠道的渗漏与地表水补给相似，为线状补给；由于灌渠比河道密集得多，有时还采用半填半挖的地上渠自流灌溉，因此渗漏的比例相当大。进入田间的水量与渠道总输水量的比值称作渠系水有效利用系数，以小数表示。大型的灌溉系统，渠系水有效利用系数为 0.4 ~ 0.6，即输水损失将近一半。输水损失部分，除了蒸发消耗及湿润包气带损耗的水量，其余部分均补给地下水。

灌水田间渗漏，近似大气降水的补给，属面状补给。随着耕作情况，亩次灌水量（灌水定额）及灌水方式不同，渗漏水量很不相同。喷灌亩次灌水量不到20方，灌水几乎全部保持于耕层中，不发生向深部的渗漏。小畦灌溉亩次灌水量30方左右，渗漏补给地下的水量也不大。在不平整的四面上进行淹灌，亩次灌水量最大可达80 ~ 100方，渗漏补给地下水的量就相当可观了。习惯上将渗漏补给地下水的那部分灌溉水称作灌溉回归水。地表水灌溉地区，如同时开发潜水作为灌溉水源，则灌溉回归水是属于可回收的增补地下水资源。否则，则可能引起地下水位逐年上升，导致土壤次生的沼泽化或盐渍化。

补给过程中，地下水在获得水量的同时，也相应地获得盐分，从而使其水质发生变化。一般情况下，大气降水、河水、水库的水总要比同一地区地下水含盐量低。因此，这类水的补给通常起着淡化、改善水质的作用。干旱地区的潜水处于不断盐化的过程中，只有经常能获得淡水的地方，潜水才是淡的。在这里，寻找淡水的关键是分析补给条件。河流两侧、间歇性集水洼地、灌溉渠道两侧，往往是淡的潜水分布的部位。在含水层水质不良时（含盐量过高或轻度受污染时），可以通过人为增加淡水补给以改善水质。

第二节　地下水的排泄

含水层失去水量的作用过程称作排泄。在排泄过程中，含水层的水质也发生相应变化。研究含水层的排泄应包括排泄去路及方式、影响排泄的因素及排泄量。地下水通过泉（点状排泄）向河流泄流（线状排泄）及蒸发（面状排泄）等形式向外界排泄。此外，一个含水层中的水可向另一个含水层排泄。此时，对后者来说，即是从前者获得补给。用井开发地下水或用钻孔、渠道排除地下水，都属于地下水的人工排泄。

蒸发排泄仅耗失水量，盐分仍留在地下水中。其他种类的排泄，都属于径流排泄，盐分随同水分同时排走。过去曾经把蒸发排泄称作垂直排泄，而将其他种类的排泄称为水平排泄。这种划分并不恰当，因为含水层的越流排泄也是垂直进行的。

一、泉

在地形面与含水层或含水通道相交点，地下水出露成泉。山区及丘陵的沟谷与坡脚，常常可以见到泉，而在平原地区很少有。

按照补给泉的含水层的性质，可将泉分为上升泉及下降泉两大类。上升泉由承压含水层补给，水流在压力作用下呈上升运动。下降泉由潜水或上层滞水补给，水流作下降运动。必须仔细分析补给泉的含水层加以判断，仅仅根据泉口附近水是否冒涌来判断是上升泉或下降泉，那是不合适的。当潜水受阻溢流于地表时，泉口附近的水流也可局部地显示上升运动；反之，通过松散覆盖物出露的上升泉，泉口附近的水流也可能是呈下降运动的。

根据出露原因，下降泉可分为侵蚀泉、接触泉与溢流泉。沟谷切割揭露潜水含水层时，形成侵蚀（下降）泉。地形切割达到含水层隔水底板时，地下水被迫从两层接触处出露成泉，这便是接触泉。大的沿坡体前线常有泉出露，这是由于滑坡体本身岩体破碎、透水性良好，而滑坡床相对隔水，实质上也是一种接触泉。当潜水流前方透水性急剧变弱或由于隔水底板隆起，潜水流动受阻而涌溢于地表成泉，这便是溢流泉。

上升泉按其出露原因可分为侵蚀（上升）泉、断层泉及接触带泉。当河流、冲沟等切穿了承压含水层的隔水顶板时，形成侵蚀（上升）泉。地下水沿导水断层上升，在地面高程低于测压水位处，涌溢地表，便成为断层泉。在岩脉或侵入体与围岩接触带，常因冷凝收缩而产生隙缝，地下水沿此类接触带上升成泉，就叫作接触带泉。

在地形、地质、水文地质条件十分巧妙地配合下，才可能出现成群的大泉。举世闻名的泉城济南，在 $2.6km^2$ 范围内出露106个泉，其总涌水量最大时达到 $5m^3/s$。济南市向南，为寒武奥陶系构成的单斜山区，地形与构造均向济南市方向倾落，市区北侧为闪长岩及辉长岩侵入体，奥陶纪灰岩呈舌状为闪长岩及辉长岩所包围。透水性良好的灰岩接受大范围降水的补给，丰富的地下水汇流于济南市的东南，受到岩浆岩组成的口袋状"地下堤坝"的阻挡，被迫出露，有的从接触带灰岩中溢出，有的经岩浆岩体的裂隙上升，通过厚近20m的松散覆盖层，出露成为大小泉群，造成"家家泉水"的奇观。

泉是地下水的天然露头。与地貌、地质条件结合起来，仔细地研究泉，对于山区水文地质调查有着头等重要的意义。

确定岩层含水性，是水文地质调查的一项基本任务。山区通过研究泉在地层中的出露情况及其涌水量，可以很好地说明问题。现以图14-8为例说明。

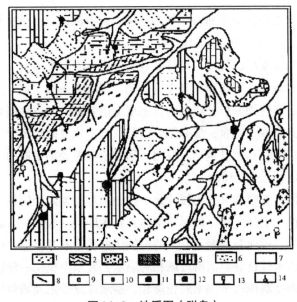

图14-8　地质图（附泉）

在具有构造裂隙与风化裂隙的古老片麻岩及燕山期花岗岩中，泉的数量虽多但涌水量却都小于1l/s，说明这两者是弱含水层（体），而在深部，随着风化裂隙减少及构造裂隙闭合，很可能成为实际不透水的岩层。下寒武统为厚层页岩夹薄层砂岩，只在断层带有个别小泉，结合岩性可判断本层为隔水层，断层带局部可能导水。中寒武统为鲕状灰岩，出露泉虽不多，但泉涌水量可达1～10l/s，说明是较好的含水层。上寒武统仅出现个别小泉，结合其岩性，基本上可看作隔水层。奥陶纪纯质厚层灰岩分布区，有几个值得注意的现象：一是地表水系不发育；二是泉的数量不多但涌水量大；三是泉水多出露于本层与其他地层接触带。这说明奥陶纪灰岩是本区透水性最强的含水层。从图上还可看出，断层的某些部位显然是导水的，地下水由深部上升形成温泉。有一个温泉出露于第四纪沉积物中，根据其水温判断，它是由下部隐伏断层补给的上升泉。图的右下角，在片麻岩与花岗岩接触带，有一个上升泉，说明接触带某些部分是张开的。通过研究泉水的化学成分与气体成分，可以了解补给泉的那个含水层的化学特征。访问了解泉的动态，对于分析地下水形成很有意义。例如，山东其一矿区发生淹矿事故时，沿断层带一二十公里远的泉一时间相继消失，由此可以判断矿坑涌水的来源。

泉直接从基岩出露时，仔细观测出露口，可以弄清不同成因类型裂隙的导水程度。第四纪沉积厚度不大时，可通过泉的分布判断被掩盖的地层界线与构造线。

二、泄流

地下水也可以泄流方式线状排入河流。地下水位与河水位的高差越大，含水层透水性越好，河床断面揭露的含水层的面积越大，则泄流量也越大。由于泄流不像泉那么集中，因此地下泄流量不好直接测定。

在河流上设立水文站，按一定时间间隔测定河水流量，便可得到流量过程线。常年有水的河流，其流量由两部分组成：一部分是洪峰，是流域内降水汇聚形成；另一部分是基流，系地下水补给形成的。因此，通过分割流量过程线，可以求得地下水泄流量。

最简单的分割如图14-9。在流量过程线上，找到起涨前流量稳定的A点，以及退水后流量趋于稳定的B点，AB连线，其以下部分即为地下水泄流量。但是，这种直线分割法不能完全反映真实情况。当潜水与河水无直接水力联系时，降雨以后，随着降雨入渗，潜水位抬高，实际泄流量将大于图上分割量。当潜水与河水有直接水力联系时，降雨后河水位抬高，使地下水泄流量减少，甚至发生反补给，按直线分割的地下泄流量将偏大。实际上，只有当基流由承压水补给时，直线分割法才是合适的。当然，精度要求不高时，也可利用它大略估计地下水泄流量。

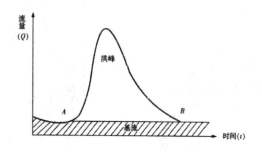

图14-9　流量过程线的直线分割法

　　潜水与河水无直接水力联系时，可利用标准退水曲线分割流量过程线。一次洪水过程线可划分为涨水段、峰段及退水段三部分。退水初期，流量由上游河网蓄水消退、潜水消退及承压水补给所构成，而以河网蓄水消退为主；到后期，则完全由地下水泄流所组成；完全由地下水泄流组成的退水曲线即称作标准退水曲线。

　　用作图法求标准退水曲线时，可选取若干个流量过程线的退水段，采用同一纵横比例尺，横轴重合，左右移动，使退水曲线尾部达到最大重合，作下包线，即得标准退水曲线（图14-10）。使标准退水曲线与流量过程线重合，从起涨点A沿标准退水曲线延伸到C（图14-11），同样，将退水段由B点向前推到D，ABCD连线下的阴线部分即为地下水泄流量。

　　河水与潜水有直接水力联系时，则用库捷林法分割流量过程线（图14-12）。洪峰时期河水位抬高，可近似地认为地下水泄流量等于零。但是，在起涨点A以前已流入河中的地下水不可能立即流出出口断面。假定流域上游最远点流到出口断面需

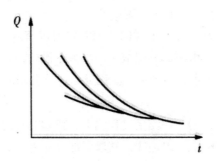

图14-10　作图法求标准退水曲线

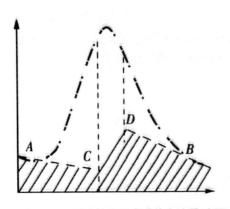

图14-11　利用标准退水曲线在流量过程
中分割地下水泄流量

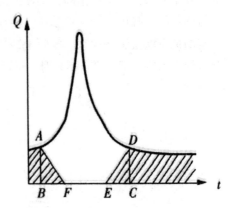

图14-12　用库捷林法公流量过程
线上分割地下水泄流量

经过BF时段（等于由上游最远点到本出口断面的距离除以洪峰移动速度），则AF即为地下泄流实际退水线。I为退水点，即此点向右全部流量由地下水补给，而在EC时段前，上游最远点已开始接受地下水补给。因此，经分割后，阴影部分即为地下水泄流量。

三、蒸发

地下水的蒸发排泄包括土面蒸发及叶面蒸发两种。

1. 土面蒸发

地下水沿潜水面上的毛细孔隙上升，形成一个毛细水带，当潜水埋藏不很深时，毛细水带上缘离地面较近；大气相对湿度较低时，毛细弯液面上的水不断由液态转为气态，逸入大气，潜水则源源不断通过毛细作用上升补给，使蒸发不断进行。水分蒸发的结果，使盐分滞留浓集于毛细带的上缘。降雨时，部分盐分淋溶重新进入潜水。因此，强烈的蒸发排泄将使土壤及地下水不断盐化。

影响土面蒸发的主要因素是气候、潜水埋藏深度及包气带岩性。

气候越干燥，相对湿度越小，土面蒸发便越强烈。如我国西北地区的山间盆地，相对湿度经常小于50%，潜水矿化度可达100g/L以上；而相对湿度达80%以上的川西平原，虽然潜水埋藏很浅，但矿化度还不到0.5g/L。

潜水埋深对土面蒸发的影响可用图14-13说明。该曲线是用控制水位埋深的土面蒸发器皿观测结果编成。埋深越浅，土面蒸发越大。根据曲线估计，河北石家庄地区埋深大于5m时，潜水蒸发即趋近于零。但在干燥炎热的气候下，潜水埋深为十几米或更大时，蒸发仍相当显著。

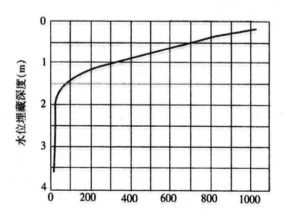

图14-13　潜水土面蒸发量与水位埋深关系曲线

包气带岩性主要通过其对毛细上升高度与速度的控制作用而影响潜水蒸发。粗粒的砂毛细上升高度小，亚黏土、黏土中毛细上升速度慢（按照另一种看法，后一类土中主要是结合水的薄膜状运动，上升速度当然就更缓慢了）都不利于土面蒸发；亚砂土、粉土等组成包气带时，由于毛细上升高度大，可产生较大的水力坡度，而其渗透系数又有一定数值，故其毛细上升速度最大，土面蒸发最为强烈。

2. 叶面蒸发

植物在生长过程中，经由根系吸收水分，并通过叶面蒸发逸失。叶面蒸发也称作蒸腾。

通过盆栽试验（把植株根部插在有水的器皿内，皿口盖住，以防水面蒸发，并观察由于叶面蒸发引起的水位降低），可以确定作物的蒸腾量。根据前苏联及美国学者的试验，每生成单位重量小麦籽粒，需要消耗1200 ~ 1300倍的水量。植被繁茂的土壤全年的蒸发量约为裸露土壤的两倍，个别情况下甚至超过露天水面蒸发量。前苏联中亚西亚林区，在整个生长期，林木的蒸腾量可达630 ~ 840mm。对德意志联邦共和国进行水均衡计算，发现蒸腾量竟占总蒸发量的75%，年平均达377.53mm。

叶面蒸发只消耗水分而不带走盐类。植物根系吸收水分时，也吸收一部分溶解盐类，但是，只有喜盐植物才能吸收较大量的盐分。

成年树木的耗水能力相当大。一棵15年的柳树每年可消耗90m³以上的水。前苏联饥饿草原、灌渠林带排水影响范围可达200m，潜水位下降最多达1.6m。因此，可在渠边植树代替截渗沟，以消除由于地下水位上升而引起的土壤次生盐渍化。

四、土壤沼泽化与盐渍化

1. 土壤的沼泽化

土壤长期处于过湿状态，以致地表滞水，植物遗体因氧化不完全而形成泥炭层堆积下来，便形成沼泽。土壤经常处于过湿状态而未发育泥炭层的，则称为沼泽化地段。

沼泽或沼泽化地段，不利于建筑道路和房屋，在未进行治理前，也不宜于农业垦植。

在特定的自然地理、地质、水文地质条件下，土壤及地表水分滞积，才形成沼泽或湿地。按补给水源，可以区分为主要由大气降水补给的、主要由地表水补给的、主要由地下水补给的以及混合补给的沼泽四种。主要由大气降水补给的沼泽，通常分布于位置较高的河间地带，由于表土透水性不好（如黏土、亚黏土），地形为封闭或半封闭的洼地，有较充足的降水补给时，土壤中水分滞留而形成沼泽。

地势低洼，或地下水流动受阻，潜水面接近地表的地方，可形成潜水补给的沼泽。河流中下游的宽缓河谷，冲积平原下游的河间地带，滨湖、滨海地区，冲洪积扇溢出带的沼泽多属此类。

不少沼泽接受各种水源的混合补给。例如，河谷地带的沼泽，除常年接受地下水补给外，汛期还从河水泛滥获得补给。

三江平原是我国沼泽最发育的地区之一。这里年降水量为500～600mm。在近期以沉降为主的新构造运动控制下，形成了许多洼地；平原浅部普遍覆盖一层亚黏土及黏土，地下水埋藏不深，并发育有多年冻土；因此，水分入溶与径流的条件都很差。地势较高的地带及一级阶地上，多发育大气降水补给为主的沼泽，河谷地带则为地下水及地表水共同补给的沼泽，另外有一些地方，潜水面上的毛细带接近地表，土壤含水过多，在降水及地表水补给下，很容易形成沼泽。

在平原地带由于修建水库及灌溉水的渗漏，都可能导致土壤过湿，引起次生沼泽化。治理沼泽的关键是排水，除了地表水，往往还需要排除潜水甚至承压水。

2. 土壤的盐渍化

在比较干旱的气候条件下，由细粒土组成的平原、盆地中，埋藏不深的潜水强烈蒸发，盐分累积于土族，便导致土族的盐渍化。耕层累盐达到一定程度（0.2～0.3g/100g土），作物生长明显受到抑制，重盐渍土上甚至寸草不生。

天然条件下，土壤盐分的运移存在着方向相反的两个过程：一个是积盐过程，地下水通过毛细上升蒸发，盐分累积于土壤层中；另一个是脱盐过程，水分通过包气带下渗，将土壤中的盐分溶解并淋洗到地下水中排走。

干旱的气候有利于积盐而不利于脱盐，湿润气候则相反。但在气候干旱的平原并非到处都发育盐渍土，潜水埋深较大、岩性较粗、地下径流较强的地方，以及经常汇水的低地，往往不发生或只发生轻微的盐渍化。因为这些地段或者不利于土壤积盐作用，或者有利于土壤脱盐。但如果出于灌溉、修建水库等原因使潜水位上升，则将加强积盐作用，而引起次生盐渍化。为了防治土壤盐渍化，应采取排水措施，降低地下水位，同时冲洗土壤，以减弱土壤积盐过程，加强脱盐过程。

五、人工排泄

在人类经济工程活动频繁的地区，人工开采地下水（供水、排水）往往成为地下水最主要的排泄方式。水资源危机和水环境问题多与人类过度开采地下水活动有关。

第三节 地下水的径流

地下水由补给区流向排泄区的作用过程称作径流。除某些构造封闭的自流水盆地及地势十分平坦地区的潜水外，地下水都处于不断的径流过程中。径流是联结补给与排泄的中间环节，通过径流，地下水的水量与盐量由补给区传送到排泄区；径流的强弱影响着含水层水量与水质的形成过程。研究地下水的径流应包括径流方向、径流强度、径流量等。

一、径流方向

在最简单的情况下，含水层自一个集中的补给区流向集中的排泄区，具有单一径流方向。实际上含水层大多具有较复杂的径流。以冲积平原中下游的潜水为例，在总的地势控制下，地下水总体上向下游方向运动，同时受局部地形的控制，从地形较高的地上河河道流向河间洼地（图14-13）。相应地，在这两个方向上都可观察到地下水矿化度沿径流方向增长、水型按一定序列变化。冲积平原深部的承压水，除由山前补给区向远山方向沿着含水层水平径流外，还有穿越含水层的垂直"径流"。后一种径流，既有纵向的，也有横向的。

地下水在补给区获得水量补给之后，通过径流到排泄区排泄。所以，地下水总的径流方向是由补给区指向排泄区（由源指向汇）。但在某些局部地段，由于地形变化造成局部势源与势汇关系的差异，使得局部地下水径流方向与总体方向不一致。如在地下水的运动那一章河间地块流网图中，补给区分水岭处的地下水，先垂直向下，在排泄区又垂直向上流，中间地带近乎水平运动。再如，从井孔中抽水时，井孔周围的水流都指向井孔，呈向心状径流。又如，河北平原，在总的地势控制下，地下水从地形较高的西部太行山前向东部地势较低的渤海方向流。但在广阔的大平原的某些局部地段，会由于地形、地质—水文地质结构或含水系统的差异，使得地下水在遵循整体东流的基础上而发生变化。在地表河流或古河道裸露区，常常是大气降水补给地下水，水先向下流，然后叠加在东流的地下水流场中。近几十年来，人们用水量大增，某些地段过度开采地下水，形成若干大小不等的地下水降落漏斗，使天然的地下水流场（地下水系统）平衡被打破，为了达到并维持新的平衡，地下水系统的水头重新分布，使河北平原的某些部位的地下水径流方向发生改变，甚至变反。更有甚者会使补给区与排泄区易位。如以沧州市为中心的地下水降漏斗，中心部位水位降低数十米，周围地下水径流便向漏斗中心运动。

关于地下水径流方向问题的思维是："水往低处流"。此处高低内涵有三：

补给区—排泄区：①地形的高低（高处—低处）；②水位（水头）的高低；（高水头—低水头）；③重力势的高低。（高势—低势，势源—势汇）。

在降水入渗之后就自然具有了这种重力势，它随着水的运动克服介质阻力做功消耗而减小，表现为水位（水头）降低。地下水在运动中，由源向汇，近汇者先至，先者径直；远汇者后至，后者径曲。

所以，研究地下水径流方向，应以地下水流网为工具，以重力势场及介质分析为基础，具体问题具体分析。

二、径流强度

含水层的径流强度，可用平均渗透流速来衡量。根据达西定律 $V=KI$，故径流强度与含水层的透水性，与补给区及排泄区之间的水位差成正比，而与补给区到排泄区距离成反比。

对于潜水来说，含水层透水性越好，地形高差越大，切割越强烈，大气降水补给越丰沛，则地下径流越发育。山区地下水的循环属于渗入 径流型（图14 14），长期不断循环的结果，地下水向溶滤淡化方向发展。侵蚀基准面以上，径流最为强烈，向深部，随着径流的途径变长，径流变弱。干旱半干旱地区、地形低平的细土堆积平原，径流很弱。潜水只经过短暂的径流，便就地蒸发排泄了（图14-15）。在这里，地下水属于渗入—蒸发型循环，不断循环的结果就是水向浓缩盐化方向发展。

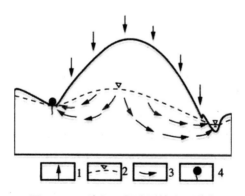

| ↑ 1 | ▽ 2 | → 3 | ● 4 |

图14-14　渗入—径流型的山区潜水

承压含水层的径流强度主要取决于构造开启程度。含水层出露部分越多，透水性越好，补给区到排泄区的距离越短，而两者的水位差越大，则径流强度越大，地下水溶滤淡化的趋势也就越明显。当然，气候越是湿润多雨，则补给区的水位抬高越大，径流强度也就越大。

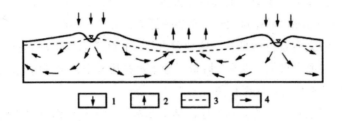

图 14-15 渗入—蒸发型的平原潜水
1—主要入渗补给区；2—主要蒸发排泄区；3—潜水位；4—地下水径流方向

断块构造盆地中的承压含水层，其径流条件取决于断层的导水性。如图 14-16（b）所示，当断层导水时，断层构成排泄通路，地下水由含水层出露地表部分的补给区，流向断层排泄区。当断层阻水时［图 14-16（a）］，排泄区位于含水层出露的地形最低点，与补给区相邻，承压区则在另一侧。此时，地下水沿含水层底侧向下流动，到一定深度后，再反向而上。显然，浅部径流强度大，向深处变弱。相应地，水的矿化度由露头处向下逐渐增大。同一含水层的不同部位，径流强度往往也不相同。例如，冲积平原中同一条古河道，中心砂粒粗，径流较强；边缘砂粒细，径流较弱。再如，裸露厚层灰岩，由于岩溶的差异性发育，形成地下水系与河间地块，不同部位径流强度的差别就更大了。径流强度的不同往往表现为水质的变化；反之，根据水质情况可以分析径流强度。

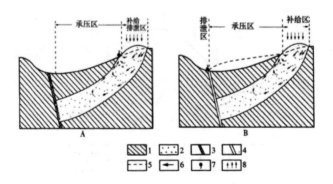

图 14-16 断块构造盆地中的承压含水层
1—隔水层；2—含水层；3—阻水断裂；4—导水断裂；
5—地下水位；6—地下水流向；7—泉；8—大气降水补给

三、地下径流模数

地下径流模数（M_j）表示每平方公里面积上的地下径流量为每秒若干升，单位为 $L/s \cdot km^2$，即：

$$M_j = \frac{Q \times 10^3}{F \times 365 \times 86400}(L/s \cdot km^2)$$

式中，Q 为地下水流量（m^3/a），在山区相当于大气降水及地表水的年补给量（年排泄量），平原中则应利用达西定律求得；F 为含水层分布面积（km^2）。

应当注意，由于不同地区含水层厚度不同，故地下径流模数不能用来衡量、比较地下水的径流强度（地下水径流强度应当用平均渗透流速来衡量），它说明一个地区或一个含水层中以地下径流形式存在的地下水量的大小。

第四节　地下水天然补给量、排泄量与径流量的估算

一、山区地下水天然补给量、排泄量与径流量的估算

天然状态下地下水的补给量、排泄量与径流量之间的关系，在不同条件下是不一样的。

山区的潜水属于渗入—径流型循环，即水量基本上不消耗于蒸发，径流排泄可看作唯一的排泄方式。因此，各种水量的关系为：补给量=径流量=排泄量。由于排泄量较易确定，故可计算排泄量以获知各量。其步骤如下：

（1）如排泄以集中的泉或泉群形式出现，则测定泉的总流量，乘以相应时间，得全年排泄量。

（2）如排泄以向河流泄流形式出现，则通过分割河流流量过程线求得全年排泄量。

（3）查得含水层分布面积，求算地下径流模数或地下水补给模数。

（4）如有必要且资料允许时，可对各个含水层分别计算排泄量，并求分层的地下径流模数或地下水补给模数。

有通向邻区（平原或山间盆地）的隐蔽补给时，应利用专门手段查明，加入上述各项计算中。

二、平原及山间盆地地下水天然补给量、排泄量及径流量的估算

平原地区浅层水（潜水及浅部承压水）与深层承压水的循环型式不同，故应分

别讨论。

1. 浅层水

平原浅层水接受降水及地表水入渗补给，部分消耗于蒸发，部分消耗于径流排泄，为渗入—蒸发、径流型循环。气候干旱，地势低平的地方，径流很弱，为渗入—蒸发型循环。因此：补给量=排泄量；径流量＜补给量（排泄量）。

平原中计算排泄量很困难，故可从计算补给量着手。在忽略深层水越流补给的前提下，可按以下步骤计算：

（1）求降水入渗量。

（2）求地表水入渗量。

（3）上述两项相加即为地下水总补给量。

（4）来自毗邻山区的地下水补给量不应加入，以免与山区计算重复。但如山区地下水不考虑利用，可将该水量加入平原地下水总补给量中。此时应沿山与平原交界线设断面，用达西定律计算流入水量。

（5）求不同地段地下水补给模数。

（6）地下径流量可利用达西定律求潜水流量获得，并据此求算地下径流模数。但应明确，平原地区的地下径流模数不能用来表征补给强度。

2. 深层承压水

平原松散沉积物中的深层承压水，其补给来源有：（1）山前冲洪积平原砾石带潜水的下渗；（2）毗邻山区的侧向补给；（3）来自深部基岩含水层的补给。其中第（1）项是主要的。一般情况下，将平原浅层水的补给量看作包括深层承压水在内的平原地下水总补给量，与实际出入不大。

平原深层承压水的排泄量与补给量相等。天然条件下，一般是由较浅的含水层越流排泄，同时也向下游水平排泄。排泄分散，计算很困难。利用达西定律可以求算某一断面承压含水层的径流量。但应注意，由于越流补给（排泄）的存在，不同断面上的径流量是不等的，越向下游，径流量越小。

三、地下水补给模数

地下水的补给量构成其补给资源。为了定量表示补给资源，对比不同地段的补给强度，可采用地下水补给模数。

地下水补给模数（纸）表示每平方公里含水层分布面积上地下水年补给量为若干万立方米，其单位为 $m^3 \times 10^4 / a \cdot km^2$。即：

$$M_b = \frac{Q}{F \cdot 10^4}$$

式中Q为地下水年补给量（m²/a年），F是含水层分布面积（km²）。在山区，补给模数与地下径流模数（M_j）的换算关系为：

$$M_j = M_j \times \frac{86400 \times 365}{10^3 \times 10^4} = 3.15 M_j$$

地下水补给模数可与地下水开采模数配套使用。所谓开采模数表示每平方公里面积上每年开采的水量为若干万立方米（m³×10⁴/a·km²），用以表征地下水开采强度。补给模数与开采模数同属强度的概念，采用同一单位，可便于比较开采强度是否已达到或超过补给强度。

第五节　地下水补给与排泄对地下水水质的影响

地下水获得矿化度与化学类型不同的补给水，水质也因而发生变化。干旱地区的潜水往往因长期蒸发浓缩而成为高矿化水。在那些经常获得低矿化水补给的地段，如河流沿岸，季节性集水洼地，灌渠两侧等，常可找到适于饮用的淡水透镜体。高矿化水与污染水的补给，则使含水层水质恶化，这多半是在人为影响下发生的。例如，工业废水与生活污水的不合理排放，降水淋滤废料与吸收废气后补给地下水等，过量抽汲滨海地区的或与咸水层有联系的淡水含水层，也可引起海水或咸水补给淡水层水质恶化。

地下水的排泄，根据其对水质影响可分为两大类：一类是径流排泄，包括以泉、泄流等方式的排泄在内，其特点是盐随水走，水量排走的同时也排走盐分；另一类是蒸发排泄，其特点是水走盐留。

将补给、排泄结合起来，我们可以划分为两大类地下水循环：渗入—径流型和渗入—蒸发型。前者，长期循环的结果，使岩土与其中赋存的地下水向溶滤淡化方向发展；后者，长期循环，使补给区的岩土与地下水淡化脱盐，排泄区的地下水盐化，土壤盐渍化。

地下水径流强度、径流量与水质的关系

地下水径流强度——单位时间内通过单位断面的水量。

这个 ω 概念正是地下水渗透速度的定义，即：V=Q/ω，所以地下水径流强度可用渗透速度来表征。由达西定律可知：$V=Q/\omega \ I=K（h/L）$。所以，地下水的径流强度（即渗透速度）与含水层的透水性（K）成正比；与补给区到排泄区的水头差或水位差（h）成正比；与流动距离（L）成反比。

显然，在含透水性强，地形切割强烈高差大，降水充沛的地方，地下水径流强度大，径流量大，水的矿化度低。即水循环交替迅速，水的矿化度较低。反之，径流强度小，水矿化度高。

因此可以说：含水层透水性能的好坏、地形高差大小及切割破碎状况、径流距离等，都影响着地下水径流强度，径流强度又控制着水质变化，因此可将它们称为地下水径流的影响因素或地下水径流条件。

对于承压水来说，那些赋水构造规模小，破坏严重，补给丰富，含水层透水性强，则其径流强度大，水质好（矿化度低）。反之，比较完整的大型盆地，含水性较弱时，地下水径流强度较弱，水质亦较差。

下面两种断块构造盆地承压含水层的径流模式，径流强度受断层导水性控制：

（1）断层带阻水，补给区与排泄区在承压区一侧为同一含水层出露区，排泄点在出露区最低处。大气降水转变为地下水后沿含水层底板向下流动一定深度（不会太大）就向上反出。所以浅部径流强度大，深部变弱；浅部水质好，深部水质差。

（2）断层带透（导）水，在补给区接受水量以后，沿承压含水层流向排泄区，经断层通道上升排泄于地表。其水质和水量与径流强度密切相关。

地下水的径流量，可用达西定律求得。即：$Q=K\omega I$（m^3/s）。如果求算某一时间段的径流量，则再乘以该时间段即可（QT）。

第十五章　地下水的动态与均衡

第一节　基础知识

按照系统学的观念来研究地下水时，含水系统（含水层）在周围环境因素影响下，必将对含水系统内部状态产生变化。这种变化即把含水层看作一个独立的系统，在与环境相互作用下（大气降水，地表水的补给，人工开采或回灌、蒸发、蒸腾等），含水系统（含水层）各要素（水位、水量、水化学成分、水温等）随时间变化称为地下水动态。

含水系统（含水层）各要素之所以随时间发生变化，是含水系统（含水层）水量、盐量、热量、能量收支不平衡的原因。例如，当某个含水层的补给量大于其排泄量时，储水量增加，地下水位上升；反之，地下水位下降。同样，含水层盐量、热量与能量的改变，也会引起地下水质、水温与水位的相应变化。

这样我们可以把某一时间段内某一地段内地下水水量（盐量、热量、能量）的收支状况称为地下水均衡。关于地下水动态与均衡两者关系可以认为是：动态是均衡的外部表现，均衡则是动态的内部原因。目前人们注意的主要是水位动态与水量均衡的研究，而对盐量、热量、能量的动态与均衡的研究还不完善，需要我们水文地质工作者对其理论和方法进一步发展和完善。

第二节　地下水的动态

一、地下水动态的形成

地下水动态是含水系统（含水层）对环境的激励产生的响应，也可以看作为含水系统（含水层），将输入信息变换后产生的输出信息，其关系可以表示如下：

激励→含水系统→响应

输入信息→含水系统→输出信息

让我们分析一下降水对地下水位的影响。例如，在同等降水条件下，我们考察不同的地下水含水系统，从中可以发现地下水位的变化是各不相同的。首先我们看一下裂隙含水系统的变化，当降水一开始，降水很快通过裂隙直达地下水面，水位开始上升，当降水结束时水位达到最高，降水影响便告结束。而孔隙含水系统，当降水一开始，首先要经过包气带，补充包气带水分的亏缺，然后通过大小不同的空隙以不同的速度下渗。当运动最快的水滴到达地下水面时，水位才开始上升，占比例最大的水量到达地下水面时，地下水位的上升到达峰值，降水结束时，影响还在继续，当运动最慢的水滴到达地下水面以后，影响才告结束。从上面的例子可以看出，影响地下水动态的因素是外部环境和含水系统内部共同作用的结果。

二、影响地下水动态的因素分析

前面我们讲了影响地下水动态是含水系统和环境共同作用的结果，这样我们可以把影响地下水动态的因素分为两大类：一类是环境对含水系统（含水层）的信息输入，如降水、地表水、人工开采或补给地下水、地心力等的影响；另一类是变换输入信息的因素，主要是赋存地下水的地质条件。

1. 气象（气候）因素

气象（气候）因素对潜水动态影响最为普遍。气象因素的特点是气候类型很多，而且它们在地球各个区域内在很大程度上是稳定的。气候的类型决定着气候对地下水动态的影响。在这里应该区分出气象（天气）与气候的概念：气候因素的影响很少随时间变化，而且在该气候类型存在的时期内是单一倾向的。相反，气象因素本身则变化迅速，并且具有某种同期性，能够引起地下水动态的迅速和多为波状的变化，如降水的数量及历时分布影响地下水补给，而气温、湿度、风速等影响着潜水的蒸发排泄。

在气象（气候）要素周期性变化影响下，潜水动态昼夜变化，季节变化及多年变化，其中季节变化对潜水最具意义。我国东部属季风气候区，降水集中在春夏之交，是一年当中主要的补给期。这时气温虽高，湿度也大，但蒸发量并不大，而且潜水位达到了峰值。雨季结束后，补给逐渐减少，潜水通过径流及蒸发排泄，水位逐渐下降，到翌年雨季前水位达到谷值。全年潜水动态变化呈现为单峰单谷形（图15-1）。

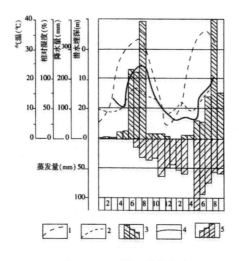

图15-1　潜水动态曲线

　　气候还存在着多年的周期性变化，如太阳黑子11年的周期变化，影响太阳辐射的强度、气温、雨量和大气压力，这也就造成地下水位的多年同一周期变化（图15-2）。

　　可见，地下水动态的季性变化与多年变化，主要受气象因素控制。气象因素包括大气降水、蒸发、蒸腾、温度、气压等，它对地下水（特别是潜水）动态的影响，主要是由大气降水与蒸发两项气象要素体现的。对于重大的长期性地下水排水设施，应考虑多年的地下水位与水量的变化，供水工程应根据多年资料分析最低水位时水量是否满足要求。排水时应考虑多年最高水位时的排水量。

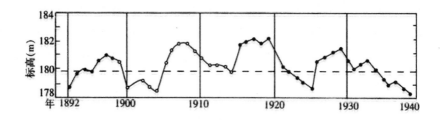

图15-2　前苏联卡明草原地下水位变化曲线

2. 水文因素

　　地表水与地下水之间有着密切的水力联系。有些地区河水在高水位期补给地下水，低水位期则由地下水补给河水。地表水体补给地下水会引起地下水位抬升，这种抬升随着远离河流其水位变幅减小，并有时间滞后现象。河水对地下水动态的影响一般为数百米至数千米，在此范围以外，主要受气候因素影响。河流排泄潜水时，越是接近河流潜水水位变幅越小；远离河流的分水岭地段潜水位变幅最大。这样的水力联系同样存在于地下水与湖泊、海洋之间。

3. 地质因素

地质因素是影响输入信息变换的因素。地质因素包括地层、岩性、构造、地貌等，除地震、火山喷发、崩塌、固体潮、地应力等现象表现为急剧的变化外，一般的较之水文、气候因素的变化，都显得稳定。它对地下水动态形成的影响并不像水文、气象因素那样，反映在周期性，而只反映在形成特征方面。我们可以从以下几方面加以说明。

当降水补给地下水时，包气带厚度与岩性控制着地下水对降水的响应。潜水埋藏深度越大，降水渗透途径越长；地下水位抬高的时间滞后与延迟越长；水位历时曲线呈现为较宽缓的波。包气带岩性的渗透性越好，则降水通过包气带到达地下水面的时间越短；地下水位抬升的时间与延迟越小；水位历时曲线波形越陡。

河水引起潜水水位变动时，含水层厚度越大，透水性越好，给水度越小，则波及的范围越远。地质构造对地下水动态的影响，在承压水和潜水的特征上反映的最为显著。地壳的升降运动，亦可引起地下水的动态的相应改变。上升区，侵蚀基准面下降，天然排水条件加强，并在加速地下水循环的同时，使之淡化。下降区，天然排水强度减弱，地下水循环缓慢，可以导致沼泽化，也可以导致地下水的盐化。

在新构造运动的强烈地区，地下水可以在短时间内发生变化。这是由于地震孕震及发震过程中地应力的变化，引起岩层压缩或膨胀，从而引起孔隙水压力异常变化，导致水位波动，水化学成分改变。如1966年邢台地震，1974年海城地震，1976年唐山地震，在地震前后均出现了许多特殊现象。如井水冒泡翻花、变浑、变甜、变苦等，地下水大幅升降和成片变化的现象。因此，与其他方法配合，测地下水动态，可作为预报地震的一种重要手段。另外，受太阳和月亮对地球的引力及固体潮的影响，承压含水层中的测压水位会产生周期性的波动。应当注意这种变化只是能量的传递，不涉及地下水储量的变化，这也包括地震及其他产生的地应力作用。

4. 土壤因素和生物因素

土壤可分为许多成因类型，每种类型的土壤都具有特殊的成壤过程，与下伏潜水动态具有独特的相互关系，主要表现为对潜水化学成分的改变，潜水埋藏越浅，影响越显著。生物因素的作用主要表现在两个方面：一是植物蒸腾对潜水动态的影响；二是细菌对地下水化学成分的改变。

5. 人为因素

是通过人类活动有关的因素对地下水动态的改变。在天然条件下，由于气候因素在多年中趋于某一平衡状态，因此，一个含水层或含水系统的补给量与排泄量在多年中保持平衡。而人为因素可以改变甚至破坏天然条件下地下水的动态周期性变化的趋势。人类因素可以分为两种基本不同的类型：一种是疏干（开采、排泄）型；另一种是充水（灌溉、补给）型。

各种取水建筑物、排水工程，由于排出地下水后，人工采排成为地下水新的排泄去路，含水层或含水系统原来的均衡遭到破坏，天然排泄量的一部分或全部转化为人工排泄量，故其排泄量减少或不再存在，但也可能增加新的补给量（含水层由向河流排泄变成接受河流补给；水位埋深加大而加强降水的入渗补给量）。

当采排地下水一段时间后，新增加的补给量及减少的天然排泄量与人工排泄量相等时，则含水层或含水系统水量收支就会达到新的平衡。这时在动态曲线上表现为：地下水在原来的位置上波动，而不持续下降。

当采排水量过大，天然排泄量的减量与补给量的增量的总和小于人工排泄量时，将不断消耗含水层或含水系统的储蓄量，使地下水位下降，甚至出现大面积的地下水位漏斗。

修建水库，利用地表水灌溉，跨流域调水等会增加新的补给来源而使地下水位抬升，致使地下水动态发生变化。若在气候干旱半干旱条件下，将加剧地下水的蒸发，促使土壤向盐渍化方向发展；而在气候湿润地区，则会引起土壤次生化沼泽化现象。

此外，人为污染地下水是人工干扰地下水动态的另一种表现，它会引起水质恶化，而且更难治理，更应引起我们高度警惕。

三、地下水天然动态类型

地下水动态类型划分为很多种，根据动态形成的条件不同，目的不同，分类的方法不同。潜水与承压水由于排泄方式及交替程度不同，其动态特征也不相同。我们依此可分为三种主要动态类型：蒸发型、径流型及弱径流型。

1. 蒸发型

主要出现于干旱半干旱地区地形切割微弱的平原或盆地。此类地区地下水径流微弱，以蒸发排泄为主。降水及地表水入渗补给，引起水位抬升，水质相应淡化。随着埋深变浅，旱季蒸发加剧，水位逐渐下降，水质逐渐盐化。随后蒸发减弱，水位趋于稳定。此类动态特点是：年水位变幅小，各处变幅接近，水质季节性变化明显，长期下去地下水不断向盐化方向发展，使土壤盐渍化。

2. 径流型

主要分布于山区及山前。地形高差大，水位埋藏深，蒸发微弱可以忽略，以径流排泄为主。伴随降水和地表水入渗补给，各处水位抬升幅度不等。接近排泄区水位上升幅度小，远离排泄区水位上升幅度大；因此，水力梯度增大，径流排泄加强。补给停止后，径流排泄使各处水位逐渐趋平。此类动态特点是：年水位变幅大而不均，水质季节性变化不明显，长期下去地下水不断淡化。

承压水均属径流型，动态变化的程度取决于构造封闭条件。构造开启程度越好，水交替越强烈，动态变化越明显，水质趋向越淡化。

3. 弱径流型

主要出现在气候湿润的平原与盆地地区。这些地区地形切割微弱，潜水埋藏不深，湿度大，蒸发弱，故仍以径流排泄为主，但地形平坦径流微弱。此类动态特征是：年水位变幅小，各处变幅接近，水质季节变化不明显，长期下去水质向淡化方向发展。

第三节 地下水的均衡

一、地下水均衡有关概念

所谓水均衡就是应用质量守恒定律去分析参与水循环的各要素之间的数量关系。地下水均衡是以地下水为对象的均衡研究。目的是计算某个地区在某一段时间内，地下水量（盐量、热量）收入与支出之间的数量关系。

均衡区：进行均衡计算所选定的地区。它最好是一个具有隔水边界的完整水文地质单元（含水系统）。

均衡期：进行均衡计算的时间段。它可以是若干年，一年，也可以是一个月或一个季度。

正均衡：某一均衡区，在一定的均衡期内，地下水水量（盐量、热量）的收入大于支出，即地下水储存量（盐储量、热储量）增加。

负均衡：某一均衡区，在一定的均衡期内，地下水水量（盐量、热量）的收入小于支出，即地下水储量（盐储量、热储量）减少。

进行均衡研究必须分析均衡的收入项与支出项，列出均衡方程式。通过测定或估算列入均衡方程式的各项，以求算某些未知项。

地下水均衡则要求上列收支两方面达到平衡。严格地说，地下水均衡研究应包括水量、水温（热量）、水质（盐量）均衡三个方面的内容。目前对后两项的研究还不够成熟，多限于水量均衡的研究，而且主要涉及潜水水量均衡。

二、水均衡方程式

陆地上某一地区天然状态下总的水均衡其收入项（A）一般包括：大气降水量（X）、地表流入量（Y_1）、地下水流入量（W_1）、水汽凝结量（Z_1）。支出项（B）一般为：地表水流出量（Y_2）、地下水流出量（W_2）、蒸发量（Z_2）。均衡期水的储存量变化为△ω，则水均衡方程式为：A−B=△ω，即：

$$(X + Y_1 + W_1 + Z_1) - (Y_2 + W_2 + Z_2) = \Delta\omega, 或$$
$$X - (Y_2 - Y_1) - (W_2 - W_1) - (Z_2 - Z_1) = \Delta\omega$$

水的储存量变化△ω中包括：地表水变化量（V），包气带水变化量（m），潜水变化量及承压水变化量（u△ω）。其中，u为潜水含水层的给水度或饱和差；△h为均衡期潜水位变化值（上升用正号，下降用负号）；u_e为承压含水层的弹性给水度；△h_e为承压水测压水位变化值。据此，水均衡方程式可写为：

$$X - (Y_2 - Y_1) - (W_2 - W_1) - (Z_2 - Z_1) = V + m + u\Delta h + u_e\Delta h_c$$

为计算方便，列入均衡式各项均以均衡期内发生的水量平铺于均衡区面积所得水柱高度表示，常用毫米为单位。

三、潜水均衡方程式

潜水的收入项（A）包括：降水入渗补给量（X_f），地表水入渗补给量（Y_f），凝结水补给量（Z_c），上游端面潜水流入量（W_{ul}），下覆承压含水层越流补给潜水水量（Q_l，如潜水向承压水越流排泄则列入支出项）。支出项（B）包括：潜水蒸发量（Z_u，包括土面蒸发及叶面蒸发），潜水以泉或泄流形式排泄量（Q_d），下游段面潜水流出量（W_{u2}）。均衡期始末潜水储存量变化为$\mu\Delta h$（图14–3）。则：

$$A - B = \mu\Delta h$$
$$\mu\Delta h = (X_f + Y_f + Z_c + W_{ul} + Q_l) - (Z_u + Q_d + W_{u2})$$

此为潜水均衡方程式的一般形式。在一定条件下，某些均衡项可取消。例如，通常凝结水补给很少，☆可忽略不计；地下径流微弱的平原区，可认为W_{ul}、W_{u2}趋近于零；无越流的情况下，Q_l不存在；地形切割微弱，径流排泄很小，Q_d可从方程中消除。去掉以上各项后，方程式简化为：

$$\mu \Delta h = X_f + Y_f - Z_u$$

多年均衡条件下 $\mu \Delta h = 0$，则得：

$$X_f + Y_f = Z_u$$

此为典型的干旱半干旱平原潜水均衡方程式。此式表示渗入补给潜水的水量全部消耗于蒸发。

典型的湿润山区潜水均衡方程式为：

$$X_f + Y_f = Q_d$$

即入渗补给的水量全部以径流形式排泄。

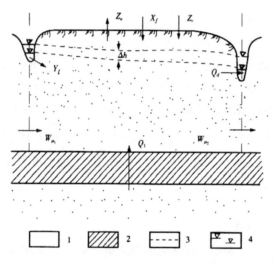

图 14-3　潜水均衡示意图

四、人类活动影响下的地下水均衡

研究人类活动影响下的地下水均衡，可以帮助我们定量评价人类活动对地下水动态的影响，预测其水量水质变化趋势，并据此提出调控地下水动态使之朝向人类有利的方向发展的措施。

为了防治土壤次生盐渍化，克雷诺夫对苏联中亚某灌区进行了潜水均衡研究，得出该区潜水均衡方程式为：

$$\mu \Delta h = X_f + f_1 + f_2 + Q_t - Z_u - Q_r$$

式中：f_1、f_2 ——分别为灌渠水及田面灌水入渗补给潜水的水量；

　　　Q_t ——下伏承压含水层越流补给潜水的水量；

　　　Q_r ——通过排水沟排走的潜水水量。

其余符号意义同前。

以一个水文年为均衡期，经观测计算，求得均衡方程式各项数值（单位为毫米水柱）为：31.0=22.7+255.5+77.0+9.2–313.4–20.0

据此得出以下结论：

（1）潜水表现为正均衡，一年中潜水水位上升620mm，增加潜水储存量31mm（u=0.05）。长此以往，潜水蒸发量将不断增加，会产生土壤盐渍化。

（2）破坏原有地下水均衡，导致潜水位抬升的主要因素是灌溉水入渗。其中灌渠水入量占总收入的70%，田面入渗水量占21%。

（3）现有排水设施的排水能力（年排水量为20mm）太低，不能有效地防止潜水位抬升。

（4）为防止土壤次生盐渍化，必须采取以下措施：或减少灌水入渗（衬砌渠道、控制灌水量），或加大排水能力，或两者兼施，以消除每年31mm的潜水量增加值。

五、大区域地下水均衡研究需要注意的问题

从供水角度出发，可供长期开采利用的水量便是含水系统从外界获得的多年平均年补给量。对于大的含水系统，除了统一求算补给量，有时往往还需要分别求算含水系统各部分的补给量。此时应注意避免上、下游之间，潜水、承压水之间，以及地表水与地下水之间的水量重复计算。

图14-4表示了一个堆积平原含水系统，它可区分为包含潜水的山前冲洪积平原及包含潜水及承压水的冲积湖积平原两大部分。天然条件下多年中水量均衡，地下水储量的变化值为零。各部分的水量均衡方程式如下（等号左侧为收入项，等号右边为支出项）。

山前平原潜水：

$$X_{f_1} + Y_{f_1} + W_1 = Z_{u_1} + Q_d + W_2$$

冲积平原潜水：

$$X_{f_2} + Y_{f_2} + Q_d = Z_{u_2}$$

冲积平原承压水：

$$W_2 = Q_t + W_3$$

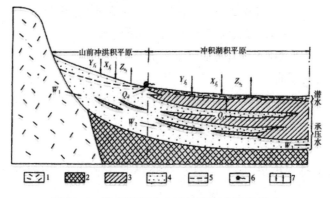

图14-4　堆积平原含水系统地下水均衡模式

式中：X_{f_1}、X_{f_2}——分别为山前平原及冲积平原降水渗入补给潜水水量；

　　　Y_{f_1}、Y_{f_2}——分别为山前平原及冲积平原地表水渗入补给潜水水量；

W_1、W_2、W_3——分别为山前平原上、下游断面及冲积平原下游断面地下水流入

　　　　　　（流出）量；

　　　Z_{u_1}、Z_{u_2}——分别为山前平原及冲积平原潜水蒸发量。

整个含水系统的水量均衡方程式为：

$$X_{f_1} + X_{f_2} + Y_{f_1} + Y_{f_2} + W_1 = Z_{u_1} + Z_{u_2} + Q_d + W_3$$

如果简单地将含水系统各部分均衡式中水量收入项累加，则显然比整个系统的水量收入项多了，W_2 及 Q_t 两项。分别求算的结果比统一求算偏大。

从图14-4中很容易看出，冲积平原承压水并没有独立的补给项。它的收入项 W_2，就是山前平原潜水支出项之一。将式子改写为：

$$W_2 = X_{f_1} + Y_{f_1} + W_1 - Z_{u_1} - Q_d$$

可知，W_2 是由山前平原补给量的一部分转化而来。冲积平原潜水的收入项 Q_t，同样也可以通过改写得出：

$$Q_t = W_2 - W_3$$

显然，Q_t 是由 W_2 的一部分转化而来，归根到底，是由山前平原潜水补给量转化的。

W_2、Q_t 都属于堆积平原含水系统内部发生的水量转换，而不是含水系统与外部之间发生的水量转换。

在开采条件下，含水系统内部及其与外界之间的水量转换，将发生一系列变化。假定单独开采山前平原的潜水，则此部分水量均衡将产生以下变化：

（1）随着潜水位下降，地下水不再溢出成泉，$Q_t=0$；

（2）与冲积平原间水头差变小，W_2减小；

（3）随着水位下降，蒸发减弱，Z_{u_1}变小；

（4）与山区地下水水头差变大，W_1增加；

（5）地表水与地下水头差变大，Y_{f_1}增大；

（6）潜水浅埋带水位变深，有利于吸收降水，可能使X_{f_1}增大。结果是山前平原潜水补给量增加，排泄量减少。与此同时，对地表水及邻区地下水的均衡产生下列影响：

W_2减少及相应的Q_t减少，使冲积平原承压水和补给量减小；W_1增大，使山区排泄量增大；X_{f_1}及Y_{f_1}增大，使地表径流量减少，从而使冲积平原潜水收入项Yf_2变小。

综合上述，进行大区域水均衡研究时，必须仔细查清上下游，潜水和承压水，地表水与地下水之间的水量转换关系，否则将导致水量重复计算，人为地夸大可开采利用的水量。

第十六章　水文地质勘察

第一节　地下水调查概要

一、水文地质调查的任务、阶段划分及工作内容

在生产实践中，许多情况下都需要利用地下水，或者消除地下水所引起的不利影响。进行地下水调查的目的，是为利用或防范地下水所采取的措施提供水文地质依据。

水文地质调查是分阶段进行的，一般划分为普查、初步勘探与详细勘探三个阶段。在水文地质调查的各个阶段中，配合进行水文地质测绘、水文地质勘探、水文地质试验、地下水动态观测以及地球物理勘探，以取得精度与各调查阶段相适应的水文地质资料。

普查阶段的任务是阐明区域水文地质条件，一般要求查明地下水的分布与形成条件，其工作成果是进行国民经济远景规划的依据，并作为进一步开展水文地质调查的基础。本阶段的工作内容以小比例尺水文地质测绘为主，配合少量必要的、精度一般的勘探、试验和部分动态观测工作。此阶段，通常编制小比例尺（1∶500000 ~ 1∶200000）的水文地质图。

为某种专门目的进行的水文地质调查，一般从第二阶段开始，这种调查称专门性水文地质调查。

在水文地质普查工作的基础上，确定具有地下水利用远景，或者需要消除地下水危害的范围，在此范围内，结合具体任务进行初步勘查。在初勘阶段中，除了较大比例尺的水文地质测绘以外，还需要布置一定数量的水文地质钻探、进行精度较高的水文地质试验及期限较短（一般为一个水文年）的地下水动态观测工作，并为某种目的（如查明构造、基岩埋深）进行物探工作。其工作成果可以作为各种工程（如城市供水、矿坑排水等）初步设计的依据。工作结束后，还应提出需要详细研究

的地段及要进一步解决的问题，以便设计详勘工作。

　　工程规模较小，地区条件简单时，初步勘探所获得的资料也可以作为技术设计的依据；工程规模较大，地区条件又比较复杂时，则在初步勘探结束后，圈定需要详细调查的重点地段，提出尚未解决的问题，进行详细勘探，最终提出进行技术设计所需的全部水文地质资料与参数。在详细勘探阶段中，勘探试验的工作量大为加重，精度要求提高，要求提供具有一定观测年限的地下水动态资料。图件比例尺依设计要求而定，常为 1 : 25000 ～ 1 : 5000，也可以更大些。

二、小比例尺水文地质测绘要点

　　前已述及，水文地质调查包括水文地质测绘、水文地质勘探、水文地质试验、地下水长期观测以及地球物理勘探等工作手段。在此仅重点讨论小比例尺水文地质测绘的研究内容。因为小比例尺水文地质测绘的中心任务是阐明区域地下水形成与分布规律，与本书所论述的内容关系很密切。

　　水文地质测绘是综合性的野外调查工作。在测绘过程中，对地下水以及与地下水有关的各种现象进行综合研究，编绘水文地质图，并相应地描述区域水文地质情况。

　　地下水形成与分布规律是有效地利用与防范地下水的科学基础，也是正确进行水文地质勘探、试验与地下水长期观测必不可少的理论指导。经验表明，不重视水文地质测绘，单纯为了追求进度，而在尚未进行测绘之前，便盲目布置勘探试验，往往是投入许多不必要的工作而又达不到预期的工作成效。地下水是与岩石圈、大气圈、水圈、生物圈以及人类活动密切联系着的。研究地下水，就是要从历史发展的观点去研究地下水与其周围环境之间的内在联系，把握其天然状态下的发展变化规律，并且有根据地预测在采取各种实际措施以后可能产生的变化。如果不是这样去认识和理解问题，脱离地下水存在的环境，脱离有关的自然因素和人为因素，孤立地去研究地下水本身，那就既不可能真正掌握其发展变化规律，也不可能有效地解决实际问题。因此，无论如何，不应当把水文地质测绘看成地质填图加上井泉调查，也不应把综合性的研究，仅仅看成互不关联的各种现象的描述记录。

　　在水文地质测绘过程中，除了研究地下水的天然露头和人工露头以外，还必须研究区域地质构造、岩性、地貌、第四纪地质、物理地质现象、气候、水文、植被以及与地下水有关的人类活动等。对上述内容选择重要的分述于下。

　　1. 地质地貌研究

　　地质地貌条件是一个地区地下水活动的重要背景。未曾作过地质测绘的地区，应进行综合性地质水文地质测绘。目前，我国大部分地区都已完成了地质测绘，即便在这类地区进行水文地质测绘时，仍然需要十分重视地质研究，这不仅是为了补充校正原有的地质成果，也是为了将地下水与其存在环境紧密联系起来。

地质环境既是地下水生成、赋存与循环的空间，又是地下水获得一定物理、化学特性的场所。一个地区的地质发展历史，对该地区地下水水量与水质的形成与分布有深刻的影响。进行地下水调查时，必须从地下水形成与分布的角度出发，对区域地质进行历史成因的分析。对这一重要原则理解不深，就会产生两种偏向。一种偏向是忽视地质成因分析，认为反正搞的是水，只要知道哪些地层透水哪些地层不透水就足够了，地质成因分析则是地质人员才应关心的事；另一种偏向是对地质分析很重视，也下了很大功夫，但就是忽视了从地下水出发进行地质研究的特殊要求。这两种偏向的实质，都是割裂了地下水与地质环境之间的成因联系，因此也就难以真正把握地下水的发展变化规律。

基岩地区岩层含水性的研究是地下水调查的一项基本内容，只根据岩性、裂隙、岩溶的发育状况以及井、泉、钻孔资料确定含水层与隔水层是不够的。对于沉积岩地区，必须分析在地壳运动及海陆进退控制下的沉积旋回特征与沉积环境，从而掌握岩性在垂直与水平方向上的变化，还应分析不同构造部位岩层受力情况，再结合其空隙发育特征及地下水资料，来确定岩层透水性的变化规律（强透水、弱透水，均匀、不均匀，各向同性、各向异性）。这样，即使地下水露头及岩层空隙性的观察资料不是很多，也能对岩层透水性建立起比较完整清晰的概念，而对掩埋部分岩层的透水性，也可作出有依据的推断。

同样的，对于侵入岩浆岩，应当区分侵入时期与产状，分别确定其裂隙发育规律。即使是同一侵入体，由于冷凝条件与岩浆成分变化，可以划分为不同的岩相带（如粗粒的、斑状的、细粒的）。成岩过程中及经受后期构造变动时，受力产生形变的条件不同，因而其裂隙发育也具有不同的规律性。

在山区，地质构造往往对地下水的埋藏及补给、排泄、径流起着控制作用。大的断裂经常把一个地区分割为岩性、构造及地貌差别很大的不同部分，使地下水的形成与分布又有不同的格局，成为地下水分区的天然边界。不同形态的褶皱与断块，组成规模不同、构造封闭条件不一的地下水盆地，其中地下水水量及水质的形成与分布也各具特色。断层的导水性是水文地质调查中必须着重弄清的问题。导水断层使各个含水层发生水力联系，往往成为地下径流汇集区与地下水集中排泄带；隔水断层则使地下径流受阻，从而影响含水层的补给、排泄与水质。

对平原地区来说，第四纪地质的研究，是搞清地下水形成与分布条件的关键。

如果把平原地下水调查仅仅局限于确定含水砂层的分布，那就太狭窄了。必须研究第四纪沉积物的年代及成因类型，从而对平原沉积物的岩性结构建立正确的概念。同样是砂层，冲积成因与湖积成因的不仅几何形态不同，而且其中地下水的形成条件也不相同。厚度大、延展远的湖积砂层中，地下水的补给、循环条件往往要比厚度较小的冲积砂层差得多，因此资源条件也不一样。

即使任务只规定解决平原地下水的问题时也应对山前以至邻接山区进行必要的研究。山前地区第四纪沉积出露于地表，便于研究不同时代与成因类型沉积物的特征及之间的关系。平原第四纪地质研究，正是通过山前观察到的现象，与平原内部钻孔所取得的资料进行分析对比才得以完成的。另外，观察山区与平原的接触关系，对于分析平原地下水的补给也是必不可少的。平原沉积物来源于山区的剥蚀，因此，分析山区现代及古代水文网的演化历史以及物质来源，也是很有必要的。

平原深部基底构造以及新构造运动特征，是控制平原第四纪沉积规律的内在根据。因此，水文地质人员还必须进行这方面的研究。

综上所述，为了从历史发展的角度，掌握平原地下水与第四纪沉积之间的内在联系，水文地质人员必须进行广泛深入的地质研究。而地质研究所要投入的工作量，往往并不比研究水本身来得少，这是不足为奇的。

地貌乃是一个地区内外力综合作用的历史产物。在山区，它反映了岩性、地质构造与地形的成因联系；在平原，则在某种程度上反映岩性结构与地形的成因联系。很自然，地貌对地下水的补给、径流与排泄以致水量水质的变化，都有相当大的控制作用。例如，强烈隆起、水文网深切的水平地层组成的山区，不利于地下水的集聚，水的循环速度和矿化度往往很低。又如，干旱半干旱地区的冲积平原中下游，地形上略微隆起的古河道常是淡的浅层地下水富集的地带，而相对低洼的河间地带，则浅层地下水比较贫乏，水土都发生强烈盐化。所以，好的地形图、航空照片、卫星相片常能帮助我们大略预计地下水的状况，指导我们组织地下水调查，以收事半功倍之效。

2. 气象（气候）水文的研究

水网是一个整体。地球上各部分的水，处于不断相互联系相互转化之中，组成统一的水资源。无论从形成还是利用的角度出发，都不应把地下水与整个水网割裂开来研究。

在绝大多数情况下，大气降水乃是一个地区水资源的总来源。大气降水的多少，往往决定着一个地区地下水资源的总的状况，决定着一个地区水源的供需关系。深入分析大气降水在时间及空间上的分布特点，能帮助我们掌握地下水的补给状况及地区需水规律。蒸发是地下水的重要消耗去路，在干旱半干旱地区，蒸发值的大小，对地下水以及土壤的盐化程度有很大影响。水文地质工作者往往需要追溯较长时期内的气候演变过程，以便弄清楚当前阶段是处于气候平均状态，还是偏旱或偏湿状态，从而估计地下水动态的长期变化，使兴利防害的地下水实际措施经得起时间的考验。当现成的气象资料不能满足要求时，就必须根据工作任务及地区特点，收集并分析研究有关资料。

地表水体经常是地下水的补给来源或排泄去路。某些极端干旱的地区，河流往往是地下唯一的补给来源。此外，地表水经常是一种与地下水相比较的可利用水源，或者可与地下水配合使用，或者可作为地下水的人工补给水源。对地表水的研究还可帮助我们间接地了解地下水的水量与水质。非雨季山区的地表径流量，实际上就是地下径流量，因此可以方便地确定地下水资源状况。测定不同河段的流量变换，分割水文图，可分析地下水接受河流补给或向河流排泄的水量。当河流或湖泊是地下水的排泄去路时，可通过测定河水、湖水的化学成分，以了解地下水水质。通过研究大气降水量与地表径流量的关系，可以推断地下水接受大气降水补给的程度。

应当尽可能定量地把一个地区的大气降水的转化过程弄清楚：大气降水中有若干转化为地表水，若干转化为地下水，若干转化为土壤水，若干消耗于蒸发。这种分析，对于综合利用水资源，统一调度水源，充分发挥一个地区水资源的潜力是十分有益的。

随着人口增长与工农业的现代化，人类对水资源需求与日俱增，水资源的短缺现象越来越普遍了，在不少情况下，利用一个地区全部水资源往往还难以满足需要。因此，综合地考察与利用水资源，越来越显得必要。地下水调查作为水资源综合考察的一个组成部分，并从水资源综合利用的角度去考虑地下水的利用，这是当前的发展趋势。在地下水调查中，充分考虑到这种发展趋势，是很有必要的。

3. 植被研究

生物圈是地球水分布与循环的环节之一。但是至今关于生物圈与地下水的联系方面的研究还很不足。

森林植被能够增加降水，减少地表径流，增加地下水补给，起到调节涵养水源的作用；另外，植物的叶面蒸发则是大气水及浅埋地下水的主要消耗去路。在水文地质测绘中有必要查明植被的分布及其对地下水的影响。

喜水植物和耐盐植物的分布常常能指示浅层地下水的埋藏深度以及土壤与浅层地下水的含盐程度。在测绘过程中，如能把这些指示植物的分布情况圈划出来，并以少量实测资料加以验证，便可大大减轻工作量。

4. 地下水露头的研究

在水文地质测绘过程中，必须调查一定量的地下水露头点，而当现有地下水天然露头点及人工露头点不能满足研究要求时，则应专门布置部分试坑、浅井乃至钻孔。泉在分析水文地质条件时的意义，在第四章中已经论及。对于平原地区，井及钻孔乃是主要的地下水露头点，地下水的埋深、地层岩性剖面以及岩层出水能力、水质、地下水动态资料等都由此取得。

调查地下水露头点时，应将水点资料与影响地下水的有关因素结合起来分析研究，过细地进行调查访问，取得可靠的第一手材料。例如，不仅要了解井或钻孔所揭露的岩性剖面，还要仔细了解并分析打井过程中地层出水情况，以便得出正确的结论。华北平原中某些地方，具有裂隙的漫滩相黏土，透水能力比粉砂还好，是浅部主要含水层。而在调查不细致时，却误以为粉砂是主要含水层、黏土是隔水层了。又如，有些在第四纪堆积物中出露的泉，实际上是由下伏基岩补给的，如果工作不深入，就会得出完全错误的结论。

5. 人为影响的调查

人为因素能在短时期内强烈改变地下水的形成与分布。这种影响随着人口增长与生产、科学技术的发展而日益深刻广泛。在不少情况下，已经远远超过天然因素的作用，而在今后人类活动将更广泛、更深刻地影响地下水的分布与形成。大规模采水、矿坑排水、修建水库渠道、引水灌溉、城市建设、施用农药和化肥等，会造成大面积地下水开采漏斗、地面沉降、地下水污染、盐水入侵、土壤次生沼泽化与盐渍化，等等。在地下水调查中，必须查明人类活动对地下水的种种影响。这些资料不仅可以用来解释地下水的现状，还有助于预测采取或加强同类实际措施对地下水的变化方向；对于确定合理有效的利用或防范地下水的实际措施，是很有价值的。

有一点值得再三强调，在进行地下水调查时，我们的任务不只是收集各种与地下水有关的资料，也不仅仅是确定地下水的现状，而是要阐明地下水发展变化的方向及其内在根据。只有这样，我们才能预测采取利用或防范地下水的实际措施以后可能发生的变化，才能避免其不利影响，使地下水向有利的方向发展变化。而为了做到这一点，最重要的是，必须从成因发展的角度去研究地下水与其周围环境（包括自然因素与人为因素）之间的联系。

在这里，我们仅简要地阐述了地下水调查的基本思路与指导思想。关于具体的工作方法，可参阅有关规范与文献。

第二节　调查与研究地下水的技术方法

近20年来，调查与研究地下水所采用的技术方法有很大发展，其总的发展趋势是定量化、自动化。除了应用历史较长的地球物理勘探方法以外，近年来，在水文地质调查与研究中引入了遥感技术、同位素技术及数学地质。这些新的技术方法不仅能使地下水调查实现高效率、低成本，而且对于水文地质学向定量化的严密科学发展，起着难以估量的推动作用。

一、地球物理勘探方法

通过研究地球的各种物理性质而了解地壳地质构造和找矿、找水的方法叫地球物理勘探，简称物探。物探在水文地质勘察中起着重要作用，具有效率高、成本低、速度快等优点。在综合水文地质勘察中，一般应遵循在水文地质测绘基础上，先物探后钻探的勘探程序。物探方法也因其探测精度受到各种自然与人为因素的干扰，以及成果的多解性与地区性的局限，其探测成果常需经过钻探的校核。物探的种类很多，如磁法、重力、电法、地震及放射性等勘探方法，在水文地质勘察中广泛应用的是电法勘探。

电法勘探可分为直流电法（电阻率法、激发极化法、充电法等）和交流电法等。水文地质勘探中得到广泛应用的是电阻率法，包括电测深法和电测剖面法，在钻探时还常采用电测井法来了解孔下情况。下面主要介绍电阻率法的基本原理，以及电测深法、电测剖面法和电测井法在水文地质勘察中的应用。此外，简单介绍自然电场法、激发极化法、交变电磁场法、核磁共振技术以及地震勘探。

1. 电阻率法的原理及在水文地质勘察中的应用

（1）岩石的电阻率

由物理学中可知：导体的电阻$R = \rho (L/s)$（L是导体的长度，s是导体的断面面积）。式中比例常数ρ，其值的大小与导体的性质有关，称为该导体的电阻率。

电阻率ρ是用来表示各种物质导电性能的参数，它表示电流通过长度为1m、截面积为1m^{2}的物质时所受的电阻，单位为欧姆米（$\Omega \cdot m$）。岩石的电阻率与许多因素有关，主要受矿物成分、空隙多少、湿度、富水程度和温度等的影响。

当岩石的空隙中含有一定的水分，而水中又溶有盐分时，就使得水成为良导电的物质而存在于岩石的空隙中。在岩石的空隙中因含有良导电的地下水，这就大大改变了岩石的导电性能。当电流通过岩石时，岩石的电阻可看成由岩石本身的电阻 $R_岩$ 和地下水的电阻 $R_水$ 组成并联线路的总电阻。根据并联的原理，电流绝大部分经由 $R_水$ 通过，由于 $R_岩$ 远大于 $R_水$，则岩石电阻基本上由 $R_水$ 所决定。在影响岩层电阻率的诸因素中，岩石的富水程度和地下水的矿化度含量起着决定性的作用。例如，松散沉积物孔隙度大且饱含高含量的矿化度的地下水时，则它的电阻率一定很低；如果胶结的很致密，几乎不含地下水时，其电阻率可高达 $1000\Omega \cdot m$ 以上。在自然条件下，由于不同地区各种岩石的孔隙性、含水量、地下水的矿化度含量变化较大，不同类型岩石的电阻率变化范围很大。

（2）测定岩层电阻率的原理

测定岩层的电阻率通常使用四极对称装置，如图16-1所示。AB是一对供电极，MN是一对测量电极，AB、MN对称于中心点O（称为测点）。

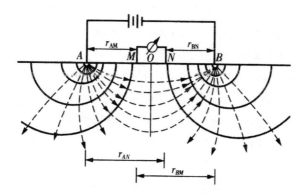

图16-1　四级对称装置示意图

依据电学原理得出岩层的电阻率 ρ 为：

$$\rho = K \cdot (\Delta U_{MN} / I)$$

式中，K为装置系数，也称为电极距离系数，它仅与电极间的相互位置有关，其单位名称为米。各电极位置一定时，K为定值。

这样只要测出供电电流，同时在MN电极间测出电位差 ΔU_{MN}，据各电极间的相互距离计算出系数K，即可用上式计算出岩层的电阻率 ρ。

（3）视电阻率的概念

在推导上式时，曾假定地下岩层是个无限的均匀介质，而实际上地下岩层是由不同岩性的多层岩石组成，在垂直和水平方向上岩性均会变化，在同一岩层的不同位置上电阻率也会有差异。所以在实际自然条件下进行测量时，若按上面公式来计算岩层的电阻率，其计算结果就不会是某一岩层的真正电阻率，也不是各岩层电阻率的平均值，而是电场作用范围内所有岩层综合影响的结果，称为视电阻率 ρ_s。它与岩层在地下的分布状况（各层的厚薄、形状、埋藏深浅等）、各岩层的电阻率、供电电极与测量电极的装置形式和装置大小，以及与不均匀岩层的相对位置等因素有关。

（4）电探深度与供电电极距的关系

实践表明：AB电极间的电流大部分都集中在靠近地表附近的范围内，随着深度的增加，电流密度则减小，在地下深度h=AB处的电流密度仅为地表电流密度的10%；当深度h=3AB时，电流密度已接近于零，所以在地面上要勘探地下深度等于3倍AB处的地质情况是不可能的。不过地下电流密度随深度的分布，决定于供电电极AB距离的大小，随着AB的增大，地下深处电流密度也相应地增大。换言之，距离越大，勘探深度越大。实际在野外工作中，条件较好时，勘探深度A一般只是AB/2，若下部有高电阻率的岩层时，勘探深度h将减小到AB/5，甚至仅AB/20。

（5）电阻率法在水文地质勘察中的应用

电阻率法在水文地质勘察中最适宜于查明以下问题：覆盖层的厚度，隐伏的古河床和掩埋的冲洪积扇的位置；断层、裂隙带、岩脉等的产状和位置，含水层的宽度及厚度；钻井的地质剖面；地下水位、流向和渗透流速；地下水的矿化度和咸水、淡水的分布范围；暗河的位置和隐伏岩溶的分布；永久冻土层下限的埋藏深度等。

2. 电测深法

电测深法就是在地表同一测点上，从小到大逐渐改变供电电极之间的距离，进行视电阻率测量来研究从地表到深部岩层的变化情况。根据供电极AB和测量电极MN排列形式的不同，又分为四极对称测深、三极测深、轴向偶极测深等，而较常用的是四极对称测深。这里只介绍此方法的原理。

如前所述，由地表向地下供电时，地下电流密度的分布及电流流入地下的深度直接决定于供电电极A和B之间的距离。当增大供电电极距时，电流流入地下的深度也就增大，而深处地层变化也将反映到所测得的视电阻率 ρ_s 值上。当地下是由不同电阻率的岩层构成时，用大小不同的供电电极距所测得的电阻率是一系列数值不同的视电阻率化。这些 ρ_s 值不仅是随着供电电极距的变化而变化，同时也随着各种岩层真电阻率的不同而相异，电极距长时反映深部岩层性质，电极距短时反映浅部岩层的性质，所以电测深法就能探明某一测点从浅到深岩层沿垂直方向的变化情况。如图16-2所示。由图上可以求出：上层真电阻率为 ρ_1，厚度为 h_1；下层真电阻率为 ρ_2，厚度为 h_2。同理，如果有3层以上不同岩层时，则在 ρ—s曲线上出现3段以上的起伏，同样可以在曲线上确定出各层的真电阻率值及其厚度，按照真电阻率值查表可得知相对应的岩石名称。

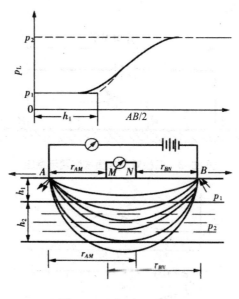

图16-2　电测深示意图

3. 电测剖面法

电测剖面法是电阻率法的另一种方法，其基本原理与电测深法一样，区别在于：电测深法是在同一测点上用一系列不同长度的电极距进行 ρ_s 值测量，以了解地层沿垂直方向的变化；而电测剖面法则是保持供电电极距，并在AMNB之间的相对位置固定不变（探测深度不变）的情况下，沿一定方向移动装置进行 ρ_s 测量，所得的曲线反映了地层沿水平方向的变化。按供电电极与测量电极排列形式的不同，电测剖面法可分为：四极对称剖面法、联合剖面法、偶极剖面法、中间梯度测量法等很多类型。现以四极对称剖面法为例，简述其基本原理。

四极对称剖面法的装置如图16-3所示，供电电极A和B、测量电极M和N，对称分布于测点的两边，四个电极的相对距离固定不变，此时K值就为一常数。沿着一条测线移动装置，在不同测点上进行观测，便可得到一系列 ρ_s 值。可以绘制出测线的 ρ_s 剖面图，它反映该测线上与供电电极距AB/2相对应的勘探深度内，地层沿水平方向的变化情况（图16-4）。

在实际工作中电测剖面法常与电测探法相结合，用来追踪和圈定集水古河道或冲洪积扇的砂卵石分布范围；寻找基岩裂隙含水带或石灰岩岩溶的含水带；查明断层位置；划分淡水和咸水界线；确定松散地层的厚度（或基岩的埋藏深度）等。电测剖面法的优点是工作效率高，取得资料快；缺点是不能进行定量的解释，所以必须与电测深法配合运用。

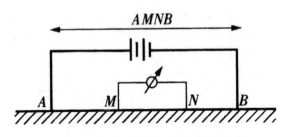

图16-3　四极对称剖面法装置示意图

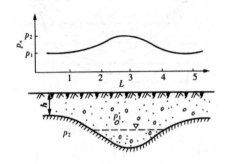

图16-4　四极对称剖面电测曲线与古河道剖面对比示意图

4. 电测井法

为了确定井下各含水层的位置、厚度，划分咸淡水层，估计含水层的矿化度，一般常采用电测井的方法。电测井是在凿井过程中，特别是在含水层呈多层分布，且水质变化很大的地区经常使用。根据电测井的资料能合理地开发利用良好的含水层，正确地指导下管（安装过滤器）成井工作。此外，电测井还可用来检查已成井的漏水或井管破裂位置等。

电测井的工作原理是利用仪器并通过电缆把下井装置（如电极系统）送入管井中进行测量。在电缆从井底向上提升的过程中，用仪器记录各地层的电阻率变化曲线，称视电阻率曲线。电测井的资料如有钻孔资料作校正，就会取得更好的效果。

电阻率曲线，并不是在任何条件下都能利用的。特别是在山区，应用是有一定条件的。勘探的效果在很大程度上也取决于是否具备这些条件：

所测的岩层（体）与围岩应有明显的电阻率差别。所测岩层的电阻率无论是比围岩的电阻率高或者低，只要差别越大效果就越好；被测的岩层或构造必须具有一定的规模。由于测得的&值是电流分布范围内所有岩层电阻率的综合反映值，若被测物体规模很小，则它的作用就显示不出来，因此，也就达不到测量的目的；被测目的层或构造体及围岩的电阻率在水平与垂直方向上都要有相对的稳定性。如果变化较大，测出的 ρ_s、曲线就很难进行解释，因此，就不能鉴别出所要寻找的目的层或地质构造体；在目的层或构造体以上没有其他电阻率特别高或特别低的屏蔽层存在。因为这些特殊层的存在，干扰特别强烈，曲线变得很复杂；电测线尽可能选择在地形开阔平坦处，地形坡度一般不大于20°，做电测探时还要求下伏岩层的倾角小于20°；地下水位和被测目的层都要求埋藏较浅，这样才容易达到测量深度。

5. 自然电场法

自然电场法是以地下存在的天然电场作为场源。由于天然电场与地下水通过岩石孔隙、裂隙时的渗透作用及地下水中离子的扩散、吸附作用有关。因此，可根据在地面测量到的电场变化情况，查明地下水的埋藏、分布和运动状况。主要是用于寻找掩埋的古河道、基岩中的含水破碎带，确定水库、河床及堤坝的渗漏通道，以及测定抽水钻孔的影响半径等。

方法的使用条件，主要决定于地下水渗透作用所形成的过滤电场的强度。一般只有在地下水埋藏较浅、水力坡度较大和所形成的过滤电位强度较大时，才能在地面测量到较明显的自然电位异常。

6. 激发极化法

在人工电场的作用下，地下地质体在其周围会产生二次电场。当停止供电后，二次电场会逐渐衰减，激发极化法是利用二次场衰减特征来寻找地下水。二次场的衰减特征可用视极化率（ η_s ）、视频散率（ P_s ）（交流极化法的基本测量参数）、衰减度（D）、衰减时（ τ ）表示。判断地下水存在效果较好的测量参数，通常是 τ 和 D。 τ 是二次场电位差（ $\triangle U_z$ ）衰减到某一规定数值时（通常规定为50%）所需的时间（单位为秒）。D亦是反映极化电场（即二次场）衰减快慢的一种测量参数（用百分数表示）。由于岩石中的含水或富水地段水分子的极化能力较强，又因二次场一般衰减慢，故D和 τ 值相对较大。

激发极化法和电阻率法一样，分为测深法、剖面法和测井法。其中，激发极化测深法用得最多，主要用于寻找层状或似层状分布的各种地下水以及较大的溶洞含水带，并可确定它们的埋藏深度。还可根据含水因素（ M_s ）［含水因素是指衰减时间（ τ ）–极距（AB/2）曲线图上，不同极距区间曲线与横坐标（AB/2）所包围的面积，它反映了不同深度区间岩石的含水性］和已知钻孔涌水量的相关关系，估计设计钻孔的涌水量。由于激发极化所产生的二次场值小，故这种方法不适用于覆盖层较厚

（如大于20m）和工业游散电流较强的地区。电源笨重，工作效率较低，成本较高，是这种方法的不足之处。

7. 交变电磁场法

交变电磁场法是以岩石、矿石（包括水）的导电性、导磁性及介电性的差异为基础，通过对以上物理场空间和时间分布特征的研究，达到查明隐伏地质体和地下水的目的。电磁法是一种相对较新的物探方法。目前已在生产中使用的有甚低频电磁法（利用超长波通信电台发射的电磁波为场源）、频率测深法（以改变电磁场频率来测得不同深度的岩性）、地质雷达法（利用高频电磁波束在地下电性界面上的反射来达到探测地质对象的目的）等。其中，甚低频法对确定低阻体（如断裂带、岩溶发育带和含水裂隙带）比较有效；而地质雷达则具有较高的分辨率（可达数厘米），可测出地下目的物的形状、大小及其空间位置。

8. 核磁共振技术

核磁共振（NMR）技术是当今世界的尖端技术，可采用核磁共振方法直接探查地下水。该项技术由原苏联科学家首创。目前NMR找水仪器有两种类型：一种是原苏联研制，俄罗斯仍在使用的NMR找水仪（hydroscope）；另一种是法国、俄罗斯合作研制，由法国IRIS公司生产的NUMIS找水仪。该方法的基本原理是通过测量地层水中的氢核来直接找水。当施加一个与地磁场方向不同的外磁场时，氢核磁矩将偏离磁场方向，一旦外磁场消失，氢核将绕地磁场旋进，其磁矩方向恢复到地磁场方向。通过施加具有拉摩尔园频率的外磁场，再测量氢核的共振信号，便可实现核磁共振测量。目前在我国西北干旱地区及岩溶区等地找水，已取得较好的效果，但该仪器价格昂贵（60万～90万法郎）、抗干扰性差、发射/接收线圈直径较大等缺点限制了其推广应用。

9. 地震勘探

地震勘探是根据土和岩石的弹性性质，测定人工激发所产生的弹性波在地壳内的传播速度来探测地质结构及含水界面的物探方法。该种方法具有勘探深度大、探测精度高的优点，可用来确定覆盖层和风化层的厚度、潜水面埋藏深度，划分岩层结构，探测断层和岩溶发育带位置。在地热勘探中常使用该方法探明深部地质构造，判断地热层的分布情况。

在水文地质调查中应用物探方法成功与否的关键在于根据不同条件及目的要求选择适合的物探方法，以及结合地质—水文地质条件对物探成果进行合理解释。

二、遥感技术

所谓"遥感""遥测"是遥远感知和遥远测量目的物的意思。通过安装在各种飞行器（飞机、人造卫星、宇宙飞船）上的传感器，远距离感切地表物体的电磁波辐射特性，通过解译便可确定有关的地面景物。

遥感技术是从20世纪20年代利用飞机进行航空摄影开始的。近20年来，随着空间技术的发展，遥感技术日新月异，应用也日益广泛。利用地球资源卫星相片进行地质、水文地质等方面的研究，快速有效，已成为包括水文地质学在内的整个地学现代化的主要方向之一。

遥感技术是建立在目标物体电磁波辐射理论上的。包括地质—水文地质体在内的所有物体，都具有发射以及吸收、反射—散射电磁波的特性。某些还具有透射外来电磁波的特性。不同的地质—水文地质体，发射、吸收、反射—散射和透射的电磁波波长与频率不同，因此，可根据飞行器上传感器感知的电磁波特征加以判别。

将电磁波按波长由短到长，频率由小到大的次序排列，依次为 γ 射线、χ 射线、紫外波段、可见光波段、红外波段、微波波段及无线电波段。根据所利用波段及采用的感应方法不同，有不同遥感遥测方法，如航空摄影、多波段（多光谱）测量、红外探测、微波测量等。目前在水文地质调查中常用的是航空摄影、多波段测量及红外探测。

航空摄影是在飞机上利用可见光照相，以得到黑白或彩色照片，利用照片上的色调（或彩色）形态等特征，解译地质—水文地质现象。

多波段（多光谱）测量是将电磁波谱分割成若干窄波段，用多波段摄影机或多波段扫描仪，同步地将同一地面景象不同波段的摄像或数据，分别记录于胶片或磁带上。如1972年美国发射的第一颗地球资源卫星（ERTS—1），可以同时记录由可见光到近红外7个电磁波波段，这样便可获得地面景物更多的信息，判读程度更强。多波段测量的成果，可以制成同一景物各个窄波段的相片进行目视解译，还可以对胶片进行电子光学解译，或对记录磁带用电子计算机解译。

电子光学分析方法，包括假彩色合成及假彩色密度分割。前者是将同一景象不同波段的黑白胶片，经光电处理迭合成彩色相片，由于相片所显示的各种景物的彩色与实物不同，故称为假彩色。后者是通过光电变化将黑白胶片上的影像密度分割成若干等级，并以不同颜色表示不同密度等级，便获得密度假彩色相片。这类方法目的在于增强影像的差别，提高判读程度与效率。

利用电子计算机解译时，事先选定有代表性的训练场地。对已知地面物体进行电磁波特性统计计算，取得参考统计参比，据此编制程序，对记录磁带用电子计算机解译。这种解译方法能充分利用磁带记录的信息，减少人为误差，提高分辨能力与工作效率。但是，同一类地面物体，在不同光照、气候等因素影响下，电磁波信息的变化相当大，而训练场地上所得到的统计参数代表性有限，这就使解译受到限制。目前这一问题正在继续研究。

可见光和微波之间的波段称为红外波段。温度高于绝对零度（-273℃）的任何物体，都存在着分子热运动，不断地辐射红外线。具有不同温度与热容量的物体，发射或反射红外线的性质有所不同，因此，可通过红外测量进行遥感。

目前，利用航空摄影、多光谱测量、红外测量等可解决水文地质调查中以下几方面的问题：

划分岩性：不同的岩性在相片上色调深浅不同，结合其分布特点（层状、块状）、地貌（正地形、负地形、圆浑山形、尖棱山形、岩溶地貌等）以及土壤、植被、水系发育特点可以判别。不同岩层具有不同辐射系数和热容量，在红外图像中明暗不同（明表示高温，暗表示低温）。利用假彩色增强技术更能帮助区分不同岩性。但是，总的说来，目前利用遥感技术判别岩性，效果还不够理想。

确定地质构造：根据不同色调的岩层组成的平行条带的形状，可以判断褶皱的形态。通过一定方法，还可以从航空照片上测定岩层的产状。利用航空照片或卫星相片确定断裂，效果很好。由于断裂延伸远，从大范围的照片上进行宏观研究，往往可以发现地质填图中容易遗漏的断裂带。深部隐伏断裂往往在地面上显示种种迹象，但限于人的视野，在常规地质调查中常常发现不了，利用遥感技术效果相当好。例如，在卫星照片上，清楚地反映北京地区隐没于2000m厚的松散沉积物下的几条基岩断裂。

调查地貌、植被及地表水：在航空照片或卫星相片上，研究大中尺度的地貌是很方便的。在相片上圈定洪积扇、阶地、山间堆积盆地、三角洲等，都有助于间接判断地下水的分布。红外测量不仅能反映植被的分布，而且能够区别不同种类的植被，为在干旱地区利用植物标志寻找浅层地下水提供了线索。利用遥感资料能确定湖泊、水系，纠正地形图上的误差与遗漏，这对于穿越性不好的地区更有意义。红外测量还能确定地表水水温，大致判断水量，圈划冰雪覆盖层的分布范围及其消融情况，这有助于分析地下水的补给。

调查地下水：多波段测量及红外探测调查地下水的效果较好。水的热容量大，保温作用强，有地下水或地下水位较浅的地方，常与周围无水及地下水深埋的地方有温度差别：有地下水的地方夏季温度低，冬季温度高，白昼低，夜晚高，有热水时则经常显示高温，而红外测量的温度分辨率可达0.01℃～0.1℃。

红外测量可以寻找松散沉积物中埋深不超过十几米的地下水。利用地下水与河水、湖水、海水的温差，很容易发现地下水向地表水的排泄。美国夏威夷群岛用红外探测在海中找到200多处淡的地下水排泄点，这用常规方法是很难做到的。利用红外测量可以确定泉、沼泽的位置，确定充水断层、岩溶发育带，确定包气带湿度，圈定热水分布范围及冻土的分布，并可通过查明地表水体的污染，提供间接判断地下水污染的线索。目前，国外正在研究利用遥感技术帮助取得各种水文地质参数，如地下水位深度、孔隙度、渗透系数、水力坡度、导水系数等。

遥感技术的优点是能够同时取得大面积的资料，扩大人的视野，便于进行宏观分析；便于重复取得同一地区不同时期的信息，掌握现象的动态；收集资料迅速、全面，不受地形阻隔的影响，对于穿越条件不利的高山、沙漠、森林、沼泽地区，同样可以进行。与常规调查相结合，可以大大降低野外调查的工作量与成本。目前存在的问题是，解译还不够过关，定量解译更为不足，还有待于进一步研究改进。

三、同位素技术

每一种元素，原子核中的原子数是一定的，此质子数即为该元素的原子序数。原子的质量数（原子量）以其核中质子数及中子数的总和表示。某一种元素，具有原子序数相同而原子量不同（由核里的中子数不同引起）的几种原子，这便是该元素的同位素。

自然界的元素常有多种同位素，如氧即有 ^{16}O、^{17}O、^{18}O 三种同位素，氢有 ^{1}H、^{2}H（氘）、^{3}H（氚）三种同位素。同位素分为放射性同位素及稳定同位素，^{14}C、^{3}H 等是放射性同位素；^{13}C、^{12}C、^{1}H、^{2}H、^{16}O、^{17}O、^{18}O 等为稳定同位素。

在水文地质调查与研究中，可以利用同位素测定地下水的年龄，确定地下水的成因与形成，研究地下水的运动，研究水文地质过程的机理，查明人为影响下的各种水文地质问题等。

从利用同位素进行研究的角度，同位素可区分为环境同位素及人工示踪同位素。前者是指存在于自然环境中的同位素，主要是天然形成的，但也有一部分来源于核试验所产生的人工放射性同位素，如氚即是。后者则是人工产生的放射性同位素，用作示踪剂的。

目前在国外，利用同位素技术主要解决下列几种问题：

（1）利用放射性环境同位素测定地下水年龄

放射性同位素处于不断蜕变中，蜕变速度不依温度、压力或元素的化学组成的状态而变化，一种放射性元素的半衰期是一个常数。据此可以测定地下水年龄。

^{14}C（放射性碳）是大气中的 ^{14}N 在宇宙射线作用下蜕变而成的，通过光合作用与氧结合可生成 ^{14}CO$_2$。刚刚得到补充的地下水，其 ^{14}C 含量与大气保持某种平衡。随着时间推移，^{14}C 不断蜕变减少，据此可判断地下水在含水层中滞留的时间，即地下水年龄。^{14}C 的半衰为 5730 年，根据目前的技术水平，测定年龄的上限为 25000 ~ 30000 年。利用 ^{14}C 测定地下水年龄，在理论上至今还没有完全搞清楚，计算时要进行一系列校正，难免有一定误差，但这种方法仍是目前比较起来最成熟、最常用的一种方法。

宇宙射线作用下也产生天然的氚（半衰期 12.26 年），氧化为氚水（$^3H^1HO$）形式存在。但在天然水中氚含量仅为几个氚单位（T.U，1T.U 相当于 1×10^{18} 个 H 原子中含有 1 个 ^{3}H 原子）。1953 ~ 1954 年进行氢弹试验后，人工氚污染了环境，使大气降水及地表水中氚含量高达数十至数百 T.U，个别时期曾达到数千 T.U。因此，根据地下水中 ^{3}H 的含量，可判断含水层是否曾接受现代水（1953 ~ 1954 年以来的大气降水或地表水）的补给。

目前，国外正在试用 ^{85}Kr、^{39}Ar（半衰期 269 年）、^{32}Si（半衰期约 500 年）、^{36}Cl（半衰期约 4×10^5 年）、^{10}Be（半衰期 2.5×10^6 年）等测定地下水年龄，以期填补 ^{3}H 与 ^{14}C 之间的年龄域空白，并提高测定年龄的上限。如能成功，则测定地下水年龄域可由数十年直到 1000 万年。

（2）利用稳定环境同位素研究地下水的起源与形成过程

同一元素的同位素，由于其质量有一定差别，故其原子或化合物的活动性也有所不同，从而使轻的与重的同位素在某些物理变化过程（如蒸发、凝结、扩散等）及化学反应中发生分异。元素质量较小、同位素质量相对差别显著的氢、氧等元素，分异更为明显。以氢为例，可形成普通水（H$_2$O）及重水（D$_2$O）。

当水蒸发时，D$_2$O 相对不易蒸发逸走，因此，经强烈蒸发作用的水中，含 D 较多。天然水中，大气降水及河水中含 D 最少，海水中 D 富集，经过强烈蒸发浓缩的埋藏地下水含 D 最多。^{18}O 的分布与 D 类似。测定地下水中的 D、^{18}O 等，便不难确定地下水的起源（陆成水、海成水、渗入水、埋藏水），并可据此判断含水层之间及含水层与大气降水及地表水的联系程度，确定水交替强度，分析地下水补给以及地下水径流的方向与强度等。

由于 D 具有同位素效应，即降水中的 D 含量随着地形高度加大而减少，因此，地下水中 D 的含量可以帮助确定补给区及判断补给来源。

（3）利用环境稳定同位素研究水中化学组分的来源

不同成因岩石（岩浆岩、沉积岩、沉积岩中的陆相及海相等）的同位素组成不同。例如，淡水碳酸岩中 $^{12}C/^{13}C$ 比例较大，而海水碳酸岩中较小。其他如 ^{34}S、^{87}Sr 的含量也与岩石种类有关。根据这一差别可判断水中化学组成的来源，进而确定地下水的补给与形成历史。

（4）利用放射性同位素作为示踪剂研究地下水运动及水文地质过程的机理

放射性同位素作为示踪剂有其特殊的优越性。它的化学性质稳定，不易生成发生沉淀的化合物。某些放射性同位素不会被岩石所吸附，最重要的是其检测灵敏度非常高，以极少剂量的人工放射性同位素就可以达到满意的示踪效果。

水文地质示踪常用的人工放射性同位素有 ^3H、^{14}C、^{32}Si、^{32}P、^{35}S、^{51}Cr、^{58}Co 等，它们的半衰期及放射性比度不同，可根据条件及研究目的的选用。例如，为查明岩溶地下河系，可在上游投入某种放射性同位素（如 ^3H、^{51}Cr），并在下游观测其含量变化，以确定岩溶通道的分布与连通情况，测定地下水流速。利用类似方法还可以确定含水层之间及含水层与地表水体的水力联系，确定矿坑涌水的来源，研究坝下及绕坝渗漏情况等等。

利用人工或环境放射性同位素示踪，还可以进行室内或野外试验，研究各种水文地质过程机理。例如，研究降水入渗过程，测定降水补给量；研究土面蒸发与叶面蒸发；研究包气带水盐的运移；研究弥散效应，确定污染物质的迁移，等等。

（5）利用井的示踪试验及人工放射源测定水文地质参数

将人工放射性同位素投入井中，示踪地下水的流动，以一个井进行示踪试验（单井法），可求得流向、渗透流速及渗透系数；以多井进行示踪试验（多井法）可求得孔隙度、导水系数、实际流速。

利用人工 γ 放射源可测定土石的密度，这便是所谓 γ—γ 法。用人工中子源可测土石的含水量。上述两种方法均可用于测井，并在一定程度上用于已下套管的井的测井。

借助于岩土本身的天然放射性，可以判断松散土的岩性及基岩的裂隙性，作为找水的依据。同位素方法目前尚在发展中，在理论上还有一系列问题没有弄清楚。某些测定方法还很费事（如测定水中的 ^{39}Ar 需要用20吨水样），成果的水文地质解释也还存在一些问题。在采用这一方法解决水文地质问题时，必须紧密结合水文地质条件，与常规水化学研究配合，才能得出比较符合实际的结论。但是，利用这一方法研究水文地质过程，能达到定量化、微观化，有助于查明水文地质过程的机理与数量关系。同位素方法必将对水文地质学的发展起巨大的促进作用。

四、数学地质

数学地质是随着地质学的定量化和电子计算机在地质学中的应用而诞生的一门新兴边缘科学。它研究地质过程的各种数学模型，应用数学方法研究和解决各种地质问题，包括从地质、水文地质现象的统计分析，到地质、水文地质过程的计算模拟。自20世纪60年代开始形成到现在，发展很快。目前，在地质、水文地质工作中常用的数学地质方法有：趋势面分析、回归分析、聚类分析、判别分析、因子分析、频谱分析和数字滤波，以及地质、水文地质过程的计算模拟等。

趋势面分析是用一定函数对地质—水文地质体某些特征的空间分布规律进行分析，用该函数所代表的数学面来逼近（拟合）其趋势变化。含水层（砂层）的厚度变化，地下水位变化，在空间上均为不规则起伏的曲面。一般根据若干点的资料，用内插或外推绘成等值线图表示时，仅考虑了两个相邻点的直线变化，而未能考虑区域性趋势变化与非直线变化。利用趋势面分析，可以较好地反映这些变化，得到较真实的空间分布形态。

回归分析是一种数理统计方法，用于研究某一变量与另一个或若干个变量之间的关系，应用很广泛。如可用于确定地下水开采过程中，水位与开采量的变化关系，以预报地下水位下降情况。又如，可用于确定水中某种离子或离子比例系数与总矿化度变化的关系，确定岩土颗粒大小及分选程度与单井出水量的关系。

聚类分析是根据样品多种变量的测定数据，应用数学方法进行分类，定量地确定样品之间的亲疏关系，按亲疏差异进行分类。地质上通常利用此法进行岩石分类、古生物分类等，在水文地质中，可考虑应用此法将地下水按化学成分归类，确定地下水的成因类型等。

判别分析也是一种应用数学进行判别的方法。它可根据已知样品的分类，根据多个变量确定样品属于哪一类，也可根据样品的多个变量进行合理分类。例如，地质上可利用岩性特征的多项指标判别海相或陆相地层，判别第四纪沉积成因类型。水文地质上，可考虑应用地下水化学特征判别海相成因和陆相成因的地下水，判断地下水的补给来源，含水层之间或含水层与地表水之间的水力联系。

频谱分析与数字滤波是数据处理的两种主要手段，通过这类方法可将各种因素进行分解，突出所需要的信息，去掉干扰，使主要的规律性的东西鲜明起来。例如，利用此法分析电测井得到的电阻率曲线，能够去除泥浆影响、仪器误差及观测误差，更准确地解释岩性剖面或地下水矿化度变化。又如对不同地质剖面或井孔柱状剖面进行沉积旋回对比时，用此法可排除局部影响，增加旋回可对比性。

对地质、水文地质过程建立数学模型，利用电子计算机模拟计算其演变发展过程，这便是地质、水文地质过程的计算模拟。在水文地质方面，可利用有限单元法模拟复杂边界条件下地下水的不稳定运动，预测地下水各要素的变化。所谓有限单元法就是将一个连续体人为地分割成有限个较小的单元，每个单元用有限个参数进行描述，用此有限数目单元所组成的模型，来代替真实的连续体，建立数学模型，然后利用电子计算机求解。

目前国外的趋向是，尽可能正确地抽象水文地质条件（或水文地质过程），建立水文地质模型（概念原型）；然后将水文地质模型转为物理模型及数学模型，三者有机地配合运用，以达到逐步深化对某个地区的水文地质条件（或某一水文地质过程）的认识的目的。

以水量计算为目的，根据初步水文地质勘查获得的资料，建立水文地质模型；然后转为物理模型及数学模型进行运算，调整边界及参数，发现问题，指导进一步的勘查工作；获得补充资料后，修正模型，再作运算；反复进行直到获得满意的结果为止。这样做，既节省了勘探工作量，又可以避免随意性，使成果更为可靠。

电子计算机的应用以及数学地质方法的引入，使地质、水文地质工作者从费时繁重的统计计算工作中解脱出来，使定量分析错综复杂的地质、水文地质过程成为可能。定量描述模型的建立，则使在悠久地质年代中发生的地质过程，以及在多种因素影响下变动的水文地质过程，得以模拟重现，从而有可能进行较为可靠的地质、水文地质预测。因此，数学地质对于包括水文地质学在内的地质学，由定性描述为主，发展到定量研究的科学，将起巨大的推动作用，是地质科学现代化的有力武器。

第三节　地下水动态观测

含水层（含水系统）经常与环境发生物质、能量与信息的交换，时刻处于变化之中。在与环境相互作用下，含水层各要素（如水位、水量、水化学成分、水温等）随时间的变化，称作地下水动态。

地下水要素之所以随时间发生变动，是含水层（含水系统）水量、盐量、热量、能量收支不平衡的结果。例如，当含水层的补给水量大于其排泄水量时，储存水量增加，地下水位上升；反之，当补给量小于排泄量时，储存水量减少，水位下降。同样，盐量、热量与能量的收支不平衡，会使地下水水质、水温或水位发生相应变化。地下水动态反映了地下水要素随时间变化的状况，为了合理利用地下水或有效防范其危害，必须掌握地下水动态。地下水动态提供给我们关于含水层或含水系统的不同时刻的系列化信息，因此，在检验所作出的水文地质结论，在论证人们所采用的利用或防范地下水的水文地质措施是否得当时，地下水动态资料是最权威的判据。

一、地下水动态的形成机制

地下水动态是含水层（含水系统）对环境施加的激励所产生的响应，也可理解为含水层（含水系统）将输入信息变换后产生的输出信息。以下我们举例加以说明。

我们试来分析一次降雨对地下水水位的影响。一次降雨，通常持续数小时到数天，我们不妨把它看作发生于某一时刻的"脉冲"。降雨入渗地面并在包气带下渗，达到地下水面后才能使地下水位抬高。同一时刻的降雨，在包气带中通过大小不同的空隙以不同速度下渗。当运动最快的水滴到达地下水面时，地下水位开始上升，占比例最大的水量到达地下水面时，地下水位的上升达到峰值，运动最慢的水滴到达地下水面以后，降水的影响便告结束。这样，与一个降水脉冲相对应，作为响应的地下水位的抬升便表现为一个波形。或者说，经过含水层（含水系统）的变换，一个脉冲信号变成了一个波信号。与对应的脉冲相比较，波的出现有一个时间滞后 a，并持续某一时间延迟 b（图 16-5）。

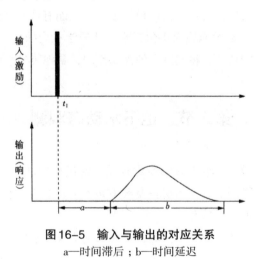

图16-5　输入与输出的对应关系
a—时间滞后；b—时间延迟

当相邻的两次或更多次降雨接近，各次降雨引起的地下水抬升的波形便会相互迭合。当各个波峰某种程度迭加时，会迭合成更高的波峰（图 16-6a、b、c），地下水位会出现一个峰值。然而，实际情况下往往多是各个波形的波峰与波谷迭合，削峰填谷，构成平缓的复合波形（图 16-6d、e、f）。

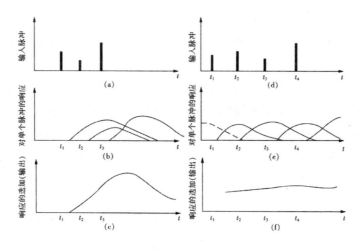

图16-6　信息传输中的迭合

降水对泉流量的影响，也会出现类似的情况。一次降雨使泉水量出现一个波形的增加，若干次降雨所引起的波形相迭合，削峰填谷的结果，会使泉流量远较降水变化稳定。北方许多岩溶大泉流量动态之所以很稳定，原因就在此。

由此可见，间断性的降水，通过含水层（含水系统）的变换，将转化成比较连续的地下水位变化或泉流量变化，这是信号滞后，延迟与迭加的结果。其作用相当于高频信号通过滤波器变换为低频信号输出的物理过程。

二、影响地下水动态的因素

如果我们把地下水动态看作含水层（含水系统）连续的信息输出，就可将影响地下水动态的因素分为两类：一类是环境对含水层（含水系统）的信息输入，如降水、地表水对地下水的补给，人工开采或补给地下水，地应力对地下水的影响等；另一类则是变换输入信息的因素，主要涉及赋存地下水的地质地形条件。

1. 气象（气候）因素

气象（气候）因素对潜水动态影响最为普遍。降水的数量及其时间分布，影响潜水的补给，从而使潜水含水层水量增加，水位抬升，水质变淡。气温、湿度、风速等与其他条件结合，影响着潜水的蒸发排泄，使潜水水量变少，水位降低，水质变咸。

气象（气候）要素周期性地发生昼夜、季节与多年变化，因此，潜水动态也存在着昼夜变化、季节变化及多年变化。其中季节变化最为显著且最有意义。我国东部属季风气候区，雨季出现于春夏之交。大体自南而北由5月至7月先后进入雨季，降水显著增多，潜水位逐渐抬高，并达到峰值。雨季结束，补给逐渐减少，潜水由于径流及蒸发排泄，水位逐渐回落，到翌年雨季前，地下水位达到谷值。因此，全年潜水位动态表现为单峰单谷。

在分析气象因素对潜水位的影响时，必须区分潜水位的真变化与伪变化。潜水位变动伴随着相应的潜水储存量的变化，这种水位变动是真变化。某些并不反映潜水水量增减的潜水位变化，便是伪变化。例如，当大气气压开始降低时，处于包气带之下的潜水面尚未感受到其影响，暴露于大气中的井孔中的地下水位却因气压降低而水位抬升。当然，气压突然增加时井孔地下水位也会呈现与含水层不同步的下降。

气候还存在多年的周期性波动。例如，周期为11年的太阳黑子变化，影响丰水期与干旱期的交替，从而使地下水位呈同一周期变化。对于重大的长期性地下水供排水设施，应当考虑多年的地下水位与水量的变化。供水工程应根据多年资料分析地下水位最低时水量能否满足要求。排水要考虑多年最高地下水位时的排水能力。缺乏地下水多年观测资料时，则可利用多年的气象、水文资料，或者根据树木年轮、历史资料与考古资料，推测地下水多年动态。

2. 水文因素

地表水体补给地下水而引起地下水位抬升时，随着远离河流，水位变幅减小，发生变化的时间滞后。河水对地下水动态的影响一般为数百米至数公里，此范围以外，主要受气候因素的影响。

3. 地质因素

地质因素是影响输入信息变换的因素。当降水补给地下水时，包气带厚度与岩性控制着地下水位对降水的响应。潜水埋藏深度越大，对降水脉冲的滤波作用越强；相对于降水，地下水位抬高的时间滞后与延迟越长；水位历时曲线呈现为较宽缓的波。包气带岩性的渗透性越好，则滤波作用越弱；地下水位抬升的时间滞后与延迟小；水波历时曲线波形较陡。

潜水储存量的变化是以给水度^与水位变幅△△的乘积表示的。当储存量变化相同时，给水度越小，水位变幅便越大。最典型的情况是岩溶水。岩溶化岩层渗透性良好但岩溶率（相当于给水度）则较低，岩溶水的包气带缺乏滤波作用，较小的岩溶率则起了放大地下水位对降水补给的响应，地下水位变幅在分水岭地区可达数十米甚至更多。

河水引起潜水位变动时，含水层的透水性越好，厚度越大，含水层的给水度越小，则波及范围越远。对于承压含水层来说，隔水顶板限制了它与外界的联系，它主要通过补给区（潜水分布区）与大气圈与地表水圈发生联系；当顶板为弱透水层时，还通过弱透水顶板与外界联系。由于以上原因，承压水动态变化通常比潜水小。在前一种情况下，接受降水补给时，补给区的潜水位变化比较明显，随着远离补给区，变化渐弱，以至于消失。从补给区向承压区传递降水补给影响时，含水层的渗透性越好，厚度越大，给水度越小，则波及的范围越大。承压含水层埋藏越深，构造封闭性越好，与外界的水力联系越弱，则由于大气圈及地表水圈变化而引起的动态变化越微弱。承压含水层的水位变动还可以由于固体潮、地震等引起，这时地质因素成为环境对地下水的输入。

在内陆地区，承压含水层中可观测到周期为 12 小时的测压水位波动。这是由于月亮和太阳对地球吸引造成的。当月亮运行到某点"头顶"时，由于月亮的吸引，承压含水层因载荷减少而引起轻度膨胀，测压水位便下降。月亮远离时，承压含水层载荷增加，轻度压缩，测压水位便上升（陈葆仁等，1988）。由固体潮引起的地下水位变幅可达数厘米。

由于地震波的传递，大地震可以使距震中数千公里以外的某些敏感的深层承压水井产生厘米级的水位波动（陈葆仁等，1988）。据认为，这是由于地震孕震及发震过程中地应力的变化使岩层压缩或膨胀，从而引起震区以至远方孔隙水压力的异常变化，承压含水层测压水位因而波动。与此相应，有时震前地下水化学成分也会改变。与其他方法配合，监测地下水动态可以作为预报地震的一种重要手段。

应当注意，固体潮、地震等引发的地下水位波动只是能量的传递而不涉及地下水储存量的变化。这种能量传递距离远，速度快。例如，1950 年 12 月 9 日阿根廷—智利边境发生大地震，40 分钟后远在 8050km 之外的美国威斯康星州密尔窝基城一个深井发生不到 5cm 的测压水位波动，地震波传递速率约为 200km/min（陈葆仁等，1988）。

三、地下水天然动态类型

潜水与承压水由于排泄方式及水交替程度不同，动态特征也不相同。潜水及松散沉积物浅部的水，可分为三种主要动态类型：蒸发型、径流型及弱径流型。

蒸发型动态出现于干旱半干旱地区地形切割微弱的平原或盆地。此类地区地下水径流微弱，以蒸发排泄为主。雨季接受入渗补给，潜水位普遍以不大的幅度（通常为 1~3m）抬升，水质相应淡化。随着埋深变浅，旱季蒸发排泄加强，水位逐渐下降，水质逐步盐化。降到一定埋深后，蒸发微弱，水位趋于稳定。此类动态的特点是：年水位变幅小，各处变幅接近，水质季节变化明显，长期中地下水不断向盐化方向发展，并使土壤盐渍化。

径流型动态广泛分布于山区及山前。地形高差大，水位埋藏深，蒸发排泄可以忽略，以径流排泄为主。雨季接受入渗补给后，各处水位抬升幅度不等。接近排泄区的低地，水位上升幅度小；远离排泄点的高处，水位上升幅度大；因此，水力梯度增大，径流排泄加强。补给停止后，径流排泄使各处水位逐渐趋平。此类动态的特点是：年水位变幅大而不均（由分水岭到排泄区，年水位变幅由大到小），水质季节变化不明显，长期则不断趋于淡化。

气候湿润的平原与盆地中的地下水动态，可以归为弱径流型。这种地区地形切割微弱，潜水埋藏深度小，但气候湿润，蒸发排泄有限，故仍以径流排泄为主，但径流微弱。此类动态的特征是：年水位变幅小，各处变幅接近，水质季节变化不明显，中长期向淡化方向发展。

承压水均属径流型，动态变化的程度取决于构造封闭条件。构造开启程度越好，水交替越强烈，动态变化越强烈，水质的淡化趋势越明显。

地下水动态与均衡的研究，必须建立在水文地质长期观测的基础之上。长期观测的主要任务，是查明地下水动态的形成规律，研究地下水均衡及预测地下水动态变化趋势等，从而为利用或调节地下水动态，提供科学依据。

四、地下水动态观测要求及其资料整理

1. 地下水动态观测的要求

动态观测的要求，视地区、目的、任务及勘探阶段而定。

初步勘察阶段：建立控制性观测点，观测持续时间应满足一个水文年，对于小型水源地或设计开采量远远小于补给量的水源地可缩短到半年（含枯水期），初步掌握地下水动态规律。

详细勘察阶段：健全地下水动态观测点、网。在多含水层地段，应分层（段）观测。观测持续时间一般不少于一个水文年，用以查明地下水动态年内变化规律，确定地下水动态类型及影响因素，计算水均衡参数，进行地下水动态趋势预报。

开采阶段：应在详细勘察阶段观测点、网的基础上，根据地下水开采管理模型和因开采而出现的水文地质问题，调整观测点、网，查明地下水动态年际变化规律，开采降落漏斗范围及发展趋势。为扩大水源地和研究水源地区域水位下降、水质污染和恶化、地面沉降、地面塌陷、海水入侵等环境水文地质工程地质问题，提供基础资料。

地下水动态观测项目应包括水位、水温、水质以及涌水量四方面内容。

地下水水位观测，一般每5天观测一次，丰水期或水位急骤变化期可增加观测频率。对于大面积开采地下水的地区，为了解枯、丰水期区域水位的变化，应增设临时统测点、网，同时还应选择典型观测孔，用自记水位计连续观测。

地下水水温观测，一般要求选择控制性观测点，与地下水水位同时观测。

地下水水质观测，一般在枯、丰水期分别采样，观测水质的季节性变化。地下水受污染的地区，可增加采样次数和分析项目。

地下水水量观测，一般应逐旬对地下水天然露头（泉、地下河出口等）及自流井进行流量观测，雨季加密观测。每年对生产井开采量至少进行一次系统调查和测量。

为查明地下水动态与当地水文、气象因素的相互关系，应系统搜集测绘范围内多年的水文、气象资料。在水文、气象资料不能满足地下水均衡计算的地区，应对水文、气象做短期观测工作。

2. 地下水动态观测资料整理

地下水动态观测资料整编步骤：考证基本资料，审核原始监测资料，编制成果图表，编写资料整编说明，整编成果的审查验收、存贮与归档。地下水动态观测资料整理要求如下：

地下水动态观测各项实际资料必须及时整理，认真审查，编录地下水动态观测资料统计表；编制地下水动态观测实际材料图，绘制地下水水位、水温、水质动态单项历时曲线及综合历时曲线，必要时应绘制地下水动态与开采量、气象、水文等关系曲线图；利用地下水动态观测资料，结合气象、水文、水文地质和地下水开发利用等资料，进行水文地质参数分析与计算，确定和选用合理的水文地质参数，为地下水资源计算与评价提供基础依据。可以利用动态资料分析法计算降水入渗系数、水位变动带给水度、含水层渗透系数、潜水蒸发系数、潜水蒸发极限深度等参数；利用地下水动态观测资料，结合气象、水文、水文地质和地下水开发利用等资料，进行地下水资源计算与评价，为国民经济发展和生态环境建设提供水资源保障。

地下水动态简报分汛期地下水动态简报和年地下水动态简报。编制内容应包括如下几个方面：

本年（汛期）内降水量的时空分布概况，与上年汛期降水量时空分布的比较，与多年平均（多年汛期平均）降水量的比较；本年（汛期）末及年（汛期）内最高、最低地下水位（或埋深）的时空分布概况，与上年（汛期）末及年（汛期）内最高、最低地下水位（或埋深）时空分布的比较；本年（汛期）内地下水开采量与上年（汛期）地下水开采量的比较；本年（汛期）内水文地质环境问题概况与上年（汛期）水文地质环境问题的比较；降水量、开采量、水位（或埋深）、水质的动态变化对当地地下水资源量的影响；编制上述所列内容的统计表，编制年降水量等值线图、年末及年内最高、最低地下水位（或埋深）等值线图表，格式及编图说明可由各省自治区直辖市自行制定。汛期地下水动态简报于当年11月下旬发布，年地下水动态简报于次年3月下旬发布。

地下水动态分析报告提纲内容包括：

（1）目的及意义；（2）气象水文及水文地质条件；（3）地下水动态的影响因素及类型划分；（4）利用动态资料计算水文地质参数；（5）地下水动态变化规律及趋势分析；（6）结论及建议；（7）附图附表，包括实际材料图（井孔平面图）、水文地质剖面图、井孔柱状图、地下水动态曲线图（水位、水量、水温、水质）及动态求参数据表。

第十七章　地质构造与水文地质的关系

第一节　关于水文地质与环境地质的地质构造研究

一、水文地质勘查区应勘查的主要地质问题

水文地质指自然界中地下水的各种变化和运动的现象。水文地质学是研究地下水的科学。它主要是研究地下水的分布和形成规律，地下水的物理性质和化学成分，地下水资源及其合理利用，地下水对工程建设和矿山开采的不利影响及其防治等。随着科学的发展和生产建设的需要，水文地质学又分为区域水文地质学、地下水动力学、水文地球化学、供水水文地质学、矿床水文地质学、土壤改良水文地质学等分支学科。近年来，水文地质学与地热、地震、环境地质等方面的研究相互渗透，又形成了若干新领域。

1. 平原区

（1）查明不同地层的透水性、富水性及其变化规律，并进行含水层（组）分；

（2）获得主要含水层（组）的水文地质参数；

（3）查明各含水层（组）水理性质、水力联系及水化学变化规律；

（4）查明局部和区域性隔水层的分布、埋深和厚度变化规律；

（5）咸水体空间分布范围及咸水体与淡水体的接触关系；

（6）基本掌握地下水动态变化规律；

（7）查明地下水的补给、径流、排泄条件和地下水系统。

2. 丘陵山区

（1）查明不同地层岩性的透水性、富水性及变化规律；划分含水层（组带）和地下水类型；

（2）找出各类构造对地下水埋藏、运移与富集的控制程度、区域储水构造、断裂带和裂隙密集带的导水性、含水性和富水地段；

（3）详细调查风化带的蓄水条件，层间水的埋藏条件与补给来源以及岩体岩脉在围岩接触带的储水条件；

（4）中新生代红层广泛分布区应着重调查岩溶层的分布与富水性，地下水在垂直向上水化学分带和咸淡水界面及其水化学异常，注意是否有盐卤水分布；

（5）注意山区河谷平原及山间盆地内第四系潜水及承压水的调查，查明主要含水层（组）的分布水量、水质、埋藏条件及动态变化。基本查明地表水和地下水之间的关系。

3. 岩溶地区

（1）裸露岩溶地区要查明地下河的分布和其他各种岩溶水点的水位、流量动态变化，圈定地下河补给和分水岭位置，选择有代表的岩溶水点进行连通试验，确定岩溶水在各通道之间与地表水之间相互转化条件和补给关系；

（2）覆盖型地区要查明地下通道位置及埋藏情况或岩溶发育带，圈定出富水地段，对水质水量作出评价，还应了解覆盖层中含水层与下伏岩溶含水层之间的接触关系水力联系及岩溶地下水的承压状态；

（3）埋藏型地区应查明各岩溶含水层的埋深、厚度及水量水质；分析补给与排泄方式和范围，圈定隐伏储水构造。

4. 滨海地区

（1）查明咸淡水分界面以及淡水含水层或透镜体的分布范围，埋藏、补给、径流、排泄条件，水质水量及动态变化规律等；

（2）地下水、河水、海水之间的水力联系和补给排泄关系；

（3）在岛屿和海岸带地区应调查海水入侵范围。潮汐对地下水的影响，查明地下淡水富集带。

5. 黄土地区

（1）分析地貌、地质结构的基础上，进行地下水类型的划分；

（2）黄土丘陵区，着重调查支沟沟头掌形地的汇水范围与储水条件及下伏基岩是否分布可供开采的含水层；

（3）黄土塬区着重调查上层滞水的分布下伏第四系含水层的埋藏条件与富水性，并了解补给排泄条件；

（4）河谷平原重点调查潜水承压水富水性的变化及富水地段分布；

（5）调查咸水形成与淡水透镜体的分布。

6. 冻土地区

（1）查明各含水层（组）的水文地质特征、冻土层上水层间水及层下水的分布和埋藏条件及其之间的水力联系和补迳排条件及水量水质的变化；

（2）注意调查由冻土层下水或其他承压水出露所形成的泉（包括矿泉与热矿泉水）的分布及控制因素等。

二、环境地质勘查区应勘查的主要地质问题

"环境地质"一词最早出现于20世纪60年代末、70年代初一些西方工业发达国家的文献中。那时这些工业发达国家，已感到环境问题迫切性，开始把滑坡、泥石流、地面沉降、城市地质等问题研究列为环境地质研究的范畴。1982年再版的Michael Allaly主编的《环境辞典》中，将环境地质一词定义为：应用地质数据和原理，解决人类占有或活动造成的问题（如矿物的采取、腐败物容器的建造、地表侵蚀等的地质评价）。环境地质在我国出现和使用较晚，但也是随着一系列严重的环境问题（如环境污染、地质灾害等）对生产、生活的影响越来越突出而提出的。

1. 平原区

（1）对于因人类工程、经济活动所产生的环境地质问题，如地下水污染、地面沉降等应进行专门调查，初步查明其分布、规模、程度，分析其主控因素，作出初步评价预测；

（2）调查地方病的发生及分布范围，提出防病措施；

（3）对天然水质不良区进行划分。

2. 丘陵山区

（1）着重调查由于人类工程经济活动引起的环境地质问题（地下水污染、水土流失崩塌、滑坡、泥石流、塌陷、诱发地震等），查明分布、发展程度或规模，产生条件、原因对其发展趋势作出预测和评价；

（2）调查地方病分布范围、病因，并提出防治措施；

（3）对天然水质不良区进行划分。

3. 岩溶地区

（1）着重调查重要矿山大型遂道等地下工程产生变形层位、高程构造条件与岩溶水活动的作用；

（2）调查地下河洪水可能对建筑物的影响和淹没范围；

（3）对水库渗漏条件作出评价；

（4）岩溶矿区应研究供排水结合的可能性；

（5）对岩溶地下水污染进行评价；

（6）对天然水质不良区进行划分。

4. 滨海地区

（1）海水倒灌对水质的影响；

（2）地下水污染情况和原因；

（3）地方病的分布、病因及防治措施；

（4）地下水过量开采与区域降落漏斗形成发展，地面沉降与塌陷问题的影响及预防措施；

（5）对天然水质不良区进行评价。

5. 黄土地区

（1）注意地方病的分布范围与地质、水文地质环境的关系，探讨致病水的水化学标志；

（2）注意研究地裂缝等环境工程地质问题的形成、分布与发展趋势。

6. 冻土地区

对地方病的分布、病因进行调查评价，提出防治措施。

三、环境水文地质评价

1. 通过对普查区的环境水文地质条件、特征的研究，掌握地下水质量变化规律及可能引起的环境水文地质问题，从而控制地下水污染，提出合理开发利用及保护地下水资源与地质环境的措施。

2. 地下水环境质量评价，主要对那些以地下水作为供水水源的城市或工业区进行，并以地下水和地质环境的质量变化为重点。在调查的基础上，收集有关地下水水质监测，地下水污染现状等资料进行综合分析，按环境水文地质条件类型来进行。

3. 地下水环境质量评价一般只进行基础评价（或称背景值评价）和现状评价。

（1）主要是对地下水没有遭到急剧破坏的近似于天然状态（或大规模开采之前）地下水物质组分及其介质环境背景状况进行评价。

（2）现状评价，随着地下水大规模的集中开采和人类活动对地下水水质的影响，以及可能发生的环境水文地质问题，较系统地对工作区的环境水文地质问题作出半定量的评价。

4. 评价方法可根据各地具体情况而选择，如背景值对比法，污染起始对比法，饮用水标准对比法，环境水文地质制图法，水质数学模型法等。

现在科研人员在水文地质以及环境地质的研究上投入了越来越大的精力并且各国的地质调查局等部门也投入了大量的财力、物力但是今后的发展对于当代水文地质学家以及环境地质学家的挑战是非常严峻的。由搜集来的论文和我国对比可看出国外科学工作者对于某个问题的研究进行的比较深入各种地质条件了解得都非常细致范围却不一定大。而国内大多数的研究似乎包含的内容较多一些范围更大一些但并不深入。国外的研究实用性较强一般是针对一个具体问题进行研究、解决而国内的研究在实用性方面需加强我们应在这方面做出努力。

第二节　水文地质与工程地质之关系

随着国家经济快速的发展，高层建筑层出不穷，结构日趋复杂，能源消耗也呈现快速增长的态势，要求相关工作人员加大最能源的勘探与开采等很多方面都不可避免地提到水文地质与工程地质。二者之间相辅相成。水文地质的差异直接决定各种工程能否顺利进行，对工程本身的安全性构成极大的影响。对水文地质与工程地质之间的关系，相互之间的作用做深入的分析是非常有必要的。

一、水文地质队在工程勘探中的注意事项

水文地质对于工程勘探的影响是多方面的。首先应该考虑的是当前的水义地质对于当地岩土以及将建建筑的影响。能够准确地预测出地下水对于岩土的危害及产生的影响，做好应对措施。其次是根据新建建筑物的结构以及自身特点，推算出对水文地质的要求，同时对当地的水文资料做出详细的调查，为建筑物的安全施工及成功运营积累相关资料。最后是细节问题需要更加注意。细节之一：考虑到地下水水文地质对于建筑物地基的钢筋以及钢结构的腐蚀性。细节之二：建筑工程所在地的地下水文地质对于建筑物下面的不同土质的影响。对于地下水文地质对岩土层产生的膨胀、冷缩、软化等问题要分析到位，做好预案。确保建筑物的质量及施工安全。细节之三：如果在建建筑物的地基存在含水地质，应该对建筑地下水文地质对于建筑地基底板的影响做出准确的评估和计算。细节之四：在对建筑物地基最深层挖掘及构建时，根据不同的水文地质，做相应的实验，依此为依据计算出由于地下水位变化引起的土体沉降，失稳而对建筑物产生不利的影响。采取相匹配的措施确保在建建筑物以及周围建筑的安全。

二、地下水水文地质变化对于岩土工程危害：

地下水水文地质变化对于岩土工程的危害主要是指地下水水位升降或者地下水动力变化这两方面而造成的。

1. 地下水水位升降对于岩土工程的危害。

地下水水位之所以升降主要是由于人为因素和天然因素而引起的。当地下水的水位达到一定的高度或者说是达到一定的饱和度以后都会对岩土工程产生不同程度的危害。主要体现在三个方面：一、水位上升引起的危害：水位上升的原因很多。既有水层结构变化等地质因素也有受气温升高，降水量增多等天文因素，还有受农民灌溉，施工等人为因素。也不排除是很多种因素综合在一起产生水位上升。一旦地下水潜水位上升可能对岩土工程造成的影响十分明显。首先就是土壤以及水中，岩土层中对于建筑物的根基钢结构的腐蚀强度大大增强。其次是特殊地形如河岸斜坡等部分位置容易发生滑坡，塌顶等危险现象。再次是不同地质中的一些由特殊成分构成的岩土中自身的结构会遭到严重的破坏，岩土中的强度会降低，甚至出现软化的现象。并以此出现管涌流沙等破坏性的现象，都是由于土壤中的水分过于饱和造成的。最后是由于地下水水位上升可能造成动摇进而动摇建筑物的地基造成根本性的破坏。二、地下水位下降引发的岩土危害。引发地下水水位下降的因素有很多。归结起来，人为因素占据其中的主要部分。最为常见的是过度抽取地下水，开采地下矿产不加节制。修建水库水坝不够科学。造成地下水水位下降，形成地面沉降地下水资源被污染、被破坏甚至造成水资源枯竭的环境问题。对建筑物的安全，地质的构造，人类的居住环境构成了更为严重的威胁。

2. 地下水水位不规则变化对岩土工程造成的危害。

地下水水位的不规则频繁变化会引起膨胀性岩土的膨胀性收缩。在地下水水位不规则变化的同时，膨胀性岩土自身也在不断地发生变化，自身膨胀收缩的幅度在不断地变大，可对地面造成一定的不利影响，形成地面沉降的现象，进而对建筑物的安全性构成威胁。水位的下降还可以造成地下土壤以及岩土自身的结构以及构成发生变化对于建筑物的地基处理带来一定的负面影响，从而使建筑物的地基处理所面临的现实情况更为复杂。四、地下水动压力对岩土工程造成的危害。一般说来地下水水动压力的影响比较微小，甚至可以忽略不计。但是如果是通过人为的因素改变地下水水动力，则会造成较为严重的岩土工程损坏。如流沙以及管涌。这些破坏性的现象都能危害到建筑物的施工安全。必须采用相应的解决措施。

三、水文地质之于资源勘探中地质工程的影响

我国拥有960万平方公里的疆土，地下矿产资源种类繁多，是国家经济发展的命脉。勘探并开发这些资源关系着国家的兴衰。在众多的资源中，煤的地位举足轻重，且具有代表性。不同的地质水文直接影响着煤田的构造及形成，也左右着煤层

的分布及种类。不同的煤田所在的地质水文条件是不同的。主要包括三个方面：首先是要从对煤矿冲水的主要含水层的性质和冲水特性来看。其次是从煤矿冲水的含水构造来看。再次是从煤矿冲水的含水构造来看。最后是从矿井冲水的特性来看。从这几个方面我们可以看出不同的水文地质对我国的矿产资源的勘探和开采影响很大，部分特殊的水文地质给我国的矿井地质环境带来了严重的灾难。地下水资源的合理开发及利用是我国实行可持续战略的重要组成部分，必建的矿井项目在具体施工的时候也要结合当地的现实水文地质状况进行施工。针对不同的情况合理地选择治理地下水灾害的方法。根据现实的需要，把水文地质研究与地质工程研究结合起来，真正做到相统一，服务于我国的经济建设。

四、对矿产地质环境和灾害的工程地质问题的分析

我国矿产地质环境十分恶劣，灾害发生频繁，形势严峻。在加强相关地质环境的监测监控之外，还要建立相应的监管制度。完善各个环节的细节问题。此外，以下几个方面的工作也应该引起足够的重视：

1. 加强沿海地区环境灾害监测预报防治研究系统

我国沿海地区，随着近年来的经济快速发展。建设十分迅速，海洋相关开发的规模十分惊人。随之未来的海洋污染也让人颇为头疼。造成的灾害以海水入侵和地面下降最为普遍。海水入侵在山东莱州一年就造成数十亿人民币的损失。同时还造成很多设施的破坏。过度的开采人工地下水还造成了地面沉降。据不完全统计，在东部沿海地区有数十座城市受地面沉降影响，上海和天津的地面沉降量达到263厘米。在河北的部分地区，受沉降影响的地面达到2000多平方公里。在这方面，应该加强对沿海地区灾情的监控以及预防。大的灾害要控制，已经发生的灾害一定要尽力减小受灾的规模。同时研究地下水文对于地质工程的影响及规律。加强新技术的使用，为全国在这方面的工作积累相应的经验。

2. 干旱地区水资源的保护再利用

在我国的西北部，干旱地区随处可见。但其他资源的蕴含量是非常的丰富。有着极为广阔的发展前景。但是，这些工作都受制于水资源的短缺。加强西北地区的水资源的开发保护利用具有很大的意义。

水文地质与地质工程的关系千丝万缕，影响也是相辅相成。水文地质的工作对于项目建设、灾害防治等在许多关乎国计民生的大事上都有着不可替代的作用。随着国家发展的需求，这方面的工作将会被越发的重视。而伴随着相关技术人员的继续努力，我们有理由相信，我国在这方面的研究将会更进一步。

参考文献

［1］魏孔明.构造地质［M］.煤炭工业出版社，2009.

［2］彭建兵，马润勇，邵铁全.构造地质与工程地质的基本关系［J］.地学前缘，2004，11（4）：535-549.

［3］贾承造.盆地构造演化与区域构造地质［M］.石油工业出版社，1995.

［4］曹代勇，李青元，朱小弟，等.地质构造三维可视化模型探讨［J］.地质与勘探，2001，37（4）：60-62.

［5］黄汲清.中国地质构造基本特征的初步总结［J］.地质学报，1960（1）：3-137.

［6］李锦轶.中国东北及邻区若干地质构造问题的新认识［J］.地质论评，1998，44（4）：339-347.

［7］王鸿祯，莫宣学.中国地质构造述要［J］.中国地质，1996（8）：4-9.

［8］陶明信，徐永昌，史宝光，等.中国不同类型断裂带的地幔脱气与深部地质构造特征［J］.中国科学：地球科学，2005，35（5）：441-451.

［9］毛小平，吴冲龙.地质构造的物理平衡剖面法［J］.地球科学：中国地质大学学报，1998，23（2）：167-170.

［10］陈荣度.辽东裂谷的地质构造演化［J］.地质通报，1990（4）：306-315.

［11］王胜本，张晓.煤矿井下地质构造与地应力的关系［J］.煤炭学报，2008，33（7）：738-742.

［12］郑亚东，王涛，王新社.最大有效力矩准则及相关地质构造［J］.地学前缘，2007，14（4）：49-60.

［13］Tsang ChinFu，王焰新.水文地质研究的关键科学问题及其创新资助策略［J］.中国科学基金，2003，17（6）：330-334.

［14］吕德雄.工程地质勘察中水文地质研究［J］.中国新技术新产品，2010（2）：113-113.

［15］李南，刘敬伟.浅析水文地质研究对可持续发展的重要性［J］.科技创新

导报，2011（27）：67-67.

［16］郭晓彬.加强水文地质研究促进经济可持续发展［J］.现代商业，2011（9）：287-287.

［17］王现国，葛雁.水文地质研究现状与展望［J］.河南地质，1999（3）：210-214.

［18］章至洁.水文地质学基础［M］.中国矿业大学出版社，1995.

［19］张人权，梁杏，靳孟贵，等.当代水文地质学发展趋势与对策［J］.水文地质工程地质，2005，32（1）：51-56.

［20］林学钰.现代水文地质学［M］.地质出版社，2005.